工程量清单计价实务
（第3版）

主　编　郭阳明　陈　瑜
副主编　余秀娣　刘俊杰
　　　　高　琨　张　莉
参　编　刘玉梅　王雪丽
主　审　陈国锋

北京理工大学出版社
BEIJING INSTITUTE OF TECHNOLOGY PRESS

内 容 提 要

本书依据《建设工程工程量清单计价规范》（GB 50500—2013）和《房屋建筑与装饰工程工程量计算规范》（GB 50854—2013）编写。全书主要内容包括概论、建筑工程工程量清单计价基础知识、建筑工程建筑面积计算、房屋建筑工程工程量清单项目设置与工程量计算、装饰装修工程工程量清单项目设置与工程量计算、措施项目工程工程量清单项目设置与工程量计算、建筑工程工程量清单计价文件编制、合同价款管理及支付。

本书采用概念、原理、规范结合实例解析的编写方法，理论与实践相结合，注重实践技能的培养，可作为高等院校工程造价、工程管理等专业的教材，也可供工程技术、造价、咨询、监理等从业人员学习参考。

图书在版编目（CIP）数据

工程量清单计价实务 / 郭阳明，陈瑜主编.—3版.—北京：北京理工大学出版社，2020.7
ISBN 978-7-5682-8722-7

Ⅰ.①工…　Ⅱ.①郭…　②陈…　Ⅲ.①建筑造价—教材　Ⅳ.①TU723.3

中国版本图书馆CIP数据核字（2020）第126180号

出版发行 / 北京理工大学出版社有限责任公司	
社　　址 / 北京市海淀区中关村南大街5号	
邮　　编 / 100081	
电　　话 / （010）68914775（总编室）	
（010）82562903（教材售后服务热线）	
（010）68948351（其他图书服务热线）	
网　　址 / http://www.bitpress.com.cn	
经　　销 / 全国各地新华书店	
印　　刷 / 北京紫瑞利印刷有限公司	
开　　本 / 787毫米 ×1092毫米　1/16	
印　　张 / 16.5	责任编辑/钟　博
字　　数 / 389千字	文案编辑/钟　博
版　　次 / 2020年7月第3版　2020年7月第1次印刷	责任校对/周瑞红
定　　价 / 68.00元	责任印制/边心超

"工程量清单计价实务"是土建类相关专业的一门重要课程，也是工程造价专业的核心课程。在工程招标中采用工程量清单计价是国际上较为通行的做法。实行工程量清单计价，是规范建设市场秩序、适应社会主义经济发展的需要，工程量清单计价是市场形成工程造价的主要形式，工程量清单计价有利于增强企业自主报价的能力，实现由政府定价向市场定价的转变；有利于规范业主在招标中的行为，有效避免招标单位在招标中盲目压价的行为，从而真正体现公开、公平、公正的原则，适应市场经济规律。

本书依据《建设工程工程量清单计价规范》（GB 50500—2013）和《房屋建筑与装饰工程工程量计算规范》（GB 50854—2013）等相关规范进行编写，反映了当前最新的工程量清单计价内容。全书主要从概论、建筑工程工程量清单计价基础知识、建筑工程建筑面积计算、房屋建筑工程工程量清单项目设置与工程量计算、装饰装修工程工程量清单项目设置与工程量计算、措施项目工程工程量清单项目设置与工程量计算、建筑工程工程量清单计价文件编制和合同价款管理及支付方面对工程量清单计价的相关内容进行了深入介绍。

本书自第1、2版出版发行以来，受到了广大高校师生的广泛好评。随着市场形势的变化，结合近年来高校教学改革的动态，我们对本书进行了再次修订。本次修订作了以下改进：

（1）本书不仅论述了概念与原理，而且采用了规范结合实例进行解析的方式进行编写，务求理论结合实际，着重培养学生实际解决问题的能力。

（2）对知识目标、能力目标、本章小结、思考与练习进行了全新的修改，使学生能够抓住关键知识点，对所学知识强化理解，加深印象。

本书由九江职业技术学院郭阳明、上海城建职业学院陈瑜担任主编，由福州软件职业技术学院余秀娣、山东工业职业学院刘俊杰、山东建大建筑规划设计研究院高琨、陕西能源职业技术学院张莉担任副主编，由北京首地兴业置业有限公司刘玉梅、渤海理工职业学院王雪丽参与编写。全书由九江学院建筑工程与规划学院陈国锋主审。

本书在编写过程中借鉴和参考了大量文献，对原作者表示衷心感谢！由于编者水平有限，书中难免出现谬误，敬请广大读者批评指正。

编　者

第2版前言

2012年12月25日，我国发布了《建设工程工程量清单计价规范》（GB 50500—2013）及《房屋建筑与装饰工程工程量计算规范》（GB 50854—2013）等9个工程量计算规范。这10个规范是在《建设工程工程量清单计价规范》（GB 50500—2008）的基础上，以我国先前发布的工程基础定额、消耗量定额、预算定额以及各省、自治区、直辖市或行业建设主管部门发布的工程计价定额为参考，以工程计价相关的国家或行业的技术标准、规范、规程为依据，收集近年来新的施工技术、工艺和新材料的项目资料，经过整理，在全国广泛征求意见后编制而成，于2013年7月1日起正式实施。

2013版清单计价规范进一步确立了工程计价标准体系，为下一步工程计价标准的制定打下了坚实的基础。与以前的版本相比，2013版清单计价规范扩大了计价计量规范的适用范围，深化了工程造价运行机制的改革，强化了工程计价计量的强制性规定，注重与施工合同的衔接，明确了工程计价风险分担的范围，完善了招标控制价制度，规范了不同合同形式的计量与价款支付，统一了合同价款调整的分类内容，确立了施工全过程计价控制与工程结算的原则，提供了合同价款争议解决的方法，增加了工程造价鉴定的专门规定，细化了措施项目计价的规定，增强了规范的可操作性并保持了规范的先进性。

《工程量清单计价实务》自出版发行以来，对广大学生从理论上掌握工程量清单计价的基础理论，从实践上掌握工程量清单计价的基本程序与方法提供了力所能及的帮助。随着2013版清单计价规范的颁布实施，本书的内容已不能符合当前工程量清单计价编制与管理工作的实际。为帮助广大学生更好地理解2013版清单计价规范及工程量计算规范的相关内容，根据各高等院校使用者的建议，结合近年来高等教育教学改革的动态，我们对本书第1版进行了修订。本次修订主要进行了以下工作：

（1）结合《建设工程工程量清单计价规范》（GB 50500—2013），对书中涉及工程合同价款约定、工程计量、合同价款调整、合同价款期中支付、合同解除的价款结算与支付、竣工结算与支付、合同价款争议的解决、工程造价鉴定及工程计价资料与档案等的内容重新进行了编写，从而教材内容充分反映了2013版清单计价规范的知识理论体系，符合现阶段工程量清单计价编制与管理现状，更好地满足了高等院校教学工作的需要。

（2）为体现教材的先进性和强化教材的实用性，本次修订时依据《房屋建筑与装饰工程工程量计算规范》（GB 50854—2013），对已发生了变动的房屋建筑与装饰工程工程量清单项目，重新组织相关内容进行了介绍，并对照新版规范修改了其计量单位、工程量计算规则、工作内容等。

（3）对能力目标、知识目标、本章小结进行了重新编写，明确了学习目标，便于教学重点的掌握。为增强图书的实用性，本次修订还对每章之后思考与练习的题量进行了适当的丰富，从而有利于学生课后复习参考，检验测评学习效果。

本书在修订过程中，参阅了国内同行的多部著作，部分高等院校的老师提出了很多宝贵意见，在此表示衷心的感谢！对于参与本书第1版编写但未参与本次修订的老师、专家和学者，本书所有编写人员向你们表示敬意，感谢你们对高等教育改革所做出的不懈努力，希望你们对本书保持持续关注，多提宝贵意见。

限于编者的学识及专业水平和实践经验，本书修订后仍难免有疏漏或不妥之处，恳请广大读者指正。

编　者

　　工程量清单是表现拟建工程的分部分项工程项目、措施项目、其他项目名称和相应数量的明细清单，包括分部分项工程量清单、措施项目清单、其他项目清单。工程量清单计价，是指在建设工程招投标中，由招标人编制或招标人委托具有资质的中介机构编制，反映工程实体消耗和措施性消耗的工程量清单，并被作为招标文件的一部分提供给投标人，由投标人依据工程量清单自主报价的计价方式。推行工程量清单计价，有利于我国工程造价管理职能的转变；有利于规范市场计价行为，规范建设市场秩序，促进建设市场有序竞争；有利于控制建设项目投资，合理利用资源，促进技术进步，提高劳动生产率。

　　按照工程造价管理改革的要求，2008年7月9日，住房和城乡建设部以第63号公告，发布《建设工程工程量清单计价规范》（GB 50500—2008），自2008年12月1日起实施。

　　"工程量清单计价实务"是高等院校土建类相关专业的一门重要课程。本教材根据高等教育土建类工程造价专业的教育标准和培养方案及主干课程教学大纲，本着"必需、够用"的原则，以"讲清概念、强化应用"为主旨组织编写。通过本课程的学习，学生应掌握工程量清单计价编制的方法，具有分析和解决工程实际问题的能力。

　　本书共分为五章，内容包括建设项目计价概述、工程量清单计价基础、工程量清单编制、工程量清单计价编制、工程量清单及计价编制实例。本书内容丰富、翔实，理论联系实际，以相关实例的方式指导学生进行学习，以便于学生掌握相关技能，能活学活用。

　　为方便教学，本书在各章前设置了【学习重点】和【培养目标】，给学生学习和老师教学作出了引导；在各章后面还设置了【本章小结】和【思考与练习】，从更深的层次给学生以思考、复习的提示，从而构建了一个"引导—学习—总结—练习"的教学全过程。

　　本书可作为高等院校土建类造价专业的教材，也可作为建筑工程管理人员和技术人员学习、培训的参考用书。本书在编写过程中，参阅了国内同行的多部著作，部分高等院校的老师提出了很多宝贵意见供我们参考，在此，对他们表示衷心的感谢！

　　本书虽经推敲核证，但限于编者的专业水平和实践经验，仍难免有疏漏或不妥之处，恳请广大读者批评指正。

编　者

Contents
目 录

第一章 概 论

知识目标

了解基本建设的概念与作用；熟悉基本建设的分类与工程造价的特点；掌握工程造价的概念、职能及工程计价的概念与常见的工程计价模式。

能力目标

通过本章内容的学习，能够明确工程造价与工程计价的概念；掌握建设工程常用的两种计价模式——定额计价和工程量清单计价的计价方式。

第一节 基本建设

一、基本建设的概念

基本建设是指在国民经济中的各个部门为了扩大再生产而进行的增加固定资产的建设工作，即基本建设是将一定的建筑材料、机械设备等，通过购置、建造、安装等一系列活动，转化为固定资产，形成新的生产能力或使用效益的过程。固定资产扩大再生产的新建、扩建、改建、迁建、恢复工程及与此相关的其他工作，如土地征用、房屋拆迁、青苗补偿、勘察设计、招标投标、工程监理等也是基本建设的组成部分。因此，基本建设的实质是形成新的固定资产的经济活动。

固定资产是指在社会再生产过程中，可供生产或生活较长时间使用，在使用过程中基本保持原有实物形态的劳动资料或其他物质资料，如建筑物、构筑物、电气设备等。

为了便于管理和核算，凡被列为固定资产的劳动资料，一般应同时具备两个条件：一是使用期限在一年以上；二是单位价值在规定的限额以上。不同时具备上述两个条件的应被列为低值易耗品。

二、基本建设的作用

基本建设在国民经济中具有十分重要的作用，具体表现在以下几个方面：

（1）实现社会主义扩大再生产。基本建设为国民经济各部门增加新的固定资产和生产能力，对建立新的生产部门、调整原有经济结构、促进生产力的合理配置、提高生产技术水平等具有重要的作用。

（2）改善和提高人民的生活水平。在增强国家经济实力的基础上，提供大量住宅和科研、文教卫生设施及城市基础设施，对改善和提高人民的物质文化生活水平具有直接的作用。

基本建设在整个国民经济中占有重要的地位，近年来，随着国民经济的不断发展，基本建设投资日益增加。

三、基本建设的种类

基本建设由若干个具体基本建设项目（简称建设项目）组成。按其形式及项目管理方式的不同，可大致分为以下几类。

1. 按建设性质划分

（1）新建项目，是指从无到有，新开始建设的项目，或在原有建设项目的基础上扩大三倍以上规模的建设项目。

（2）扩建项目，是指为扩大原有产品生产能力（或效益）或增加新的产品生产能力，而在原有建设项目的基础上扩大三倍以内规模的建设项目。

（3）改建项目，是指为提高生产效率，改进产品质量，或改变产品方向，对原有设备、工艺流程进行技术改造的项目。

（4）迁建项目，是指由于各种原因经上级批准搬迁到另地建设的项目。迁建项目中符合新建、扩建、改建条件的，应分别被视为新建、扩建或改建项目。迁建项目不包括留在原址的部分。

（5）恢复项目，是指由于自然灾害、战争等原因使原有固定资产全部或部分报废，以后又投资按原有规模重新恢复建设的项目。在恢复的同时进行扩建的项目，应被视为扩建项目。

2. 按建设用途划分

（1）生产性项目，是指直接用于物质生产或直接为物质生产服务的项目。其主要包括工业项目（含矿业）、建筑业和地区资源勘探事业项目、农林水利项目、运输邮电项目、商业和物资供应项目等。

（2）非生产性项目，是指直接用于满足人民物质和文化生活需要的项目。其主要包括住宅、教育、文化、卫生、体育、社会福利、科学试验研究项目、金融保险项目、公用生活服务事业项目、行政机关和社会团体办公用房等项目。

3. 按建设项目资金的来源渠道划分

（1）国家投资项目，是指国家预算计划内直接安排的建设项目。

（2）自筹建设项目，是指国家预算以外的投资项目。自筹建设项目又可分为地方自筹项目和企业自筹项目。

（3）外资项目，是指由国外资金投资的建设项目。

（4）贷款项目，是指通过向银行贷款而实施的建设项目。

4. 按建设规模划分

基本建设项目按项目的建设总规模或总投资可分为大型、中型和小型项目三类。习惯上将大型和中型项目合称为大中型项目。

这种分类方法一般按产品的设计能力或全部投资额来划分。新建项目按项目的全部设计规模（能力）或所需投资（总概算）计算；扩建项目按扩建新增的设计能力或扩建所需投资（扩建总概算）计算，不包括扩建以前原有的生产能力。其中，新建项目的规模是指经批准的可行性研究报告中规定的近期建设的总规模，而不是指远景规划所设想的长远发展规模。明确分期设计、分期建设的项目，应按分期规模计算。更新改造项目按照投资额可分为限额以上项目和限额以下项目两类。基本建设项目竣工财务决算大型、中型、小型划分的标准为：经营性项目投资额在5 000万元（含5 000万元）以上、非经营性项目投资额在3 000万元（含3 000万元）以上的为大中型项目，其他项目为小型项目。

四、基本建设项目的划分层次

根据基本建设工程管理和确定工程造价的需要，基本建设项目划分为建设项目、单项工程、单位工程、分部工程和分项工程五个基本层次，如图1-1所示。

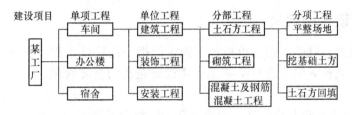

图1-1 基本建设项目的划分层次

1. 建设项目

建设项目是指具有经过有关部门批准的立项文件和设计任务书，经济上实行独立核算，行政上具有独立的组织形式并实行统一管理的工程项目。通常，一个建设单位就是一个建设项目，建设项目的名称一般以这个建设单位的名称来命名。例如，某化工厂、某装配厂、某制造厂等工业建设；某农场、某度假村、电信城等民用建设，均是建设项目，均由项目法人单位实行统一管理。

2. 单项工程

单项工程是指具有独立的设计文件，竣工后可以独立发挥生产能力并能产生经济效益或效能的工程，是建设项目的组成部分。如一个工厂的车间、办公楼、宿舍、食堂等，一个学校的教学楼、办公楼、试验楼、学生公寓等均属于单项工程。

3. 单位工程

单位工程是工程项目的组成部分。单位工程是指竣工后不能独立发挥生产能力或使用效益，但具有独立的施工图纸和组织施工的工程，如土建工程（包括建筑物、构筑物）、电气安装工程(包括动力、照明等)、工业管道工程(包括蒸汽、压缩空气、燃气等)、暖卫工程(包括采暖、上下水等)、通风工程、电梯工程等。

4. 分部工程

分部工程是指按工程的工程部位或工种进行划分的工程项目。如在建筑工程这个单位工程中包括土石方工程、桩基工程、砌筑工程、混凝土及钢筋混凝土工程、门窗工程、金属结构工程、屋面及防水工程等多个分部工程。

5. 分项工程

分项工程是指单独经过一定的施工工序就能够完成，并且可以采用适当计量单位计算的建筑或设备安装工程。如混凝土及钢筋混凝土这个分部工程中的带形基础、独立基础、满堂基础、设备基础、矩形柱、异形柱等均属于分项工程。

分项工程是工程量计算的基本元素，是工程项目划分的基本单位，所以，工程量均按分项工程计算。

第二节　工程造价

一、工程造价的含义

工程造价的直意就是工程的价格。工程，泛指一切建设工程，其范围和内涵具有很大的不确定性；造价，是指进行某项工程建设所花费的全部费用。工程造价有以下两种含义：

(1)第一种含义是指建设一项工程的全部固定资产投资费用。显然，这一含义是从投资者(业主)的角度来定义的。投资者选定一个投资项目，为了获得预期的效益，就要通过项目评估进行决策，然后进行设计招标、工程招标，直至竣工验收等一系列投资管理活动。在投资活动中所支付的全部费用形成了固定资产，所有这些开支就构成了工程造价。从这个意义上说，工程造价就是工程投资费用，建设项目工程造价就是建设项目固定资产投资。

(2)第二种含义是指工程价格。即建成某项工程，在土地市场、设备市场、技术劳务市场，以及承包市场等交易活动中所形成的建设工程价格，可以理解为承发包价格。显然，在这里工程的范围和内涵既可以是涵盖范围很大的一个建设项目，也可以是一个单项工程，甚至可以是整个建设工程中的某个阶段，如建筑安装工程、装饰工程，或是其中的某个组成部分。随着经济发展中技术的进步、分工的细化和市场的完善，工程建设的中间产品也会越来越多，工程价格的种类和形式也会更加丰富。

本书中所讲的"工程造价"，一般是指第二种含义。

二、工程造价的作用

(1)工程造价是项目决策的依据。建设工程投资大、生产和使用周期长等特点决定了项目决策的重要性，即工程造价决定着项目的投资费用。投资者是否有足够的财务能力支付这笔费用，是否认为值得支付这项费用，是项目决策中要考虑的主要问题。

(2)工程造价是制订计划和控制投资的依据。工程造价是通过多次预估，最终通过竣工决算确定下来的。每一次预估的过程就是对造价的控制过程；而每一次估算对下一次估算又都是对造价的严格控制。

(3)工程造价是筹集建设资金的依据。工程造价基本决定了建设资金的需求量，从而为筹集资金提供了比较准确的依据。

(4)工程造价是评价投资效果的重要指标。工程造价是一个包含着多层次工程造价的体系，就一个工程项目来说，它既是建设项目的总造价，又包含单项工程的造价和单位工程的造价，同时包含单位生产能力的造价。所有这些，使工程造价自身形成了一个指标体系，它能够为评价投资效果提供多种评价指标，并能够形成新的价格信息，为今后类似项目的投资提供参考依据。

三、工程造价的特点

由工程建设的特点所决定，工程造价有以下特点：

(1)工程造价的大额性。能够发挥投资效益的一项工程，不仅实物形体庞大，而且造价高昂，动辄数百万元、数千万元，甚至上亿元，特大型工程项目的造价可达百亿元、千亿元。工程造价的大额性使其关系到有关各方面的重大经济利益，同时会对宏观经济产生重大影响。

(2)工程造价的个别性、差异性。任何一项工程都有特定的用途、功能、规模。因此，对每一项工程的结构、造型、空间分割、设备配置和内外装饰都有具体的要求，因而，使工程内容和实物形态都具有个别性、差异性。产品的差异性决定了工程造价的个别性差异。同时，每项工程所处地区、地段都不相同，使这一特点得到强化。

(3)工程造价的动态性。任何一项工程从决策到竣工交付使用，都有一个较长的建设期，而且由于不可控因素的影响，在预计期内，许多影响工程造价的动态因素，如工程变更，设备材料价格，工资标准及费率、利率、汇率会发生变化，这种变化必然会影响到造价的变动。所以，工程造价在整个建设期中处于不确定状态，直至竣工决算后才能最终确定工程的实际造价。

(4)工程造价的层次性。造价的层次性取决于工程的层次性。一个建设项目往往含有多个能够独立发挥设计效能的单项工程。一个单项工程又是由能够各自发挥专业效能的多个单位工程组成的。与此相适应，工程造价有建设项目总造价、单项工程造价和单位工程造价三个层次。如果专业分工更细，单位工程(如土建工程)的组成部分——分部分项工程也可以成为交换对象，如大型土石方工程、基础工程、装饰工程等。这样，工程造价的层次就会增加分部工程和分项工程而成为五个层次。即使从造价的计算和工程管理的角度看，工程造价的层次性也是非常突出的。

四、工程造价的职能

建筑产品也属于商品，所以建筑产品价格的职能也具有一般商品价格的职能。另外，由于建筑产品的特殊性，它还有以下特殊的职能：

(1)预测职能。工程造价的大额性和多变性，无论投资者还是建筑商都要对拟建工程进行预先测算。投资者预先测算工程造价不仅是项目决策的依据，还是筹集资金、控制造价的依据；承包商对工程造价的测算，既为投标决策提供依据，也为投标报价和成本管理提供依据。

(2)控制职能。工程造价的控制职能表现在两个方面：一方面是它对投资的控制，即在投资的各个阶段，根据对工程造价的多次性预估，对工程造价进行全过程多层次的控制；另一方面是对承包商为代表的商品和劳务供应企业的成本控制。在价格一定的条件下，企业实际成本开支决定企业的盈利水平。成本越高盈利越低，成本高于价格就危及企业的生存。所以，企业要以工程造价来控制成本，利用工程造价提供的信息资料作为控制成本的依据。

(3)评价职能。工程造价是评价总投资和分项投资合理性和投资效益的主要依据之一。评价土地价格、建筑安装产品和设备价格的合理性时，就必须利用工程造价资料；在评价建设项目偿贷能力、获利能力和宏观效益时，也可依据工程造价。工程造价也是评价建筑安装企业管理水平和经营成果的重要依据。

(4)调控职能。工程建设直接关系到经济增长，也直接关系到国家重要资源分配和资金流向，对国计民生都有重大的影响。所以，国家对建设规模、结构进行宏观调控是在任何条件下都不可缺少的，对政府投资项目进行直接调控和管理也是非常必要的。这些都要用工程造价作为经济杠杆，对工程建设中的物资消耗水平、建设规模、投资方向等进行调控和管理。

工程造价鉴定
及其费用

第三节　工程计价

一、工程计价的概念与特点

工程计价是对投资项目工程造价的计算。具体是指工程造价人员在项目实施的各个阶段，根据各个阶段的不同要求，遵循计价的原则、程序，采用科学的计价方法，对投资项目最可能实现的合理价格作出科学的推测和判断，从而确定投资项目工程造价的经济文件。本书中，计价主要是指计算建筑工程造价，即计算建筑工程产品的价格。

建筑产品的庞体性及其施工的长期性(工期长)、建筑产品的固定性及其施工的流动性、建筑产品的多样性及其施工的单项性(个别性)、建筑产品的综合性及其施工的复杂性决定了工程计价具有单件性、多次性、组合性、动态性等特点。

1. 单件性计价

建筑产品的个体差别性决定每个工程项目都必须单独计算造价。

每个工程项目都有其特定的功能、用途，因而也就有不同的结构、造型和装饰，不同的体积和面积，建筑设计时要采用不同的工艺设备和建筑材料。同时，工程项目的技术指标还要适应当地的风俗习惯，再加上不同地区构成投资费用的各种价值要素的差异，导致建设项目不能像对工业产品那样按品种、规格、质量成批地定价，只能是单件计价。也就是说一般不能由国家或企业规定统一的价格，只能就单个项目通过特殊的程序(编制估算、概算、预算、结算及最后确定竣工决算等)来计价。

2. 多次性计价

建设工程周期长、规模大、造价高，因此要按建设程序分阶段进行，相应地也要在不同阶段多次计价，以保证工程造价确定与控制的科学性。多次性计价是一个逐步深化、逐步细化和逐步接近实际造价的过程。从投资估算、设计概算、施工图预算到招标承包合同价，再到各项工程的结算价和最后在结算价的基础上编制的竣工决算，整个计价过程是一个由粗到细、由浅到深、多层次的计价过程。计价过程各环节之间相互衔接，前者控制后者，后者补充前者。

3. 组合性计价

一个建设项目是一个工程综合体，这个综合体可以分解为许多有内在联系的能独立的和不能独立的工程。建设项目的这种组合性决定了计价的过程是一个逐步组合的过程。在计算工程价格时，一般都是由单个到综合，由局部到总体，逐个计价，层层汇总而成的。其计算过程和计算顺序是分部分项工程造价→单位工程造价→单项工程造价→建设项目总造价。若编制建设项目的总概算，先要编制各单位工程的概算，再编制各单项工程的综合概算，最终汇总得到建设项目总概算。

4. 动态性计价

任何一项工程从决策阶段开始到竣工交付使用，都要经历一个较长的建设时间。在此期间，工程造价受价值规律、货币流通规律和商品供求规律的支配，因此，工程造价将受到许多不确定因素的影响，如工程变更、设备材料价格、投资额度、工资标准及费率、利率、汇率、建设期等。综上所述，工程计价在工程建设的全过程中具有动态性，建筑工程造价应根据建设程序不同阶段的不同条件分别计价。

5. 计价方法多样性

为了适应多次性计价有不同的计价依据，以及对造价的不同精度的要求，计价方法有多样性特征，不同的方法利弊不同，适应条件也不同，所以计价时要加以选择。目前，我国工程造价计价方法主要有定额计价和工程量清单计价两种。

6. 计价依据复杂性

由于影响造价的因素较多，导致计价依据复杂、种类繁多，主要可以分为以下七类：

(1)计算设备和工程量的依据。它包括项目建议书、可行性研究报告、设计文件等。

(2)计算人工、材料、机械等实物消耗量的依据。它包括投资估算指标、概算定额、预算定额等。

(3)计算工程单价的依据。它包括人工单价、材料价格、机械台班费等。

(4)计算其他有关费用的依据。

(5)计算设备单价的依据。它包括设备原价、设备运杂费、进口设备关税等。

(6)政府规定的税金率、费率。

(7)物价指数和工程造价指数。

计价依据的复杂性不仅使计算过程变得复杂，而且要求计价人员熟悉各类计价依据，并能正确应用。

二、常见的工程计价模式

由于建筑产品价格的特殊性，与一般工业产品价格的计价方法相比，采取了特殊的计价模式及其方法，即按定额计价模式和按工程量清单计价模式。

1. 定额计价模式

定额计价模式是在我国计划经济时期及计划经济向市场经济转型时期，所采用的行之有效的计价模式。其基本方法是"单位估价法"，即根据国家或地方颁布的统一预算定额规定的消耗量及其单价，以及配套的取费标准和材料预算价格，计算出相应的工程数量，套用相应的定额单价计算出定额直接费，再在直接费的基础上计算各种相关费用及利润和税金，最后汇总形成建筑产品的造价。

按定额计价模式确定建筑工程造价，在一定程度上防止了高估冒算和压级压价，体现了工程造价的规范性、统一性和合理性。但对市场的竞争起到了抑制作用，不利于促进施工企业改进技术、加强管理、提高劳动效率和市场竞争力。

2. 工程量清单计价模式

工程量清单计价，是建设工程招标投标中，招标人按照国家统一的工程量计算规则提供工程量清单，由投标人依据工程量清单自主报价，经评审合理低价中标的工程造价计价模式。

这种计价模式国家仅统一项目编码、项目名称、计量单位和工程量计算规则（即"四统"），由各施工企业在投标报价时根据企业自身情况自主报价，在招标投标过程中形成建筑产品价格。

与定额计价方式相比，工程量清单计价方式具有以下特点：

(1)提供了一个平等竞争的平台。在招标投标过程中，采用施工图预算（即定额计价模式）来投标报价，由于设计图纸的缺陷和不同投标人的不同理解等因素，计算出的工程量不同，报价相差甚远，容易产生纠纷。工程量清单报价为投标人提供了一个平等竞争的平台，在相同的工程量条件下，由投标人根据自身的实力来填报不同的综合单价，体现了市场竞争的公平、公开原则。

(2)满足竞争的需要。工程量清单计价让投标人自主报价，把属于反映企业水平的施工方法、施工措施和工料机消耗量水平及取费等因素留给企业来确定。投标人根据招标人给出的工程量清单，结合自身的生产力水平和管理水平，按市场价确定综合单价和各项措施项目费进行投标报价，通过市场竞争获得承包工程，反映了企业的整体实力，也是市场竞争的需要。

(3)有利于工程款的结算。企业中标后，清单报价成为拨付工程款的依据。业主根据施工企业已完成的清单工程量拨付工程进度款，工程竣工后，可依据清单报价和工程变更的调整情况结算工程最终造价。

(4)有利于风险的合理分担。采用工程量清单报价方式后，投标人只对所报的综合单价负责，对于工程量的变更或计算错误的风险则由业主承担。

（5）有利于业主对工程造价的控制采用施工图预算的定额计价模式，业主对因设计变更、工程量增减所引起的工程造价变化不敏感，往往等到竣工结算时才知道这些项目对工程造价产生的影响。而采用工程量清单计价方式，在进行设计变更时，能够很快知道其对工程造价的影响程度。这时，业主就能根据投资情况来决定是否变更或进行方案比较，同时采用恰当的处理方法。

3. 定额计价模式与工程量清单计价模式的区别与联系

（1）定额计价模式与工程量清单计价模式的区别。

1）计价依据不同。

①依据不同定额。定额计价按照相关政府主管部门发布的预算定额计算各项消耗量；工程量清单计价按照企业定额计算各项消耗量，也可以选择其他合适的定额（包括预算定额）计算各项消耗量，选择什么样的定额，由投标人自主确定。

②采用不同单价。定额计价的人工单价、材料单价、机械台班单价采用预算定额基价或政府指导价；工程量清单计价的人工单价、材料单价、机械台班单价采用市场价，由投标人自主确定。

③费用项目不同。定额计价的费用计算，根据相关政府主管部门发布的费用计算程序规定的项目和费率计算；工程量清单计价的费用计算按照《建设工程工程量清单计价规范》（GB 50500—2013）的规定，并结合拟建项目和本企业的具体情况由企业自主确定实际的费用项目和费率。

2）费用构成不同。定额计价模式的工程造价费用构成一般由直接费（包括直接工程费和措施费）、间接费（包括规费和企业管理费）、利润和税金（包括增值税、城市维护建设税和教育费附加）构成；工程量清单计价模式的工程造价费用由分部分项工程费、措施项目费、其他项目费、规费和税金构成。

3）采用的计价方法不同。定额计价模式常采用单位估价法和实物金额法计算直接费，然后计算间接费、利润和税金；工程量清单计价模式则采用综合单价的方法计算分部分项工程费，然后计算措施项目费、其他项目费、规费和税金。

4）本质特性不同。定额计价模式确定的工程造价具有计划价格的特性，工程量清单计价模式确定的工程造价具有市场价格的特性，两者有着本质上的区别。

（2）定额计价模式与工程量清单计价模式的联系。从发展过程来看，可以将工程量清单计价模式看成是在定额计价模式的基础上发展起来的、适应市场经济条件的、新的计价模式，这两种计价模式之间具有传承性。

1）两种计价模式的目标相同。无论是何种计价模式，其目标都是正确确定建设工程造价。

2）两种计价模式的编制程序主线条基本相同。工程量清单计价模式和定额计价模式都要经过识图、计算工程量、套用定额、计算费用、汇总工程造价等主要程序来确定工程造价。

3）两种计价模式的重点都是要准确计算工程量。工程量计算是两种计价模式的共同重点。该项工作涉及的知识面较宽，计算的依据较多，花的时间较长，技术含量较高。

两种计价模式计算工程量的不同点主要是项目划分的内容不同、采用的计算规则不同。工程量清单计价模式根据《建设工程工程量清单计价规范》(GB 50500—2013)进行列项和计算工程量，定额计价模式根据预算定额来列项和计算工程量。应该指出，在工程量清单计价模式下，也会产生上述两种不同的工程量计算，即工程量清单计价模式按照《建设工程工程量清单计价规范》(GB 50500—2013)计算，定额计价模式按照采用的定额计算。

4)两种计价模式发生的费用基本相同。无论是工程量清单计价模式还是定额计价模式，都必然要计算直接费、间接费、利润和税金。其不同点是，两种计价模式的费用划分方法、计算基数、采用的费率不一致。

5)两种计价模式的计费方法基本相同。计费方法是指应该计算哪些费用、计费基数是什么、计费费率是多少等。在工程量清单计价模式和定额计价模式中都有如何取费、取费基数、取费费率的规定，不同的是各项费用的取费基数及费率有差别。

本章小结

工程造价及工程的价格，是指进行某项工程建设所花费的全部费用。工程计价是对投资项目工程造价的计算。由于建筑产品价格具有特殊性，因此，采取了特殊的计价模式及其方法，即按定额计价模式和按工程量清单计价模式。定额计价模式是在我国计划经济时期及计划经济向市场经济转型时期，所采用的行之有效的计价模式。其基本方法是"单位估价法"，即根据国家或地方颁布的统一预算定额规定的消耗量及其单价，以及配套的取费标准和材料预算价格，计算出相应的工程数量，套用相应的定额单价计算出定额直接费，再在直接费的基础上计算各种相关费用及利润和税金，最后汇总形成建筑产品的造价。

思考与练习

一、填空题

1. _____ 是指国民经济中的各个部门为了扩大再生产而进行的增加固定资产的建设工作。

2. 基本建设的实质是_____。

3. _____ 是指具有经过有关部门批准的立项文件和设计任务书，经济上实行独立核算，行政上具有独立的组织形式并实行统一管理的工程项目。

4. _____ 是指具有独立的设计文件，竣工后可以独立发挥生产能力并能产生经济效益或效能的工程，是建设项目的组成部分。

5. _____ 是指竣工后不能独立发挥生产能力或使用效益，但具有独立的施工图纸和组织施工的工程。

6. _____ 是指按工程的工程部位或工种进行划分的工程项目。

7. _____ 是指单独经过一定的施工工序就能够完成，并且可以采用适当计量单位计算的建筑或设备安装工程。

8. 建筑产品的_____决定每个工程项目都必须单独计算造价。

二、问答题

1. 基本建设的作用是什么？

2. 基本建设按建设用途划分为哪些类型？

3. 试阐述工程造价的两种含义。

4. 工程造价的作用是什么？

5. 工程造价的特点是什么？

6. 工程造价的职能是什么？

7. 工程量清单计价的特点是什么？

8. 定额计价与工程量清单计价的区别是什么？

第二章 建筑工程工程量清单计价基础知识

> **知识目标**
>
> 了解工程量清单计价的意义；熟悉影响工程量清单计价的若干因素；掌握工程量清单计价的费用构成与计算及工程量清单计价所需的建筑工程消耗量定额知识。

> **能力目标**
>
> 通过本章内容的学习，能够明确工程量清单计价相关费用构成，并对其进行计算。

第一节 工程量清单计价的意义与影响因素

一、实行工程量清单计价的目的和意义

(1)推行工程量清单计价是深化工程造价管理改革，推进建设市场化的重要途径。长期以来，工程预算定额是我国承发包计价、定价的主要依据。现行预算定额中规定的消耗量和有关施工措施性费用是按社会平均水平编制的，以此为依据形成的工程造价基本上也属于社会平均价格。这种平均价格可作为市场竞争的参考价格，但不能反映参与竞争企业的实际消耗和技术管理水平，在一定程度上限制了企业的公平竞争。

20 世纪 90 年代国家提出了"控制量、指导价、竞争费"的改革措施，将工程预算定额中的人工、材料、机械消耗量和相应的量价分离，国家控制量以保证质量，价格逐步走向市场化，这一措施走出了向传统工程预算定额改革的第一步。但是，这种做法难以改变工程预算定额中国家指令性内容较多的状况，难以满足招标投标竞争定价和经评审的合理低价中标的要求。因为，国家定额的控制量是社会平均消耗量，不能反映企业的实际消耗量，不能全面体现企业的技术装备水平、管理水平和劳动生产率，不能体现公平竞争的原则，社会平均水平不能代表社会先进水平，改变以往的工程预算定额的计价模式，适应招标投标的需要，推行工程量清单计价办法是十分必要的。

工程量清单计价是建设工程招标投标中，按照国家统一的工程量清单计价规范，由招标人提供工程数量，投标人自主报价，经评审低价中标的工程造价计价模式。采用工程量清单计价能反映工程个别成本，有利于企业自主报价和公平竞争。

（2）在建设工程招标投标中实行工程量清单计价是规范建筑市场秩序的治本措施之一，适应社会主义市场经济的需要。工程造价是工程建设的核心，也是市场运行的核心内容，建筑市场存在着许多不规范的行为，大多数与工程造价有直接联系。建筑产品是商品，具有商品的共性，它受价值规律、货币流通规律和供求规律的支配。但是，建筑产品与一般的工业产品价格构成不一样，建筑产品具有某些特殊性：

1）建筑产品竣工后一般不在空间发生物理运动，可以直接移交用户，立即进入生产消费或生活消费，因而价格中不含商品使用价值运动发生的流通费用，即因生产过程在流通领域内继续进行而支付的商品包装运输费、保管费。

2）建筑产品是固定在某地方的。

3）由于施工人员和施工机具围绕着建设工程流动，因而，有的建设工程构成还包括施工企业远离基地的费用，甚至包括成建制转移到新的工地所增加的费用等。

（3）实行工程量清单计价，是促进建设市场有序竞争和企业健康发展的需要。工程量清单是招标文件的重要组成部分，由招标单位编制或委托有资质的工程造价咨询单位编制。工程量清单编制的准确、详尽、完整，有利于提高招标单位的管理水平，减少索赔事件的发生。由于工程量清单是公开的，有利于防止招标工程中弄虚作假、暗箱操作等不规范行为。投标单位通过对单位工程成本、利润进行分析，统筹考虑，精心选择施工方案，根据企业的定额合理确定人工、材料、机械等要素投入量的合理配置，优化组合，合理控制现场经费和施工技术措施费，在满足招标文件需要的前提下，合理确定自己的报价，让企业有自主报价权。改变了过去依赖住房城乡建设主管部门发布的定额和规定的取费标准进行计价的模式，有利于提高劳动生产率，促进企业技术进步，节约投资和规范建设市场。采用工程量清单计价后，将使招标活动的透明度增加，在充分竞争的基础上降低了造价，提高了投资效益，且便于操作和推行，业主和承包商将都会接受这种计价模式。

（4）实行工程量清单计价，有利于我国工程造价政府职能的转变。按照政府部门真正履行起"经济调节、市场监督、社会管理和公共服务"的职能要求，政府对工程造价管理的模式要进行相应的改变，将推行政府宏观调控、企业自主报价、市场形成价格、社会全面监督的工程造价管理思路。实行工程量清单计价，将会有利于我国工程造价政府职能的转变，由过去的政府控制的指令性定额转变为制定适应市场经济规律需要的工程量清单计价方法，由过去的行政干预转变为对工程造价进行依法监管，有效地强化政府对工程造价的宏观调控。

二、工程量清单计价的影响因素

工程量清单报价中标的工程，无论采用何种计价方法，在正常情况下，基本说明工程造价已确定，只是当出现设计变更或工程量变动时，通过签证再结算调整另行计算。工程量清单工程成本要素的管理重点，是在既定收入的前提下，如何控制成本支出。

1. 对用工批量的有效管理

人工费支出约占建筑产品成本的17%，且随市场价格波动而不断变化。对人工单价在整个施工期间作出切合实际的预测，是控制人工费用支出的前提条件。

首先根据施工进度，月初依据工序合理作出用工数量，结合市场人工单价计算出本月控制指标。

其次在施工过程中，依据工程分部分项，对每天用工数量连续记录，在完成一个分项后，就与工程量清单报价中的用工数量作对比，进行横评找出存在问题，办理相应手续以便对控制指标加以修正。每月完成几个工程分项后各自与工程量清单报价中的用工数量作对比，考核控制指标完成情况。通过这种控制节约用工数量，就意味着降低人工费支出，即增加了相应的效益。这种对用工数量控制的方法，最大优势在于不受任何工程结构形式的影响，分阶段加以控制，有很强的实用性。人工费用控制指标，主要是从量上加以控制。重点通过对在建工程过程控制，积累各类结构形式下实际用工数量的原始资料，以便形成企业定额体系。

2. 材料费用的管理

材料费用开支约占建筑产品成本的63%，是成本要素控制的重点。材料费用因工程量清单报价形式不同，材料供应方式不同而有所不同。如业主限价的材料价格，如何管理？其主要问题可从施工企业采购过程降低材料单价来把握。

首先对本月施工分项所需材料用量下发采购部门，在保证材料质量前提下货比三家。采购过程以工程清单报价中材料价格为控制指标，确保采购过程产生收益。对业主供材供料，确保足斤足两，严把验收入库环节。

其次在施工过程中，严格执行质量方面的程序文件，做到材料堆放合理布局，减少二次搬运。具体操作依据工程进度实行限额领料，完成一个分项后，考核控制效果。

最后是杜绝没有收入的支出，把返工损失降到最低限度。月末应将控制用量和价格与实际数量横向对比，考核实际效果，对超用材料数量落实清楚，是在哪个工程子项造成的？原因是什么？是否存在同业主计取材料差价的问题等。

3. 机械费用的管理

机械费的开支约占建筑产品成本的7%，其控制指标，主要是根据工程量清单计算出使用的机械控制台班数。在施工过程中，每天做详细台班记录，是否存在维修、待班的台班。如存在现场停电超过合同规定时间，应在当天同业主作好待班现场签证记录，月末将实际使用台班同控制台班的绝对数进行对比，分析量差发生的原因。对机械费价格一般采取租赁协议，合同一般在结算期内不变动，所以，控制实际用量是关键。依据现场情况做到设备合理布局，充分利用，特别是要合理安排大型设备进出场时间，以降低费用。

4. 施工过程中水电费的管理

水电费的管理，在以往工程施工中一直被忽视。水作为人类赖以生存的宝贵资源，越来越短缺，正在给人类敲响警钟。这对加强施工过程中水电费管理的重要性不言而喻。为便于施工过程支出的控制管理，应把控制用量计算到施工子项以便于水电费用控制。月末依据完成子项所需水电用量与实际用量作对比，找出差距的出处，以便制订改正措施。总之，施工过程中对水电用量控制不仅仅是一个经济效益的问题，更重要的是一个合理利用宝贵资源的问题。

5. 对设计变更和工程签证的管理

在施工过程中，时常会遇到一些原设计未预料的实际情况或业主单位提出要求改变某些施工做法、材料代用等，引发设计变更；同样对施工图以外的内容及停水、停电，或因材料供应不及时造成停工、窝工等都需要办理工程签证。以上两部分工作，首先，应由负责现场施工的技术人员做好工程量的确认，如存在工程量清单不包括的施工内容，应及时通知技术人员，将需要办理工程签证的内容落实清楚。其次，工程造价人员应审核变更或签证签字内容是否清楚完整、手续是否齐全。如手续不齐全，应在当天督促施工人员补办手续，变更或签证的资料应连续编号。最后，工程造价人员还应特别注意在施工方案中涉及的工程造价问题。在投标时，工程量清单是依据以往的经验计价，建立在既定的施工方案基础上的。施工方案的改变便是对工程量清单造价的修正。变更或签证是工程量清单工程造价中所不包括的内容，但在施工过程中费用已经发生，工程造价人员应及时地编制变更及签证后的变动价值。加强设计变更和工程签证工作是施工企业经济活动中的一个重要组成部分，它可防止应得效益的流失，反映工程真实造价构成，对施工企业各级管理者来说更显得重要。

6. 对其他成本要素的管理

成本要素除工料单价法包含的外，还有管理费用、利润、临设费、税金、保险费等。这部分收入已分散在工程量清单的子项之中，中标后已成既定的数，因而，在施工过程中应注意以下几点：

(1)节约管理费用是重点，制定切实的预算指标，对每笔开支严格依据预算执行审批手续；提高管理人员的综合素质作到高效精干，提倡一专多能。对办公费用的管理，从节约一张纸、减少每次通话时间等方面着手，精打细算，控制费用支出。

(2)利润作为工程量清单子项收入的一部分，在成本不亏损的情况下，就是企业既定利润。

(3)临设费管理的重点是，依据施工的工期及现场情况合理布局临设。尽可能就地取材搭建临设，工程接近竣工时及时减少临设的占用。对购买的彩板房每次安装、拆卸要高抬轻放，延长使用次数。日常使用及时维护易损部位，延长使用寿命。

(4)对税金、保险费的管理重点是一个资金问题，依据施工进度及时拨付工程款，确保按国家规定的税金及时上缴。

以上六个方面是施工企业的成本要素，针对工程量清单形式带来的风险性，施工企业要从加强过程控制的管理入手，才能将风险降到最低点。积累各种结构形式下成本要素的资料，逐步形成科学、合理的，具有代表人力、财力、技术力量的企业定额体系。通过企业定额，使报价不再盲目，避免了一味过低或过高报价所形成的亏损、废标，以应付复杂激烈的市场竞争。

第二节 工程量清单计价费用的确定

一、综合单价的确定

综合单价是指完成一个规定清单项目所需的人工费、材料费和工程设备费、施工机具使用费和企业管理费、利润及一定范围内的风险费。其中，人工费、材料费和工程设备费、施工机具使用费是根据计价定额计算的，企业管理费和利润是根据省市工程造价行政主管部门发布的文件规定计算的；一定范围内的风险费主要是指同一分部分项清单项目的已标价工程量清单中的综合单价与招标控制价的综合单价之比，超过±15%时，才能调整综合单价。

由于各分部分项工程中的人工费、材料费和工程设备费、机械费所占比例不同，各分部分项工程可根据其材料费占人工费、材料费和工程设备费、机械费的比例(以字母"C"代表该项比值)，各省建设主管部门结合其计价实际，在以下三种程序中选择一种计算其综合单价。

(1)当 $C>C_0$ (C_0 为根据本地区建设工程参考价目表测算所选典型分项工程材料费占人工费、材料费和工程设备费、机械费所占的比例)时，可采用以直接工程费合计为基数组价，见表 2-1。此计价模式适用于所有的一般土建工程、机械土石方工程、桩基工程和装饰装修工程。

表 2-1 以直接工程费为基础综合单价的组成

项目	计算式	合价	其中			
			人工费	机械费	材料费	一定范围的风险费
分项直接工程费	$a+b+c+d$	A	a	b	c	d
分项管理费	$A×$费率	A_1				
分项利润	$(A+A_1)×$利润率	A_2				
分项综合单价	$A+A_1+A_2$	H				

(2)当 $C<C_0$ 时，以人工费和机械费的合计为基数组价，见表 2-2。此计价模式适用于市政工程。

表 2-2 以人工费为基础综合单价组成表

项目	计算式	合价	其中				
			人工费	材料费		机械费	一定范围的风险费
				辅材	主材		
分项直接工程费	$a+b_1+b_2+c+d$	A	a	b_1	b_2	c	d
分项管理费	$a×$费率	A_1					
分项利润	$a×$利润率	A_2					
分项综合单价	$A+A_1+A_2$	H					

(3)若分项工程的直接工程费仅为人工费或以人工费为主时，以人工费为基数组价，见表 2-3。此计价模式适用于人工土石方工程、安装工程。

表 2-3　以"人工费十机械费"为基础综合单价组成表

项目	计算式	合价	其中				
			人工费	材料费		机械费	一定范围的风险费
				辅材	主材		
分项直接工程费	$a+b_1+b_2+c+d$	A	a	b_1	b_2	c	d
分项管理费	$(a+c)\times$费率	A_1					
分项利润	$(a+c)\times$利润率	A_2					
分项综合单价	$A+A_1+A_2$	H					

根据分部分项工程量清单项目特征及主要工程内容的描述，确定综合单价，其计算步骤为：

第一步：计算分项工程各定额子目对应的人工费、材料费、机械费。

第二步：计算定额子目对应的风险费、管理费、利润费用。

第三步：计算分部分项工程清单综合单价。

$$分部分项工程清单综合单价 = \sum (人工费+材料费+机械费+风险费用+管理费+利润) \div 分项工程清单工程量$$

二、总价措施项目费的确定

总价措施项目是指清单措施项目中，无工程量计算规则，以"项"为单位，采用规定的计算基数和费率计算总价的项目。例如，"安全文明施工费""二次搬运费""冬、雨期施工费"等都是不能计算工程量的，只能计算总价的措施项目。

1. 措施项目的确定与增减

措施项目是为工程实体施工服务的，措施项目清单由招标人提供。招标人在编制标底时，措施项目费可按照合理的施工方案和各措施项目费的参考费率及有关规定计算。

投标人在编制报价时，可根据实际施工组织设计采取的具体措施，在招标人提供的措施项目清单的基础上，增加措施项目。对于清单中列出而实际不采用的措施项目则应不填写报价。

总之，措施项目的计列应以实际发生为准。措施项目的大小、数量应根据实际设计确定，不要盲目地扩大或减少，这是估计措施项目费的基础。

2. 措施项目费的确定方法

措施项目费(综合单价)确定的方法有以下几种：

(1)定额法计价。定额法计价与分部分项工程综合单价的计算方法一样，就是根据需要消耗的实物工程量与实物单价计算措施费，适用于可以计算工程量的措施项目，主要是指一些与工程实体有紧密联系的项目，如混凝土模板、脚手架、垂直运输等。与分部分项工程不同，并不要求每个措施项目的综合单价必须包含人工费、材料费、机械费、管理费和利润中的每一项。

(2)公式参数法计价。定额模式下几乎所有的措施项目都采用这种办法。有些地区以费用定额的形式体现，就是按一定的基数乘系数的方法或自定义公式进行计算。这种方法主要适用于施工过程中必须发生但在投标时很难具体分析、分项预测又无法单独列出项目内容的措施项目，如夜间施工、二次搬运等。

(3)实物量法计价。实物量法计价是最基本，也是最能反映投标人个别成本的计价方法，是按投标人现在的水平，预测将要发生的每一项费用的合计数，并考虑一定的浮动因数及其他社会环境影响因数。

(4)分包法计价。分包法计价是在分包价格的基础上增加投标人的管理费及风险进行计价的方法。这种方法适合可以分包的独立项目，如大型机械进出场及安拆、室内空气污染测试等。

不同的措施项目其特点不同，不同的地区费用确定的方法也不一样，但基本上可归纳为两种：其一，按分部分项工程费中所含各措施项目费的费率确定；其二，按实计算。前一种方法措施项目费中一般已包含管理费和利润等；后一种方法措施项目费应另外考虑管理费、利润的分摊。

3. 总价措施项目费的计算

总价措施项目计价的基本原理是在分部分项清单计价完成后，并且有关费用(其他项目费)已知的前提下进行的。其计算方法如下：

(1)编制标底，按参考费率计算或按定额计算；

(2)编制报价，自主计算或按编制标底的方法确定。

第三节　建筑工程消耗量定额

一、建筑工程消耗量定额的概念与作用

建筑工程消耗量定额是指在正常的施工条件下，为了完成质量合格的单位建筑工程产品，所必须消耗的人工、材料(或构配件)、机械台班的数量标准。

建筑工程消耗量定额在我国工程建设中具有十分重要的地位和作用，主要表现在以下几个方面：

(1)建筑工程消耗量定额是总结先进生产方法的手段，建筑工程消耗量定额比较科学地反映出生产技术和劳动组织的合理程度。可以建筑工程消耗量定额的标定方法为手段，对同一工程产品在同一施工操作条件下的不同生产方式进行观察、分析和总结，从而得出一套比较完整的先进生产方法。

(2)建筑工程消耗量定额是确定工程造价的依据和评价设计方案经济合理性的尺度。根据设计文件的工程规模、工程数量，结合施工方法，采用相应消耗量定额规定的人工、材料、施工机械台班消耗标准，以及人工、材料、机械单价和各种费用标准可以确定分项工程的综合单价。同时，建设项目投资的大小又反映出各种不同设计方案技术经济水平的

高低。

（3）建筑工程消耗量定额是施工企业编制工程计划、组织和管理施工的重要依据。为了更好地组织和管理建设工程施工生产，必须编制施工进度计划。在编制工程计划、组织和管理施工生产中，要以各种定额作为计算人工、材料和机械需用量的依据。

（4）建筑工程消耗量定额是施工企业和项目部实行经济责任制的重要依据。工程建设改革的突破口是承包责任制。施工企业根据定额编制投标报价，对外投标承揽工程任务；工程施工项目部进行进度计划的编制和进度控制，或进行成本计划的编制和成本控制，均以建筑工程消耗量定额为依据。

另外，建筑工程消耗量定额有利于建筑市场公平竞争，也有利于完善市场的信息系统，既是投资决策依据又是价格决策依据，具有节约社会劳动和提高生产效率的作用。

二、建筑工程消耗量定额的特性与分类

1. 建筑工程消耗量定额的特性

（1）科学性。建筑工程消耗量定额是应用科学的方法，在认真研究客观规律的基础上，通过长期观察、测定、总结生产实践和广泛收集资料后制定的。它需要对工时、动作、现场布置、工具设备改节，以及生产技术与组织的合理配合等各方面进行综合分析研究。

（2）系统性。一种专业定额有一个完整独立的体系，能全面地反映建筑工程所有的工程内容和项目，与建筑工程技术标准、技术规范相配套，定额各项目之间都存在着有机的联系，相互协调，相互补充。

（3）时效性。建筑工程消耗量定额反映了一定时期内的生产技术与管理水平。随着生产力水平的不断发展，工人的劳动生产率和技术装备水平会不断地提高，各种资源的消耗量也会有所下降。因此，必须及时地、不断地修改与调整定额，以保持其与实际生产力水平相一致。

（4）指导性。建筑工程消耗量定额的指导性是指地区定额具有一定的指导作用。地区定额体现了一定时期内该地区的平均生产力水平，是确定建筑产品地区平均价格的重要依据。

2. 建筑工程消耗量定额的分类

实行工程量清单计价后，由于国家不再对"量、价、费"实行控制，取消了预算定额，建筑工程消耗量定额的分类如下：

（1）按生产要素分类。生产活动包括劳动者、劳动手段和劳动对象三个不可缺少的要素。劳动者是指生产活动中各专业工种的工人；劳动手段是指劳动者使用的生产工具和机械设备；劳动对象是指原材料、半成品和构配件。建筑工程消耗量定额按照生产要素可分为人工消耗定额、材料消耗定额和机械台班消耗定额。

1）人工消耗定额。人工消耗定额简称人工定额，是指在正常施工技术组织条件下，完成单位合格产品所必需的人工消耗量的标准。人工定额应反映生产工人劳动生产率的平均水平。人工定额有两种基本的表现形式，即时间定额和产量定额。时间定额又称工时定额，是指某种专业的工人班组或个人在合理的劳动组织与合理使用材料的条件下，完成质量合格的单位产品所必需的工作时间。产量定额又称每工产量，是指某种专业的工人班组或个人，在合理的劳动组织与合理使用材料的条件下，单位工日完成的符合质量要求的产品数

量。二者互为倒数关系。其计算公式如下：

$$时间定额=\frac{工人工作时间}{完成产品数量}$$

$$产量定额=\frac{完成产品数量}{工人工作时间}$$

$$时间定额=\frac{1}{产量定额}$$

2）材料消耗定额。材料消耗定额简称材料定额，是指在正常施工和合理使用材料的条件下，生产合格的单位产品所必须消耗的原材料、成品、半成品等材料的数量标准。材料消耗定额由直接构成工程实体的材料用量（材料净用量）和生产操作过程中损耗的材料量（材料损耗量）构成。其中，材料损耗量通常采用材料损耗率表示，即材料的损耗量与材料净用量的百分比表示。其计算公式如下：

工人工作时间分类

$$材料损耗率=\frac{材料损耗量}{材料净用量}\times100\%$$

$$材料消耗量=材料净用量+材料损耗量$$
$$=材料净用量\times(1+损耗率)$$

根据材料使用次数的不同，建筑材料可分为非周转性材料和周转性材料两类。因此，在定额中的消耗量，也可分为非周转性材料消耗量和周转性材料摊销量两种。非周转性材料消耗量又称直接性材料消耗量。非周转性材料是指在建筑工程施工中构成工程实体的一次性消耗材料、半成品，如砖、砂浆、混凝土等。周转性材料摊销量是指一次投入，经多次周转使用，分次摊销到每个分项工程上的材料数量，如脚手架材料、模板材料、支撑垫木、挡土板等。它们根据不同材料的耐用期、残值率和周转次数计算单位产品所应分摊的数量。

3）机械台班消耗定额。机械台班消耗定额又称机械台班使用定额，简称机械定额，是指在合理组织施工和合理使用机械的正常施工条件下，完成单位合格产品所必须消耗的一定品种、规格的机械台班数量标准。机械定额也有时间定额和产量定额两种基本表现形式，通常以机械产量定额为主。机械时间定额是指在合理组织施工和合理使用机械的条件下，某种类型的机械为完成质量合格的单位产品所必须消耗的机械工作时间，单位以"台班"或"台时"表示。一台机械工作8小时为一个台班。机械产量定额是指在合理组织施工和合理使用机械的条件下，某种类型的机械在单位机械工作时间内，应完成的质量合格产品数量。机械时间定额和机械产量定额互为倒数关系。

（2）按专业分类。

1）建筑工程消耗量定额。建筑工程消耗量定额是指建筑工程人工、材料及机械的消耗量标准。

2）装饰工程消耗量定额。装饰工程是指房屋建筑的装饰装修工程。装饰工程消耗量定额是指建筑装饰装修工程人工、材料及机械的消耗量标准。

机械工作时间分类

3）安装工程消耗量定额。安装工程是指各种管线、设备等的安装工程。安装工程消耗量定额是指安装工程人工、材料及机械的消耗量标准。

4)市政工程消耗量定额。市政工程是指城市的道路、桥梁等公共设施及公用设施的建设工程。市政工程消耗量定额是指市政工程人工、材料及机械的消耗量标准。

5)园林绿化工程消耗量定额。园林绿化工程消耗量定额是指园林绿化工程消耗量定额人工、材料及机械的消耗量标准。

(3)按编制单位及使用范围分类。建筑工程消耗量定额按编制单位及使用范围分类有全国消耗量定额、地区消耗量定额和企业消耗量定额。

1)全国消耗量定额。全国消耗量定额是指由国家主管部门编制，作为各地区编制地区消耗量定额依据的消耗量定额。

2)地区消耗量定额。地区消耗量定额是指由本地区住房城乡建设主管部门根据合理的施工组织设计，按照正常施工条件制定的，生产一个规定计量单位工程合格产品所需人工、材料、机械台班的社会平均消耗量定额。它是编制招标控制价或标底的依据，在施工企业没有本企业定额的情况下也可作为投标的参考依据。

3)企业消耗量定额。企业消耗量定额是指施工企业根据本企业的施工技术和管理水平，以及有关工程造价资料制定的，供本企业使用的人工、材料和机械消耗量定额。

三、建筑工程消耗量定额的编制

1. 建筑工程消耗量定额的编制原则

(1)定额水平。企业消耗量定额应体现本企业平均先进水平的原则；地区消耗量定额应体现本地区平均水平的原则。

所谓平均先进水平，就是在正常施工条件下，多数施工班组和多数工人经过努力才能够达到和超过的水平。它高于一般水平，而低于先进水平。

(2)定额形式简明适用。消耗量定额编制必须便于使用。既要满足施工组织生产的需要，又要简明适用。要能反映现行的施工技术、材料的现状，项目齐全、步距适当、方便使用。

(3)定额编制应坚持"以专为主、专群结合"。定额的编制具有很强的技术性、实践性和法规性。不但要有专门的机构和专业人员组织把握方针政策，经常性地积累定额资料，还要专群结合，及时了解定额在执行过程中的情况和存在的问题，以便及时将新工艺、新技术、新材料反映在定额中。

2. 建筑工程消耗量定额的编制依据

(1)现行的人工定额、材料消耗定额和机械台班消耗定额。

(2)现行的设计规范、建筑产品标准、技术操作规程、施工及验收规范、工程质量检查评定标准和安全操作规程。

(3)通用的标准设计和定型设计图集，以及有代表性的设计资料。

(4)有关科学实验、技术测定、统计资料。

(5)有关的建筑工程历史资料及定额测定资料。

(6)新技术、新结构、新材料、新工艺和先进施工经验的资料。

3. 建筑工程消耗量定额的编制步骤

建筑工程消耗量定额的编制可分为准备工作、编制初稿和终审定稿三个阶段，如图 2-1 所示。需要注意的是，在编制建筑工程消耗量定额时，在定额基本单位确定后，常采用所取基本单位的 10 倍、100 倍等倍数的扩大计量单位来编制定额。

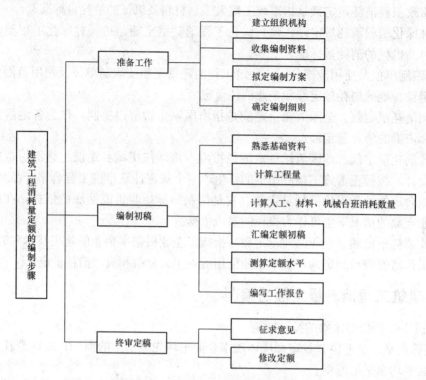

图 2-1　建筑工程消耗量定额的编制步骤

4. 建筑工程消耗量定额的编制内容

(1)定额项目计量单位的确定。定额项目计量单位的确定一定要合理，应根据分项工程的特点，本着准确、贴切、方便计量的原则设置，通常按照分项工程的形体特征和变化规律来确定。

1)凡物体的长、宽、高(或厚)三个数值都会发生变化时，采用体积(m³)为计量单位。如土石方、砌筑、混凝土及钢筋混凝土工程等。

2)当物体厚度固定，而长度和宽度不固定时，采用面积(m²)为计量单位。如楼地面、屋面工程等。

3)当物体截面形状固定，而长度不固定时，采用延长米(m)为计量单位。如栏杆、装饰线、管道等。

4)当物体体积和面积相同，而质量和价格差异很大时，采用质量单位千克(kg)或吨(t)计算。

5)有的分项工程实物结构复杂，可按个、组、座、套、件、台等自然计量单位计算。

(2)小数位数的取定。定额项目表中数量单位的小数位数取定(取位的数值按四舍五入规则处理):

1)人工:以"工日"为单位，取两位小数。

2)主要材料及半成品:木材以"m³"为单位，取三位小数;钢材、钢筋以"t"为单位，取三位小数;水泥以"kg"为单位，取整数;砂浆、混凝土以"m²"为单位，取两位小数;其余材料一般取两位小数。

3)单价：以"元"为单位，取两位小数。

4)其他材料费：以"元"为单位，取两位小数。

5)施工机械：以"台班"为单位，取两位小数。

(3)人工定额。

1)人工定额的测定方法。人工定额的测定方法如图2-2所示。

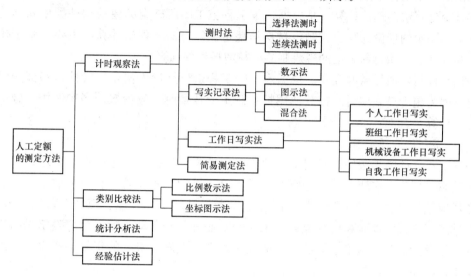

图2-2 人工定额的测定方法

2)确定人工定额消耗量的基本方法。

①分析基础资料，拟订编制方案。

a. 确定工时消耗影响因素。它包括技术因素和组织因素。

b. 整理计时观察资料。采用平均修正法，剔除或修正那些偏高、偏低的可疑数据。

c. 整理分析日常积累的资料。

d. 拟定定额的编制方案。它包括拟定定额水平，拟定定额册、章、节、分项的目录，拟定计量单位，拟定表格形式和内容。

②确定正常的施工条件。它包括工作地点的组织、工作组成及施工人员编制。

③确定人工定额消耗量。基本工作时间是时间定额中的主要时间，通常根据计时观察法的资料确定。其他几项时间可按计时观察法的资料确定，也可按工时规范中规定的占工作日或基本工作时间的百分比计算。

(4)材料消耗定额。

1)非周转性材料消耗量的确定。非周转性材料消耗量的确定方法有现场观察法、试验测试法、统计分析法、理论计算法等。

①现场观察法。现场观察法是通过对建筑工程实际施工中进行现场观察和测定，并对所完成的建筑工程施工产品数量与所消耗的材料数量进行分析、整理和计算，确定材料损耗的一种方法。现场观察法通常用于确定材料的损耗量。

②试验测试法。试验测试法是在实验室或施工现场内对测定材料进行材料试验，通过

整理计算制定材料消耗定额的方法。试验测试法适用于测定混凝土、砂浆、沥青、油漆涂料等材料的消耗定额。

③统计分析法。统计分析法是指通过对各类已完成工程拨付的工程材料数量，竣工后的工程材料剩余数量和完成建筑工程产品数量的统计、分析研究、计算确定建筑工程材料消耗定额的方法。统计分析法不能将施工过程中材料的合理损耗与不合理损耗区别开来，这样得出的材料消耗量准确性不高。

④理论计算法。理论计算法是根据建筑工程施工图所确定的建筑构件类型和其他技术资料，运用一定的理论计算公式制定材料消耗定额的方法。理论计算法主要适用于按件论块、不易损耗、废品容易确定的现成制品材料消耗量的计算。

2)周转性材料消耗量的确定。根据现行的工程造价计价方法，周转性材料部分资源消耗支付已列为施工措施项目。按其使用特点制定消耗量时，应当按照多次使用、分期摊销方法进行计算。

(5)机械台班消耗定额。

1)确定正常的施工条件。确定正常的施工条件主要是拟定工作地点的合理组织和合理的工人编制。拟定工作地点的合理组织，是指对机械的放置位置、材料的放置位置、工人的操作场地等作出合理的布置，最大限度地发挥机械的工作性能。拟定合理的工人编制，是指根据施工机械的性能和设计能力、工人的专业分工和劳动工效，合理确定操纵机械的工人和直接参加机械化施工过程的工人的编制人数，应满足机械的正常生产率和工人正常的劳动工效的要求。

2)确定机械1小时纯工作正常生产率。机械纯工作的时间包括机械的有效工作时间、不可避免的无负荷工作时间和不可避免的中断时间。机械纯工作时间(台班)的正常生产率，就是在机械正常工作条件下，由具备必须的知识与技能的技术工人操作机械工作1小时(台班)的生产效率。单位机械工作时间能生产的产品数或者机械工作时间的消耗量，可通过现场观测并参考机械产品说明书确定。

3)确定施工机械的正常利用系数。施工机械的正常利用系数又称机械时间利用系数，是指工作班纯工作时间占工作班延续时间的百分数。

4)确定施工机械台班定额消耗量。

施工机械台班产量定额和施工机械时间定额的计算公式如下：

施工机械台班产量定额＝机械纯工作1小时正常生产率×工作班纯工作时间

或

施工机械台班产量定额＝机械纯工作1小时正常生产率×工作班延续时间×

施工机械的正常利用系数

$$施工机械时间定额＝\frac{1}{施工机械台班产量定额}$$

四、建筑工程消耗量定额的应用

1. 建筑工程消耗量定额的组成

在建筑工程消耗量定额中，除规定各项资源消耗的数量标准外，还规定了它应完成的工程内容和相应的质量标准等。建筑工程消耗量定额的内容，由文字说明、定额项目表、附录三部分组成。

（1）文字说明。文字说明是建筑工程消耗量定额使用的重要依据，包括目录、总说明、分部工程说明及工程量计算规则等。其中，总说明主要阐述消耗量定额的用途和适用范围、消耗量定额的编制原则和依据、定额中已考虑和未考虑的因素、使用中应注意的事项和有关问题的规定等。分部工程说明主要说明本分部所包括的主要分项工程，以及本分部在使用时的一些基本原则，在该分部中还包括各分项工程的工程量计算规则。

（2）定额项目表。定额项目表是建筑工程消耗量定额的核心内容，它是以各类定额中各分项工程归类，又以若干不同的分项工程排列的项目表。定额项目表包括分项工程工作内容、计量单位，分项工程人工、材料、机械消耗量指标等。

（3）附录。附录是使用定额的参考资料，通常列在定额的最后，一般包括混凝土配合比表、砂浆配合比表等，可作为定额换算和编制补充定额的基本依据。

2. 建筑工程消耗量定额的使用方法

（1）认真阅读总说明和分部工程说明，了解附录的使用。这是正确掌握定额的关键。因为它指出了定额编制的指导思想、原则、依据、适用范围、已经考虑和未考虑的因素，以及其他有关问题和使用方法。特别是对于客观条件的变化，一时难以确定的情况下，往往在说明中允许据实加以换算（增或减或乘以系数等），通常称为"活口"，是十分重要的，要正确掌握。

（2）逐步掌握定额项目表各栏的内容。弄清楚定额子目的名称和步距划分，以便能正确列项。

（3）掌握分部分项工程定额包括的工作内容和计量单位。对常用项目的工作内容应通过日常工作实践加深了解，否则会出现重复列项或漏项。

（4）要正确理解和熟记建筑面积及工程量计算规则。"规则"就是要求遵照执行的，无论建设方、设计方还是施工方都不能自行其是。按照统一规则计算是十分重要的，它有利于统一口径，便于工程造价审查工作的开展。

（5）掌握定额换算的各项具体规定。通过对定额及说明的阅读，了解定额中哪些允许换算，哪些不允许换算，以及怎样换算等。

3. 建筑工程消耗量定额的直接套用

当施工图纸的设计要求与所套用的相应定额项目内容一致时，可直接套用定额。在确定分项工程人工、材料、机械台班的消耗量时，绝大部分属于这种情况，直接套用定额项目的步骤如下：

（1）根据施工图纸设计的工程项目内容，从定额目录中查出该项目所在定额中的部位，选定相应的定额项目与定额编号。

（2）在套用定额前，必须注意核实分项工程的名称、规格、计量单位，与定额规定的名称、规格、计量单位是否一致。施工图纸设计的工程项目与定额规定的内容一致时，可直接套用定额。

（3）将定额编号和定额工料消耗量分别填入工料计算表内。

（4）确定工程项目的人工、材料、机械台班需用量。

4. 建筑工程消耗量定额的换算

当施工图纸的设计要求与所套用的相应定额项目内容不一致时，应在定额规定的范围内进行换算。对换算后的定额项目，应在其定额编号后注明"换"字以示区别。消耗量定额换算的实质就是按定额规定的换算范围、内容和方法，对消耗量定额中某些分项工程的"三量"消耗指标进行调整。

定额换算的基本思路是，根据设计图纸所示建筑、装饰分项工程的实际内容，选定某一相关定额子目，按定额规定换入应增加的人工、材料和机械，减去应扣除的人工、材料和机械。该思路可以用下式表述：

换算后的消耗量＝分项定额工料机消耗量＋换入的工料机消耗量－换出的工料机消耗量

五、建筑工程消耗量定额的补充

施工图纸中的某些工程项目，由于采用了新结构、新材料和新工艺等，没有类似定额项目可供套用，就必须编制补充定额项目。

编制补充工程计价定额的方法通常有两种：一种是按照本节所述消耗量定额的编制方法，计算人工、材料和机械台班消耗量指标；另一种是参照同类工序、同类型产品消耗量定额的人工、机械台班指标，而材料消耗量则按施工图纸进行计算或实际测定。

第四节　建筑工程费用的组成与计算

一、建筑安装工程费用项目的组成(按费用构成要素划分)

建筑安装工程费用按费用构成要素划分，由人工费、材料(包含工程设备，下同)费、施工机具使用费、企业管理费、利润、规费和税金组成。其中，人工费、材料费、施工机具使用费、企业管理费和利润包含在分部分项工程费、措施项目费、其他项目费中，如图2-3所示。

1. 人工费

人工费是指按工资总额构成规定，支付给从事建筑安装工程施工的生产工人和附属生产单位工人的各项费用。其内容包括：

(1)计时工资或计件工资，是指按计时工资标准和工作时间或对已做工作按计件单价支付给个人的劳动报酬。

(2)奖金，是指对超额劳动和增收节支支付给个人的劳动报酬，如节约奖、劳动竞赛奖等。

(3)津贴、补贴，是指为了补偿职工特殊或额外的劳动消耗和因其他特殊原因支付给个人的津贴，以及为了保证职工工资水平不受物价影响支付给个人的物价补贴，如流动施工津贴、特殊地区施工津贴、高温(寒)作业临时津贴、高空津贴等。

(4)加班加点工资，是指按规定支付的在法定节假日工作的加班工资和在法定日工作时间外延时工作的加点工资。

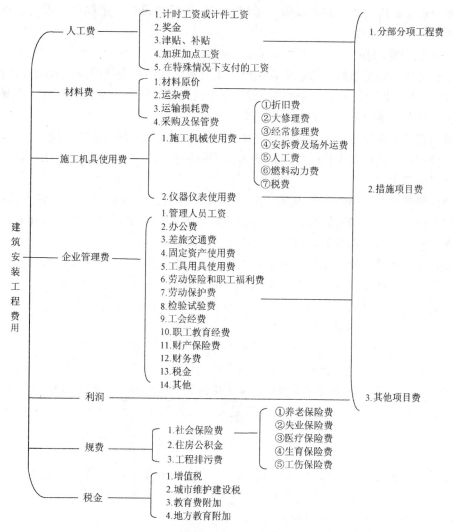

图 2-3　建筑安装工程费用(按费用构成要素划分)

（5）在特殊情况下支付的工资，是指根据国家法律、法规和政策的规定，因病、工伤、产假、计划生育假、婚丧假、事假、探亲假、定期休假、停工学习、执行国家或社会义务等原因按计时工资标准或计件工资标准的一定比例支付的工资。

2. 材料费

材料费是指施工过程中耗费的原材料、辅助材料、构配件、零件、半成品或成品、工程设备的费用。其内容包括：

（1）材料原价，是指材料、工程设备的出厂价格或商家供应价格。

（2）运杂费，是指材料、工程设备自来源地运至工地仓库或指定堆放地点所发生的全部费用。

（3）运输损耗费，是指材料在运输装卸过程中不可避免的损耗。

（4）采购及保管费，是指为组织采购、供应和保管材料、工程设备的过程中所需要的各项费用，包括采购费、仓储费、工地保管费、仓储损耗。

工程设备是指构成或计划构成永久工程一部分的机电设备、金属结构设备、仪器装置及其他类似的设备和装置。

3. 施工机具使用费

施工机具使用费是指施工作业所发生的施工机械、仪器仪表使用费或其租赁费。

(1)施工机械使用费。施工机械使用费以施工机械台班耗用量乘以施工机械台班单价表示，施工机械台班单价应由下列七项费用组成：

1)折旧费，是指施工机械在规定的使用年限内，陆续收回其原值的费用。

2)大修理费，是指施工机械按规定的大修理间隔台班进行必要的大修理，以恢复其正常功能所需的费用。

3)经常修理费，是指施工机械除大修理以外的各级保养和临时故障排除所需的费用，包括为保障机械正常运转所需替换设备与随机配备工具附具的摊销和维护费用，机械运转中日常保养所需润滑与擦拭的材料费用及机械停滞期间的维护和保养费用等。

4)安拆费及场外运费，安拆费是指施工机械(大型机械除外)在现场进行安装与拆卸所需的人工、材料、机械和试运转费用以及机械辅助设施的折旧、搭设、拆除等费用；场外运费是指施工机械整体或分体自停放地点运至施工现场或由一施工地点运至另一施工地点的运输、装卸、辅助材料及架线等费用。

5)人工费，是指机上司机(司炉)和其他操作人员的人工费。

6)燃料动力费，指施工机械在运转作业中所消耗的各种燃料及水、电等费用。

7)税费，是指施工机械按照国家规定应缴纳的车船使用税、保险费及年检费等。

(2)仪器仪表使用费。仪器仪表使用费是指工程施工所需使用的仪器仪表的摊销及维修费用。

4. 企业管理费

企业管理费是指建筑安装企业组织施工生产和经营管理所需的费用。其内容包括：

(1)管理人员的工资，是指按规定支付给管理人员的计时工资、奖金、津贴、补贴、加班加点工资及在特殊情况下支付的工资等。

(2)办公费，是指企业管理办公用的文具、纸张、账表、印刷、邮电、书报、办公软件、现场监控、会议、水电、烧水和集体取暖降温(包括现场临时宿舍取暖降温)等费用。

(3)差旅交通费，是指职工因公出差、调动工作的差旅费、住勤补助费、市内交通费和误餐补助费，职工探亲路费，劳动力招募费，职工退休、退职一次性路费，工伤人员就医路费，工地转移费以及管理部门使用的交通工具的油料、燃料等费用。

(4)固定资产使用费，是指管理和试验部门及附属生产单位使用的属于固定资产的房屋、设备、仪器等的折旧、大修、维修或租赁费。

(5)工具用具使用费，是指企业施工生产和管理使用的不属于固定资产的工具、器具、家具、交通工具和检验、试验、测绘、消防用具等的购置、维修和摊销费。

(6)劳动保险和职工福利费，是指由企业支付的职工退职金、按规定支付给离休干部的经费、集体福利费、夏季防暑降温补贴、冬季取暖补贴、上下班交通补贴等。

(7)劳动保护费，是指企业按规定发放的劳动保护用品的支出，如工作服、手套、防暑降温饮料以及在有碍身体健康的环境中施工的保健费用等。

(8)检验试验费，是指施工企业按照有关标准的规定，对建筑以及材料、构件和建筑安装物进行一般鉴定、检查所发生的费用，包括自设试验室进行试验所耗用的材料等费用，不包括新结构、新材料的试验费，对构件做破坏性试验及其他特殊要求检验试验的费用和建设单位委托检测机构进行检测的费用，对此类检测发生的费用，由建设单位在工程建设其他费用中列支，但对施工企业提供的具有合格证明的材料进行检测不合格的，该检测费用由施工企业支付。

(9)工会经费，是指企业按《中华人民共和国工会法》规定的全部职工工资总额比例计提的工会经费。

(10)职工教育经费，是指按职工工资总额的规定比例计提，企业为职工进行专业技术和职业技能培训，专业技术人员继续教育、职工职业技能鉴定、职业资格认定以及根据需要对职工进行各类文化教育所发生的费用。

(11)财产保险费，是指施工管理用财产、车辆等的保险费用。

(12)财务费，是指企业为施工生产筹集资金或提供预付款担保、履约担保、职工工资支付担保等所发生的各种费用。

(13)税金，是指企业按规定缴纳的房产税、车船使用税、土地使用税、印花税等。

(14)其他，包括技术转让费、技术开发费、投标费、业务招待费、绿化费、广告费、公证费、法律顾问费、审计费、咨询费、保险费等。

5. 利润

利润是指施工企业完成所承包工程获得的盈利。

6. 规费

规费是指按国家法律、法规的规定，由省级政府和省级有关权力部门规定必须缴纳或计取的费用。

(1)社会保险费。

1)养老保险费，是指企业按照规定标准为职工缴纳的基本养老保险费。

2)失业保险费，是指企业按照规定标准为职工缴纳的失业保险费。

3)医疗保险费，是指企业按照规定标准为职工缴纳的基本医疗保险费。

4)生育保险费，是指企业按照规定标准为职工缴纳的生育保险费。

5)工伤保险费，是指企业按照规定标准为职工缴纳的工伤保险费。

(2)住房公积金，是指企业按规定标准为职工缴纳的住房公积金。

(3)工程排污费，是指按规定缴纳的施工现场工程排污费。

其他应列而未列入的规费，按实际发生的情况计取。

7. 税金

税金是指国家税法规定的应计入建筑安装工程造价内的增值税、城市维护建设税、教育费附加及地方教育附加。

二、建筑安装工程费用项目的组成(按工程造价形成划分)

建筑安装工程费用按工程造价形成划分，由分部分项工程费、措施项目费、其他项目费、规费和税金组成。分部分项工程费、措施项目费、其他项目费包含人工费、材料费、施工机具使用费、企业管理费和利润，如图 2-4 所示。

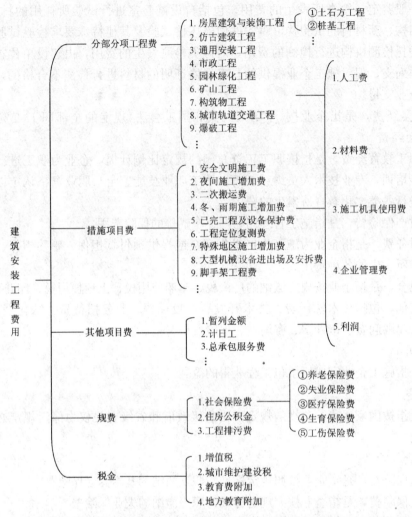

图 2-4　建筑安装工程费用(按工程造价形成划分)

1. 分部分项工程费

分部分项工程费是指各专业工程的分部分项工程应予列支的各项费用。

(1)专业工程,是指按现行国家计量规范划分的房屋建筑与装饰工程、仿古建筑工程、通用安装工程、市政工程、园林绿化工程、矿山工程、构筑物工程、城市轨道交通工程、爆破工程等各类工程。

(2)分部分项工程,是指按现行国家计量规范对各专业工程划分的项目,如房屋建筑与装饰工程划分的土石方工程、桩基工程、砌筑工程、钢筋及钢筋混凝土工程等。各类专业工程的分部分项工程划分见现行国家或行业计量规范。

2. 措施项目费

措施项目费是指为完成建设工程施工,发生于该工程施工前和施工过程中的技术、生活、安全、环境保护等方面的费用。其内容包括:

(1)安全文明施工费。

1) 环境保护费，是指为使施工现场达到环保部门要求所需要的各项费用。

2) 文明施工费，是指施工现场文明施工所需要的各项费用。

3) 安全施工费，是指施工现场安全施工所需要的各项费用。

4) 临时设施费，是指施工企业为进行建设工程施工所必须搭设的生活和生产用的临时建筑物、构筑物和其他临时设施的费用。其包括临时设施的搭设、维修、拆除、清理费或摊销费等。

（2）夜间施工增加费，是指因夜间施工所发生的夜班补助费、夜间施工降效、夜间施工照明设备摊销及照明用电等费用。

（3）二次搬运费，是指因施工场地条件限制而发生的材料、构配件、半成品等一次运输不能到达堆放地点，必须进行二次或多次搬运所发生的费用。

（4）冬、雨期施工增加费，是指在冬期或雨期施工需增加的临时设施、防滑、排除雨雪，人工及施工机械效率降低等费用。

（5）已完工程及设备保护费，是指竣工验收前，对已完工程及设备采取的必要保护措施所发生的费用。

（6）工程定位复测费，是指工程施工过程中进行全部施工测量放线和复测工作的费用。

（7）特殊地区施工增加费，是指工程在沙漠或其边缘地区、高海拔、高寒、原始森林等特殊地区施工增加的费用。

（8）大型机械设备进出场及安拆费，是指机械整体或分体自停放场地运至施工现场或由一个施工地点运至另一个施工地点，所发生的机械进出场运输及转移费用及机械在施工现场进行安装、拆卸所需的人工费、材料费、机械费、试运转费和安装所需的辅助设施的费用。

（9）脚手架工程费，是指施工需要的各种脚手架搭、拆、运输费用以及脚手架购置费的摊销（或租赁）费用。

措施项目及其包含的内容详见各类专业工程的现行国家或行业计量规范。

3. 其他项目费

（1）暂列金额，是指建设单位在工程量清单中暂定并包括在工程合同价款中的一笔款项。它是用于施工合同签订时尚未确定或者不可预见的所需材料、工程设备、服务的采购，施工中可能发生的工程变更，合同约定调整因素出现时的工程价款调整以及发生的索赔、现场签证确认等费用。

（2）计日工，是指在施工过程中，施工企业完成建设单位提出的施工图纸以外的零星项目或工作所需的费用。

（3）总承包服务费，是指总承包人为配合、协调建设单位进行的专业工程发包，对建设单位自行采购的材料、工程设备等进行保管以及施工现场管理、竣工资料汇总整理等服务所需的费用。

4. 规费。

定义同本节一。

5. 税金。

定义同本节一。

三、建筑安装工程费用的计算方法

(一)各费用构成的计算方法

1. 人工费

$$人工费 = \sum (工日消耗量 \times 日工资单价)$$

注：此公式主要适用于施工企业投标报价时自主确定人工费，也是工程造价管理机构编制计价定额确定定额人工单价或发布人工成本信息的参考依据。

$$日工资单价 = \frac{生产工人平均月工资(计时、计件) + 平均月(奖金 + 津贴、补贴 + 在特殊情况下支付的工资)}{年平均每月法定工作日}$$

$$人工费 = \sum (工程工日消耗量 \times 日工资单价)$$

注：此公式适用于工程造价管理机构编制计价定额时确定定额人工费，是施工企业投标报价的参考依据。

工程造价管理机构确定日工资单价时应通过市场调查，根据工程项目的技术要求，参考实物工程量人工单价综合分析确定，最低日工资单价不得低于工程所在地人力资源和社会保障部门所发布的最低工资标准的普工 1.3 倍、一般技工 2 倍、高级技工 3 倍。工程计价定额不可只列一个综合工日单价，应根据工程项目技术要求和工种差别适当划分多种日人工单价，确保各分部工程人工费的合理构成。

2. 材料费与工程设备费

(1)材料费。其计算公式如下：

$$材料费 = \sum (材料消耗量 \times 材料单价)$$

$$材料单价 = \{(材料原价 + 运杂费) \times [1 + 运输损耗率(\%)]\} \times [1 + 采购保管费费率(\%)]$$

(2)工程设备费。其计算公式如下：

$$工程设备费 = \sum (工程设备量 \times 工程设备单价)$$

$$工程设备单价 = (设备原价 + 运杂费) \times [1 + 采购保管费费率(\%)]$$

3. 施工机具使用费

(1)施工机械使用费。其计算公式如下：

$$施工机械使用费 = \sum (施工机械台班消耗量 \times 机械台班单价)$$

$$机械台班单价 = 台班折旧费 + 台班大修费 + 台班经常修理费 + 台班安拆费及场外运费 + 台班人工费 + 台班燃料动力费 + 台班车船税$$

注：工程造价管理机构在确定计价定额中的施工机械使用费时，应根据《建设工程施工机械台班费用编制规则》，结合市场调查编制施工机械台班单价。施工企业可以参考工程造价管理机构发布的台班单价，自主确定施工机械使用费的报价，如租赁施工机械，其公式为

$$施工机械使用费 = \sum (施工机械台班消耗量 \times 机械台班租赁单价)$$

(2)仪器仪表使用费。其计算公式如下：

$$仪器仪表使用费 = 工程使用的仪器仪表摊销费 + 维修费$$

4. 企业管理费费率

(1)以分部分项工程费为计算基础。其计算公式如下：

$$企业管理费费率（\%）=\frac{生产工人年平均管理费}{年有效施工天数×人工单价}×人工费占分部分项工程费比例（\%）$$

(2)以人工费和机械费合计为计算基础。其计算公式如下：

$$企业管理费费率（\%）=\frac{生产工人年平均管理费}{年有效施工天数×（人工单价＋每一工日机械使用费）}×100\%$$

(3)以人工费为计算基础。其计算公式如下：

$$企业管理费费率（\%）=\frac{生产工人年平均管理费}{年有效施工天数×人工单价}×100\%$$

注：上述公式适用于施工企业投标报价时自主确定管理费，是工程造价管理机构编制计价定额确定企业管理费的参考依据。

工程造价管理机构在确定计价定额中的企业管理费时，应以定额人工费（或定额人工费＋定额机械费）作为计算基数，其费率根据历年工程造价积累的资料，辅以调查数据确定，列入分部分项工程和措施项目中。

5. 利润

(1)施工企业根据企业自身需求并结合建筑市场实际自主确定，列入报价中。

(2)工程造价管理机构在确定计价定额中的利润时，应以定额人工费（或定额人工费＋定额机械费）作为计算基数，其费率根据历年工程造价积累的资料，并结合建筑市场实际确定，以单位（单项）工程测算，利润在税前建筑安装工程费的比重可按不低于5%且不高于7%的费率计算。利润应被列入分部分项工程和措施项目中。

6. 规费

(1)社会保险费和住房公积金。社会保险费和住房公积金应以定额人工费为计算基础，根据工程所在地省、自治区、直辖市或行业建设主管部门规定的费率计算。其计算公式如下：

$$社会保险费和住房公积金=\sum（工程定额人工费×社会保险费和住房公积金费费率）$$

式中，社会保险费和住房公积金费费率可以每万元发、承包价的生产工人人工费和管理人员工资含量与工程所在地规定的缴纳标准综合分析取定。

(2)工程排污费。工程排污费等其他应列而未列入的规费应按工程所在地环境保护等部门规定的标准缴纳，按实计取列入。

7. 税金

$$税金=税前造价×增值税税率（\%）$$

当采用一般计税方法时，建筑业增值税税率为11%。税前造价为人工费、材料费、施工机具使用费、企业管理费、利润和规费之和，各费用项目均以不包含增值税可抵扣进项税额的价格计算。

(二)建筑安装工程计价参考公式

建筑安装工程计价参考公式如下。

1. 分部分项工程费

$$分部分项工程费=\sum（分部分项工程量×综合单价）$$

式中，综合单价包括人工费、材料费、施工机具使用费、企业管理费和利润以及一定范围的风险费用(下同)。

2. 措施项目费

(1)国家计量规范规定应予计量的措施项目，其计算公式如下：

$$措施项目费 = \sum(措施项目工程量 \times 综合单价)$$

(2)国家计量规范规定不宜计量的措施项目的计算方法如下：

1)安全文明施工费。其计算公式如下：

$$安全文明施工费 = 计算基数 \times 安全文明施工费费率(\%)$$

计算基数应为定额基价(定额分部分项工程费+定额中可以计量的措施项目费)、定额人工费(或定额人工费+定额机械费)，其费率由工程造价管理机构根据各专业工程的特点综合确定。

2)夜间施工增加费。其计算公式如下：

$$夜间施工增加费 = 计算基数 \times 夜间施工增加费费率(\%)。$$

3)二次搬运费。其计算公式如下：

$$二次搬运费 = 计算基数 \times 二次搬运费费率(\%)。$$

4)冬、雨期施工增加费。其计算公式如下：

$$冬、雨期施工增加费 = 计算基数 \times 冬、雨期施工增加费费率(\%)$$

5)已完工程及设备保护费。其计算公式如下：

$$已完工程及设备保护费 = 计算基数 \times 已完工程及设备保护费费率(\%)$$

上述 2)~5)项措施项目的计算基数应为定额人工费(或定额人工费+定额机械费)，其费率由工程造价管理机构根据各专业工程的特点和调查资料综合分析后确定。

3. 其他项目费

(1)暂列金额由建设单位根据工程特点，按有关计价规定估算，施工过程中由建设单位掌握、使用、扣除合同价款调整后如有余额，归建设单位。

(2)计日工由建设单位和施工企业按施工过程中的签证计价。

(3)总承包服务费由建设单位在招标控制价中根据总包服务范围和有关计价规定编制，施工企业投标时自主报价，在施工过程中按签约合同价执行。

4. 规费和税金

建设单位和施工企业均应按照省、自治区、直辖市或行业建设主管部门发布的标准计算规费和税金，不得将之作为竞争性费用。

本章小结

综合单价是指完成一个规定清单项目所需的人工费、材料费和工程设备费、施工机具使用费和企业管理费、利润以及一定范围内的风险费。其中，人工费、材料费和工程设备费、施工机具使用费是根据计价定额计算的，企业管理费和利润是根据省市工程造价行政主管部门发布的文件规定计算的。总价措施项目是指在清单措施项目中，无工程量计算规则，以"项"为单位，采用规定的计算基数和费率计算总价的项目。学习本章应重点掌握工程量清单计价费用的计算。

一、填空题

1. 人工费支出约占建筑产品成本的_____，且随市场价格波动而不断变化。

2. 材料费的开支约占建筑产品成本的_____，是成本要素控制的重点。

3. 机械费的开支约占建筑产品成本的_____，其控制指标主要是根据工程量清单计算出使用的机械控制台班数。

4. 措施项目是为工程实体施工服务的，措施项目清单由_____提供。

5. _____是指在正常的施工条件下，为了完成质量合格的单位建筑工程产品，所必须消耗的人工、材料(或构配件)、机械台班的数量标准。

6. 建筑工程消耗量定额按生产要素不同分为_____、_____和_____。

7. 人工定额应反映_____。

8. 人工定额有两种基本的表现形式，即_____和_____。

9. 非周转性材料消耗量的确定方法有_____、_____、_____、_____等。

10. _____是指工作班纯工作时间占工作班延续时间的百分数。

11. _____是指材料、工程设备的出厂价格或商家供应价格。

12. 企业管理费是指_____。

二、问答题

1. 根据分部分项工程量清单项目特征及主要工程内容的描述，确定综合单价的步骤是什么？

2. 确定措施项目费用(综合单价)的方法有哪些？

3. 建筑工程消耗量定额的作用是什么？

4. 建筑工程消耗量定额的特性是什么？

5. 按专业不同，工程消耗量定额是如何分类的？

6. 建筑工程消耗量定额的编制依据是什么？

7. 定额项目表中数量单位的小数位数取定应符合哪些规定？

8. 建筑工程消耗量定额的内容是什么？

9. 如何进行定额套用？

10. 什么是人工费，其内容有哪些？

第三章　建筑工程建筑面积计算

知识目标

熟悉建筑面积计算常用术语；掌握计算建筑面积的规定及不应计算建筑面积的规定。

能力目标

通过本章内容的学习，能够按照规定计算建筑面积，并能够明确不应计算建筑面积的项目。

第一节　建筑面积计算常用术语

建筑面积计算常用术语包括以下几项：

(1)建筑面积。建筑物(包括墙体)所形成的楼地面面积，即包括附属于建筑物的室外阳台、雨篷、檐廊、室外走廊、室外楼梯等面积。

(2)自然层。按楼地面结构分层的楼层。

(3)结构层高。楼面或地面结构层上表面至上部结构层上表面之间的垂直距离。

(4)围护结构。围合建筑空间的墙体、门、窗。

(5)建筑空间。指的是以建筑界面限定的、供人们生活和活动的场所，即具备可出入、可利用条件(设计中可能标明了使用用途，也可能没有标明使用用途或使用用途不明确)的围合空间，均属于建筑空间。

(6)结构净高。楼面或地面结构层上表面至上部结构层下表面之间的垂直距离。

(7)围护设施。保障安全而设置的栏杆、栏板等围挡。

(8)地下室。室内地平面低于室外地平面的高度超过室内净高的1/2的房间。

(9)半地下室。室内地平面低于室外地平面的高度超过室内净高的1/3，且不超过1/2的房间。

(10)架空层。仅有结构支撑而无外围护结构的开敞空间层。

(11)走廊。建筑物中的水平交通空间。

（12）架空走廊。专门设置在建筑物的二层或二层以上，作为不同建筑物之间水平交通的空间。

（13）结构层。整体结构体系中承重的楼板层。特指整体结构体系中承重的楼层，包括板、梁等构件。结构层承受整个楼层的全部荷载，并对楼层的隔声、防火等起主要作用。

（14）落地橱窗。凸出外墙面且根基落地的橱窗，即指在商业建筑临街面设置的下槛落地、可落在室外地坪也可落在室内首层地板，用来展览各种样品的玻璃窗。

（15）凸窗（飘窗）。凸出建筑物外墙面的窗户。凸窗（飘窗）既作为窗，就有别于楼（地）板的延伸，也就是不能把楼（地）板延伸出去的窗称为凸窗（飘窗）。凸窗（飘窗）的窗台应只是墙面的一部分且距离（楼）地面应有一定的高度。

（16）檐廊。建筑物挑檐下的水平交通空间，是附属于建筑物底层外墙有屋檐作为顶盖，其下部一般有柱或栏杆、栏板等水平交通空间。

（17）挑廊。挑出建筑物外墙的水平交通空间。

（18）门斗。建筑物入口处两道门之间的空间。

（19）雨篷。建筑物出入口上方为遮挡雨水而设置的部件，即建筑物出入口上方、凸出墙面、为遮挡雨水而单独设立的建筑部件。雨篷划分为有柱雨篷（包括独立柱雨篷、多柱雨篷、柱墙混合支撑雨篷、墙支撑雨篷）和无柱雨篷（悬挑雨篷）。如凸出建筑物，且不单独设立顶盖，利用上层结构板（如楼板、阳台底板）进行遮挡，则不视为雨篷，不计算建筑面积。对于无柱雨篷，如顶盖高度达到或超过两个楼层时，也不视为雨篷，不计算建筑面积。

（20）门廊。建筑物入口前有顶棚的半围合空间，即在建筑物出入口，无门，三面或二面有墙，上部有板（或借用上部楼板）围护的部位。

（21）楼梯。由连续行走的梯级、休息平台和维护安全的栏杆（或栏板）、扶手以及相应的支托结构组成的作为楼层之间垂直交通使用的建筑部件。

（22）阳台。附设于建筑物外墙，设有栏杆或栏板，可供人活动的室外空间。

（23）主体结构。接受、承担和传递建设工程所有上部荷载，维持上部结构整体性、稳定性和安全性的有机联系的构造。

（24）变形缝。防止建筑物在某些因素作用下引起开裂甚至破坏而预留的构造缝，即指在建筑物因温差、不均匀沉降以及地震而可能引起结构破坏变形的敏感部位或其他必要的部位，预先设缝将建筑物断开，令断开后建筑物的各部分成为独立的单元，或者是划分为简单、规则的段，并令各段之间的缝达到一定的宽度，以适应变形的需要。根据外界破坏因素的不同，变形缝一般分为伸缩缝、沉降缝和抗震缝三种。

（25）骑楼。建筑底层沿街面后退且留出公共人行空间的建筑物，即指沿街二层以上用承重柱支撑骑跨在公共人行空间之上，其底层沿街面后退的建筑物。

（26）过街楼。过街楼是指跨越道路上空并与两边建筑相连接的建筑物，即当有道路在建筑群穿过时为保证建筑物之间的功能联系，设置跨越道路上空使两边建筑相连接的建筑物。

（27）建筑物通道。为穿过建筑物而设置的空间。

（28）露台。设置在屋面、首层地面或雨篷上的供人室外活动的有围护设施的平台。露台应满足四个条件：一是位置，设置在屋面、地面或雨篷顶；二是可出入；三是有围护设施；四是无盖。这四个条件需同时满足。如果设置在首层并有围护设施的平台，且其上层

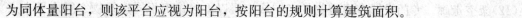

为同体量阳台，则该平台应视为阳台，按阳台的规则计算建筑面积。

（29）勒脚。在房屋外墙接近地面部位设置的饰面保护构造。

（30）台阶。联系室内外地坪或同楼层不同标高而设置的阶梯形踏步，即指建筑物出入口不同标高地面或同楼层不同标高处设置的供人行走的阶梯式连接构件。室外台阶还包括与建筑物出入口连接处的平台。

第二节　建筑面积计算要求

一、计算建筑面积的规定

（1）建筑物的建筑面积应按自然层外墙结构外围水平面积之和计算。结构层高在 2.20 m 及以上的，应计算全面积；结构层高在 2.20 m 以下的，应计算 1/2 面积。

1）在主体结构内形成的建筑空间，满足计算面积结构层高要求的均应按上述规定计算建筑面积。

2）主体结构外的室外阳台、雨篷、檐廊、室外走廊、室外楼梯等按相应条款计算建筑面积。

3）当外墙结构本身在一个层高范围内不等厚时，以楼地面结构标高处的外围水平面积计算。

（2）建筑物内设有局部楼层（图 3-1）时，对于局部楼层的二层及以上楼层，有围护结构的应按其围护结构外围水平面积计算，无围护结构的应按其结构底板水平面积计算。结构层高在 2.20 m 及以上的，应计算全面积；结构层高在 2.20 m 以下的，应计算 1/2 面积。

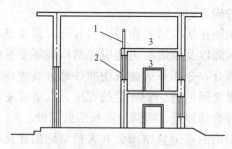

图 3-1　建筑物内的局部楼层
1—围护设施；2—围护结构；3—局部楼层

（3）形成建筑空间的坡屋顶，结构净高在 2.10 m 及以上的部位应计算全面积；结构净高在 1.20 m 及以上至 2.10 m 以下的部位应计算 1/2 面积；结构净高在 1.20 m 以下的部位不应计算建筑面积。

（4）场馆看台下的建筑空间，因其上部结构多为斜板，结构净高在 2.10 m 及以上的部位应计算全面积；结构净高在 1.20 m 及以上至 2.10 m 以下的部位应计算 1/2 面积；结净高在 1.20 m 以下的部位不应计算建筑面积。室内单独设置的有围护设施的悬挑看台，因其看台上部设有顶盖且可供人使用，应按看台结构底板水平投影面积计算建筑面积。有顶盖无围护结构的场馆看台应按其顶盖水平投影面积的 1/2 计算面积，其中，"场馆"是指各种"场"类建筑，如体育场、足球场、网球场、带看台的风雨操场等。

（5）地下室、半地下室应按其结构外围水平面积计算。结构层高在 2.20 m 及以上的，应计算全面积；结构层高在 2.20 m 以下的，应计算 1/2 面积。

（6）出入口外墙外侧坡道为顶盖的部位，应按其外墙结构外围水平面积的 1/2 计算面积。

出入口坡道分为顶盖出入口坡道和无顶盖出入口坡道，出入口坡道顶盖的挑出长度，为顶盖结构外边线至外墙结构外边线的长度；顶盖以设计图纸为准，对后增加及建设单位自行增加的顶盖等，不计算建筑面积。顶盖不分材料种类（如钢筋混凝土顶盖、彩钢板顶盖、阳光板顶盖等）。地下室出入口如图 3-2 所示。

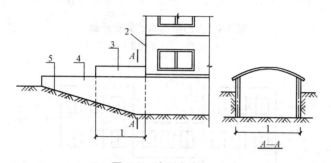

图 3-2　地下室出入口
1—计算 1/2 投影面积部位；2—主体建筑；3—出入口顶盖；
4—封闭出入口侧墙；5—出入口坡道

（7）建筑物架空层及坡地建筑物吊脚架空层，应按其顶板水平投影计算建筑面积。结构层高在 2.20 m 及以上的，应计算全面积；结构层高在 2.20 m 以下的，应计算 1/2 面积。

上述既适用于建筑物吊脚架空层、深基础架空层建筑面积的计算，也适用于目前部分住宅、学校教学楼等工程在底层架空或在二楼或以上某个甚至多个楼层架空，作为公共活动、停车、绿化等空间的建筑面积的计算。架空层中有围护结构的建筑空间按相关规定计算。建筑物吊脚架空层如图 3-3 所示。

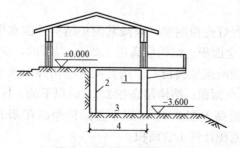

图 3-3　建筑物吊脚架空层
1—柱；2—墙；3—吊脚架空层；4—计算建筑面积部位

(8)建筑物的门厅、大厅应按一层计算建筑面积，门厅、大厅内设置的走廊应按走廊结构底板水平投影面积计算建筑面积。结构层高在2.20 m及以上的，应计算全面积；结构层高在2.20 m以下的，应计算1/2面积。

(9)建筑物间的架空走廊，有顶盖和围护结构的，应按其围护结构外围水平面积计算全面积；无围护结构、有围护设施的，应按其结构底板水平投影面积计算1/2面积。无围护结构的架空走廊如图3-4所示；有围护结构的架空走廊如图3-5所示。

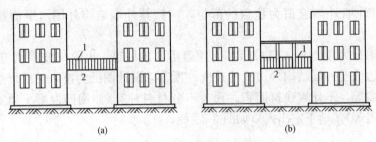

(a)   (b)

图3-4 无围护结构的架空走廊

1—栏杆；2—架空走廊

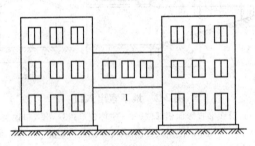

图3-5 有围护结构的架空走廊

1—架空走廊

(10)立体书库、立体仓库、立体车库，有围护结构的，应按其围护结构外围水平面积计算建筑面积；无围护结构、有围护设施的，应按其结构底板水平投影面积计算建筑面积。无结构层的应按一层计算，有结构层的应按其结构层面积分别计算。结构层高在2.20 m及以上的，应计算全面积；结构层高在2.20 m以下的，应计算1/2面积。对于起局部分隔、存储等作用的书架层、货架层或可升降的立体钢结构停车层均不属于结构层，故该部分分层不计算建筑面积。

(11)有围护结构的舞台灯光控制室，应按其围护结构外围水平面积计算。结构层高在2.20 m及以上的，应计算全面积；结构层高在2.20 m以下的，应计算1/2面积。

(12)附属在建筑物外墙的落地橱窗，应按其围护结构外围水平面积计算。结构层高在2.20 m及以上的，应计算全面积；结构层高在2.20 m以下的，应计算1/2面积。

(13)窗台与室内楼地面高差在0.45 m以下且结构净高在2.10 m及以上的凸(飘)窗，应按其围护结构外围水平面积计算1/2面积。

(14)有围护设施的室外走廊(挑廊)，应按其结构底板水平投影面积计算1/2面积；有围护设施(或柱)的檐廊(图3-6)，应按其围护设施(或柱)外围水平面积计算1/2面积。

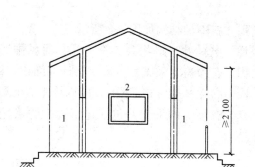

图 3-6 檐廊
1—檐廊；2—室内；3—不计算建筑面积部位；4—计算 1/2 建筑面积部位

(15)门斗(图 3-7)应按其围护结构外围水平面积计算建筑面积。结构层高在 2.20 m 及以上的，应计算全面积；结构层高在 2.20 m 以下的，应计算 1/2 面积。

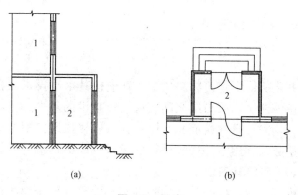

(a)   (b)

图 3-7 门斗
1—室内；2—门斗

(16)门廊应按其顶板水平投影面积的 1/2 计算建筑面积；雨篷分为有柱雨篷和无柱雨篷。有柱雨篷没有出挑宽度的限制，也不受跨越层数的限制，均应按其结构板水平投影面积的 1/2 计算建筑面积；无柱雨篷的结构板不能跨层，并受出挑宽度的限制，设计出挑宽度大于或等于 2.10 m 时才计算建筑面积，并应按雨篷结构板的水平投影面积的 1/2 计算建筑面积。其中，出挑宽度是指雨篷结构外边线至外墙结构外边线的宽度，弧形或异形时，取最大宽度。

(17)设在建筑物顶部的、有围护结构的楼梯间、水箱间、电梯机房等，结构层高在 2.20 m 及以上的应计算全面积；结构层高在 2.20 m 以下的，应计算 1/2 面积。

(18)围护结构不垂直于水平面的楼层，应按其底板面的外墙外围水平面积计算。结构净高在 2.10 m 及以上的部位，应计算全面积；结构净高在 1.20 m 及以上至 2.10 m 以下的部位，应计算 1/2 面积；结构净高在 1.20 m 以下的部位，不应计算建筑面积。

上述规定对于向内、向外倾斜均适用。在划分高度上，上述规定使用的是结构净高，与其他正常平楼层按层高划分不同，但与斜屋面的划分原则一致。由于目前很多建筑设计追求新、奇、特，造型越来越复杂，很多时候根本无法明确区分什么是围护结构、什么是屋顶，因此对于斜围护结构与斜屋顶采用相同的计算规则，即只要外壳倾斜，就按结构净高划段，分别计算建筑面积。斜围护结构如图 3-8 所示。

(19)建筑物的室内楼梯、电梯井、提物井、管道井、通风排气竖井、烟道，应并入建筑物的自然层计算建筑面积。有顶盖的采光井应按一层计算面积，结构净高在 2.10 m 及以上的，应计算全面积；结构净高在 2.10 m 以下的，应计算 1/2 面积。其中，建筑物的楼梯间层数按建筑物的层数计算。有顶盖的采光井包括建筑物中的采光井和地下室采光井。地下室采光井如图 3-9 所示。

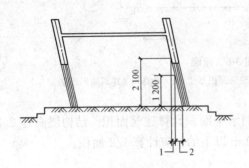

图 3-8　斜围护结构
1—计算 1/2 建筑面积部位；2—不计算建筑面积部位

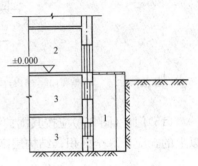

图 3-9　地下室采光井
1—采光井；2—室内；3—地下室

(20)室外楼梯应并入所依附建筑物自然层，并应按其水平投影面积的 1/2 计算建筑面积。室外楼梯作为连接该建筑物层与层之间交通不可缺少的基本部件，无论从其功能还是工程计价的要求来说，均需计算建筑面积。层数为室外楼梯所依附的楼层数，即梯段部分投影到建筑物范围的层数。利用室外楼梯下部的建筑空间不得重复计算建筑面积；利用地势砌筑的为室外踏步，不计算建筑面积。

(21)在主体结构内的阳台，应按其结构外围水平面积计算全面积；在主体结构外的阳台，应按其结构底板水平投影面积计算 1/2 面积。建筑物的阳台，无论其形式如何，均以建筑物主体结构为界分别计算建筑面积。

(22)有顶盖无围护结构的车棚、货棚、站台、加油站、收费站等，应按其顶盖水平投影面积的 1/2 计算建筑面积。

(23)以幕墙作为围护结构的建筑物，幕墙以其在建筑物中所起的作用和功能来区分。直接作为外墙起围护作用的幕墙，按其外边线计算建筑面积；设置在建筑物墙体外起装饰作用的幕墙，不计算建筑面积。

(24)建筑物的外墙外保温层，应按其保温材料的水平截面面积计算，并计入自然层建筑面积。

为贯彻国家节能要求，鼓励建筑外墙采取保温措施，上述规定中将保温材料的厚度计入建筑面积。建筑物外墙外侧有保温隔热层的，保温隔热层以保温材料的净厚度乘以外墙结构外边线长度按建筑物的自然层计算建筑面积，其外墙外边线长度不扣除门窗和建筑物外已计算建筑面积构件(如阳台、室外走廊、门斗、落地橱窗等部件)所占长度。当建筑物外已计算建筑面积的构件(如阳台、室外走廊、门斗、落地橱窗等部件)有保温隔热层时，其保温隔热层也不再计算建筑面积。外墙是斜面者按楼面楼板处的外墙外边线长度乘以保温材料的净厚度计算。外墙外保温以沿高度方向满铺为准，某层外墙外保温铺设高度未达到全部高度时(不包括阳台、室外走廊、门斗、落地橱窗、雨篷、飘窗等)，不计算建筑面积。保温隔热层的建筑面积是以保温隔热材料的厚度来计算的，不包含抹灰层、防潮层、保护层（墙）的厚度。建筑外墙外保温如图 3-10 所示。

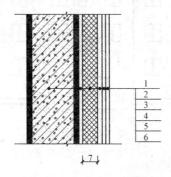

图 3-10　建筑外墙外保温

1—墙体；2—黏结胶浆；3—保温材料；4—标准网；

5—加强网；6—抹面胶浆；7—计算建筑面积部位

（25）与室内相通的变形缝，应按其自然层合并在建筑物建筑面积内计算。对于高低联跨的建筑物，当高低跨内部连通时，其变形缝应计算在低跨面积内。其中，与室内相通的变形缝，是指暴露在建筑物内，在建筑物内可以看得见的变形缝。

（26）对于建筑物内的设备层、管道层、避难层等有结构层的楼层，结构层高在 2.20 m 及以上的，应计算全面积；结构层高在 2.20 m 以下的，应计算 1/2 面积。

设备层、管道层虽然其具体功能与普通楼层不同，但在结构上及施工消耗上并无本质区别，且自然层即"按楼地面结构分层的楼层"，因此设备、管道楼层归为自然层，其计算规则与普通楼层相同。在吊顶空间内设置管道的，则吊顶空间部分不能被视为设备层、管道层。

二、不应计算建筑面积的规定

下列项目不应计算建筑面积：

（1）与建筑物内不相连通的建筑部件，即指的是依附于建筑物外墙外不与户室开门连通，起装饰作用的敞开式挑台（廊）、平台，以及不与阳台相通的空调室外机搁板（箱）等设备平台部件。

（2）骑楼（图 3-11）、过街楼（图 3-12）底层的开放公共空间和建筑物通道。

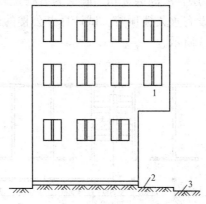

图 3-11　骑楼

1—骑楼；2—人行道；3—街道

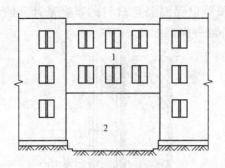

图 3-12 过街楼

1—过街楼；2—建筑物通道

（3）舞台及后台悬挂幕布和布景的天桥、挑台等，具体指的是影剧院的舞台及为舞台服务的可供上人维修、悬挂幕布、布置灯光及布景等搭设的天桥和挑台等构件设施。

（4）露台、露天游泳池、花架、屋顶的水箱及装饰性结构构件。

（5）建筑物内的操作平台、上料平台、安装箱和罐体的平台，具体指的是建筑物内不构成结构层的操作平台、上料平台（工业厂房、搅拌站和料仓等建筑中的设备操作控制平台、上料平台等），其主要作用为室内构筑物或设备服务的独立上人设施。

（6）勒脚、附墙柱、垛、台阶、墙面抹灰、装饰面、镶贴块料面层、装饰性幕墙，主体结构外的空调室外机搁板（箱）、构件、配件，挑出宽度在 2.10 m 以下的无柱雨篷和顶盖高度达到或超过两个楼层的无柱雨篷。其中，附墙柱是指非结构性装饰柱。

（7）窗台与室内地面高差在 0.45 m 以下且结构净高在 2.10 m 以下的凸（飘）窗，窗台与室内地面高差在 0.45 m 及以上的凸（飘）窗。

（8）室外爬梯、室外专用消防钢楼梯。

（9）无围护结构的观光电梯。

（10）建筑物以外的地下人防通道、独立烟囱、烟道、地沟、油（水）罐、气柜、水塔、贮油（水）池、贮仓、栈桥等构筑物。

三、建筑面积计算示例

【例 3-1】 某办公楼共 4 层，层高为 3 m。底层为有柱走廊，楼层设有无围护结构的挑廊。顶层设有永久性顶盖。试计算办公楼的建筑面积，墙厚均为 240 mm，如图 3-13 所示。

建筑面积的作用

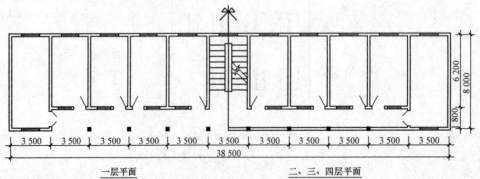

一层平面　　　　　　　　　二、三、四层平面

图 3-13 办公楼示意（尺寸单位：mm）

【解】 此办公楼为 4 层,未封闭的走廊、挑廊按结构底板水平面积的 1/2 计算:

$$S = [(38.5+0.24) \times (8.0+0.24)] \times 4 - 4 \times 1/2 \times 1.8 \times (3.5 \times 9 - 0.24)$$
$$= 1\ 164.33(\text{m}^2)$$

【例 3-2】 计算图 3-14 所示的高低连跨单层厂房的建筑面积。柱断面尺寸为 250 mm×250 mm,纵墙厚为 370 mm,横墙厚为 240 mm。

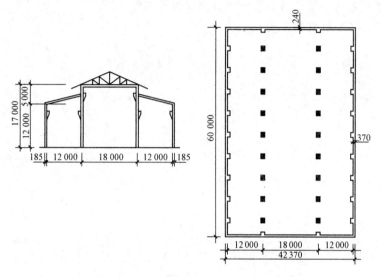

图 3-14 高低连跨单层厂房示意(尺寸单位:mm)

【解】 此单层厂房外柱的外边就是外墙的外边。

边跨的建筑面积:$S_1 = 60.0 \times (12.0 - 0.125 + 0.185) \times 2 = 1\ 447.20(\text{m}^2)$

中跨的建筑面积:$S_2 = 60.0 \times (18.0 + 0.25) = 1\ 095.00(\text{m}^2)$

总建筑面积:$S = 1\ 447.20 + 1\ 095.00 = 2\ 542.20(\text{m}^2)$

本章小结

建筑物(包括墙体)所形成的楼地面面积,即包括附属于建筑物的室外阳台、雨篷、檐廊、室外走廊、室外楼梯等面积称为建筑面积。需要计算建筑面积的项目内容及不应计算建筑面积的项目内容均应遵循《建筑工程建筑面积计算规范》(GB/T 50353—2013)的相关规定执行。

思考与练习

一、填空题

1. 按楼地面结构分层的楼层,称为_____。

2. 仅有结构支撑而无外围护结构的开敞空间层,称为_____。

3. 挑出建筑物外墙的水平交通空间，称为_____。

4. 在房屋外墙接近地面部位设置的饰面保护构造，称为_____。

5. _____是指跨越道路上空并与两边建筑相连接的建筑物。

二、问答题

1. 对于场馆类建筑的建筑面积应如何计算？

2. 对于建筑物的外墙保温层应如何计算建筑面积？

3. 哪些项目不应计算建筑面积？

第四章 房屋建筑工程工程量清单项目设置与工程量计算

知识目标

熟悉房屋建筑工程各项目的工程量清单项目设置；掌握各项目工程量计算规则。

能力目标

通过本章内容的学习，能够明确房屋建筑工程各项目的工程量计算规则；能够进行房屋建筑各项目的工程量计算。

工程量的概念
与作用

第一节　土石方工程

一、土方工程

(一)土方工程工程量清单项目设置

《房屋建筑与装饰工程工程量计算规范》(GB 50854—2013)附录 A.1 土方工程共 7 个清单项目。各清单项目设置的具体内容见表 4-1。

表 4-1　土方工程(编码：010101)

项目编码	项目名称	项目特征	工作内容
010101001	平整场地	1. 土壤类别 2. 弃土运距 3. 取土运距	1. 土方挖填 2. 场地找平 3. 运输

项目编码	项目名称	项目特征	工作内容
010101002	挖一般土方	1. 土壤类别 2. 挖土深度 3. 弃土运距	1. 排地表水 2. 土方开挖 3. 围护(挡土板)及拆除 4. 基底钎探 5. 运输
010101003	挖沟槽土方		
010101004	挖基坑土方		
010101005	冻土开挖	1. 冻土厚度 2. 弃土运距	1. 爆破 2. 开挖 3. 清理 4. 运输
010101006	挖淤泥、流砂	1. 挖掘深度 2. 弃淤泥、流砂距离	1. 开挖 2. 运输
010101007	管沟土方	1. 土壤类别 2. 管外径 3. 挖沟深度 4. 回填要求	1. 排地表水 2. 土方开挖 3. 围护(挡土板)、支撑 4. 运输 5. 回填

(二)土方工程工程量计算

1. 平整场地

(1)适用对象。平整场地是指在开挖建筑物基坑(槽)之前,将天然地面改造成所要求的设计平面时,进行的土方施工过程。建筑场地厚度在±30 cm 以内的挖、填、运、找平,应按平整场地项目编码列项。挖、填土方厚度超过±30 cm 时,按场地土方平衡竖向布置图另行计算。

工程量计算的
依据与原则

(2)工程量计算规则。平整场地工程量以 m² 为计量单位,按设计图示尺寸以建筑物首层建筑面积计算,即

$$S=建筑物首层建筑面积$$

(3)注意事项。平整场地若需要外运土方或取土回填,在清单项目特征中应描述弃土运距或取土运距,其报价应被包括在平整场地项目中。

【**例 4-1**】 某建筑物首层平面图如图 4-1 所示,土壤类别为一类土,计算该工程平整场地的工程量。

【**解**】 平整场地工程量$=26.64 \times 10.74-(3.3 \times 6-0.24) \times 3.3=221.57(m^2)$

2. 挖一般土方

(1)适用对象。挖一般土方是指建筑物场地厚度大于±300 mm 的竖向布置挖土或山坡切土。

(2)工程量计算规则。挖一般土方工程量以 m³ 为计量单位,按设计图示尺寸以体积计算,即

$$V=挖土平均厚度 \times 挖土平均面面积$$

(3)注意事项。

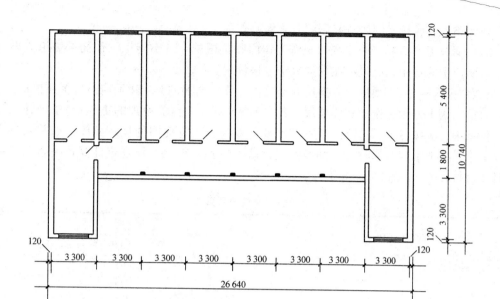

图 4-1　某建筑物首层平面图(尺寸单位：mm)

1)挖土平均厚度应按自然地面测量标高至设计地坪标高间的平均厚度确定。

2)土方体积应按挖掘前的天然密实体积计算。非天然密实土方应按表 4-2 折算。

表 4-2　土方体积折算系数

天然密实度体积	虚方体积	夯实后体积	松填体积
0.77	1.00	0.67	0.83
1.00	1.30	0.87	1.08
1.15	1.50	1.00	1.25
0.92	1.20	0.80	1.00

注：1. 虚方指未经碾压、堆积时间≤1 年的土壤。
　　2. 本表按《全国统一建筑工程预算工程量计算规则》(GJDGZ—101—1995)整理。
　　3. 设计密实度超过规定的，填方体积按工程设计要求执行；无设计要求按各省、自治区、直辖市或行业建设
　　　行政主管部门规定的系数执行。

3. 挖沟槽土方

(1)适用对象。挖沟槽土方是指室外设计地坪以下底宽不大于 7 m 且底长大于 3 倍底宽的沟槽的土方开挖。

(2)工程量计算规则。挖沟槽土方工程量以 m³ 为计量单位，按设计图示尺寸以基础垫层底面积乘以挖土深度以体积计算，即

$$V＝基础垫层长度×基础垫层宽度×挖土深度$$

当基础为条形基础时，外墙基础垫层长取外墙中心线长，内墙基础垫层长取内墙下垫层净长。挖土深度应按基础垫层底表面标高至交付施工场地标高的高度确定，无交付施工场地标高时，应按自然地面标高确定。

(3)注意事项。

1)沟槽土方应按不同底宽和深度分别编码列项。

2)根据施工方案规定的放坡、操作工作面和机械挖土进出施工工作面的坡道等增加的施工量所产生的费用,应包括在挖沟槽土方报价内。

3)在"挖沟槽土方"项目中应描述弃土运距,施工增加的弃土运输应被包括在报价内。

4)挖沟槽土方因工作面和放坡增加的工程量(管沟工作面增加的工程量)是否并入各土方工程量中,应按各省、自治区、直辖市或行业建设主管部门的规定实施,如并入各土方工程量中,办理工程结算时,应按经发包人认可的施工组织设计规定计算,编制工程量清单时,可按表4-3~表4-5的规定计算。

表4-3　放坡系数

土类别	放坡起点/m	人工挖土	机械挖土		
			在坑内作业	在坑上作业	顺沟槽在坑上作业
一、二类土	1.20	1:0.5	1:0.33	1:0.75	1:0.5
三类土	1.50	1:0.33	1:0.25	1:0.67	1:0.33
四类土	2.00	1:0.25	1:0.10	1:0.33	1:0.25

注:1. 沟槽、基坑中土类别不同时,分别按其放坡起点、放坡系数,依不同土类别厚度加权平均计算。

　　2. 计算放坡时,在交接处的重复工程量不予扣除,原槽、坑作基础垫层时,放坡自垫层上表面开始计算。

表4-4　基础施工所需工作面宽度计算表

基础材料	每边各增加工作面宽度/mm
砖基础	200
浆砌毛石、条石基础	150
混凝土基础垫层支模板	300
混凝土基础支模板	300
基础垂直面做防水层	1 000(防水层面)

注:本表按《全国统一建筑工程预算工程量计算规则》(GJDGZ—101—1995)整理。

表4-5　管沟施工每侧所需工作面宽度计算表

管沟材料 ＼ 管道结构宽/mm	≤500	≤1 000	≤2 500	>2 500
混凝土及钢筋混凝土管道/mm	400	500	600	700
其他材质管道/mm	300	400	500	600

注:1. 本表按《全国统一建筑工程预算工程量计算规则》(GJDGZ—101—1995)整理。

　　2. 管道结构宽:有管座的按基础外缘,无管座的按管道外径。

【例4-2】　某沟槽开挖如图4-2所示,不放坡,不设工作面,土壤类别为二类土,试计算其工程量。

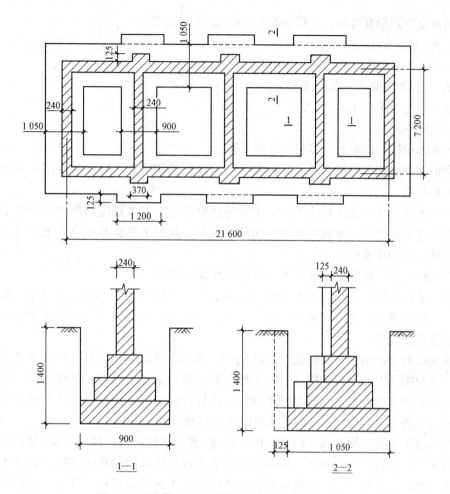

图4-2 挖地槽工程量计算示意图(尺寸单位：mm)

【解】 外墙地槽工程量＝1.05×1.4×(21.6＋7.2)×2＝84.67(m³)

内墙地槽工程量＝0.9×1.4×(7.2－1.05)×3＝23.25(m³)

附垛地槽工程量＝0.125×1.4×1.2×6＝1.26(m³)

合计＝84.67＋23.25＋1.26＝109.18(m³)

4. 挖基坑土方

(1)适用对象。挖基坑土方是指室外设计地坪以下底长不大于3倍底宽且底面积不大于150 m²的基坑的土方开挖。

(2)工程量计算规则。挖基坑土方工程量以 m³ 为计量单位，按设计图示尺寸以基础垫层底面积乘以挖土深度以体积计算，即

$$V＝基础垫层长度×基础垫层宽度×挖土深度$$

基础垫层长度(m)：外墙取外墙基础垫层中心线长，内墙取内墙基础垫层净长；

挖土深度(m)：应按基础垫层底表面标高至交付施工场地标高确定，无交付施工场地标高时，应按自然地面标高确定。

1)当基坑为方形或长方形基坑时，工程量按 $V＝a×b×H$ 计算。

2)当基坑为圆形基坑时，工程量按 $V=\pi\times R^2\times H$ 计算。

式中　V——挖基础土方体积（m³）；

　　　a，b——方形或长方形基础垫层底面尺寸（m）；

　　　R——圆形基础垫层底面半径；

　　　H——挖土深度（m）。

（3）注意事项。

1）土方体积按挖掘前的天然密实体积计算。

2）带形基础的挖土应按不同底宽和深度，独立基础和满堂基础应按不同底面面积和深度分别编码列项。

3）按工程量计算公式计算的工程量中未包括根据施工方案规定的放坡、操作工作面和由机械挖土进出施工工作面的坡道等增加的挖土量，其挖土增量及相应弃土增量的费用应包括在基础土方的报价内。

4）桩间挖土方工程量应按桩基工程相应项目编码列项。

5）指定范围内的土方运输是指由招标人指定的弃土地点或取土地点的运距。若招标文件规定由投标人确定弃土地点或取土地点，则此条件不必在工程量清单中描述，但其运输费用应包含在报价内。

6）深基础的支护结构，如钢板桩、H钢桩、预制钢筋混凝土板桩、钻孔灌注混凝土排桩挡墙、预制钢筋混凝土排桩挡墙、人工挖孔灌注混凝土排桩挡墙、旋喷桩地下连续墙和基坑内的水平钢支撑、水平钢筋混凝土支撑、锚杆拉固、基坑外拉锚、H钢桩之间的木挡土板以及施工降水等，应列入工程量清单措施项目费内。

7）挖基坑土方因工作面和放坡增加的工程量（管沟工作面增加的工程量）是否并入各土方工程量中，应按各省、自治区、直辖市或行业建设主管部门的规定实施，如并入各土方工程量中，办理工程结算时，应按经发包人认可的施工组织设计规定计算，编制工程量清单时，可按表4-3～表4-5的规定计算。

从项目特征中可发现，挖基础土方项目不考虑不同施工方法（即人工挖或机械挖及机械种类）对土方工程量的影响。投标人在报价时，应根据施工组织设计，结合本企业施工水平，并考虑竞争需要进行报价。

从工程内容可以看出，本项目报价应包含指定范围内土方的一次或多次运输、装卸以及基底夯实、修理边坡、清理现场等全部施工工序。

5. 冻土开挖

冻土开挖是指永久性的冻土和季节性冻土的开挖。其工程量以 m³ 为计量单位，按设计图示尺寸开挖面积乘以厚度所得体积计算，即

$$V=开挖面积\times 厚度$$

6. 挖淤泥、流砂

（1）工程量计算规则。挖淤泥、流砂工程量以 m³ 为计量单位，按设计图示位置、界限以体积计算。

（2）注意事项。挖方出现淤泥、流砂时，如设计未明确，在编制工程量清单时，其工程数量可为暂估量，结算时应根据实际情况由发包人与承包人双方现场签证确认工程量。

【例4-3】 如图4-3所示，某沟槽底宽为2 m，槽深为3.5 m，不放坡，有淤泥部分长为15 m，试计算挖淤泥工程量。

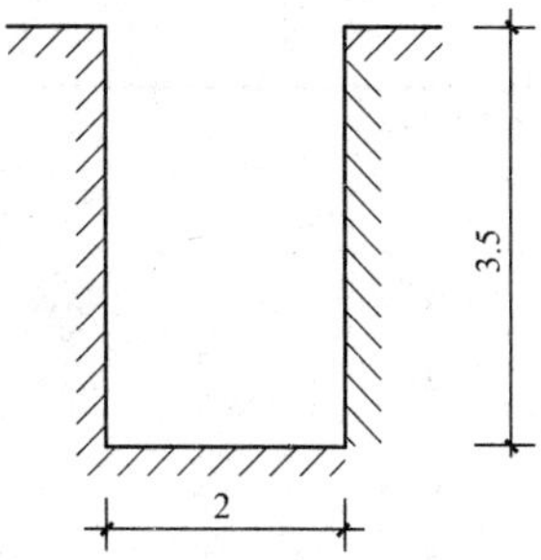

【解】 挖淤泥工程量＝2×3.5×15＝105(m³)

7. 管沟土方

(1)适用对象。管沟土方项目适用于管道(给水排水、工业、电力、通信)、光(电)缆沟[包括人(手)孔、接口坑]及连接井(检查井)等。

图4-3 沟槽示意
(尺寸单位：m)

(2)工程量计算规则。管沟土方工程量以 m 为计量单位，按设计图示以管道中心线长度计算；或以 m³ 为计量单位，按设计图示用管底垫层面积乘以挖土深度计算，无管底垫层按管外径的水平投影面积乘以挖土深度计算，不扣除各类井的长度，将井的土方并入。

(3)注意事项。

1)管沟土方工程量按长度计算，也可按体积计算，长度按管道中心线计算，体积按垫层面积乘以挖土深度计算。其开挖加宽的工作面、放坡和接口处加宽的工作面，均应包括在管沟土方的报价内。

2)挖沟平均深度按以下规定计算：有管沟设计时，平均深度以沟垫层底表面标高至交付施工场地标高的高度计算；无管沟设计时，直埋管(无沟盖板，管道安装好后，直接回填土)深度应按管底外表面标高至交付施工场地标高的平均高度计算。

3)从工程内容可以看出，在管沟土方项目内，除包含土方开挖外，还包含土方运输及土方回填，报价时应注意。另外，由于管沟的宽窄不同，施工费用就有所不同，计算时应注意区分。

【例4-4】 如图4-4所示，已知某混凝土管埋设工程，土壤类别为二类土，管中心直径为550 mm，管埋深为1 800 mm，管道总长为8 000 mm，试计算挖管沟工程量。

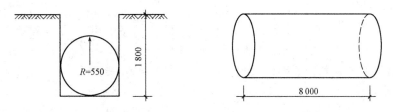

图4-4 某混凝土工程示意(尺寸单位：mm)

【解】 挖管沟工程量有以下两种计算方法：
(1)以 m 计量：管道中心线长度＝8(m)。
(2)以 m³ 计量：管沟土方工程量＝1.1×8×1.8＝15.84(m³)。

二、石方工程

(一)石方工程工程量清单项目设置

《房屋建筑与装饰工程工程量计算规范》(GB 50854—2013)附录 A.2 石方工程共 4 个清单项目。各清单项目设置的具体内容见表4-6。

表4-6 石方工程(编码: 010102)

项目编码	项目名称	项目特征	工作内容
010102001	挖一般石方	1. 岩石类别 2. 开凿深度 3. 弃碴运距	1. 排地表水 2. 凿石 3. 运输
010102002	挖沟槽石方		
010102003	挖基坑石方		
010102004	挖管沟石方	1. 岩石类别 2. 管外径 3. 挖沟深度	1. 排地表水 2. 凿石 3. 回填 4. 运输

(二)石方工程工程量计算

1. 挖一般石方、挖沟槽石方、挖基坑石方

(1)适用对象。挖一般石方适用于厚度大于±300 mm 的竖向布置挖石或山坡凿石;挖沟槽石方适用于底宽不大于 7 m 且底长大于 3 倍底宽的沟槽石方开挖;挖基坑石方适用于底长不大于 3 倍底宽且底面积不大于 150 m² 的基坑石方开挖。

(2)工程量计算规则。挖一般石方工程量以 m³ 为计量单位,按设计图示尺寸以体积计算;挖沟槽石方工程量以 m³ 为计量单位,按设计图示尺寸沟槽底面积乘以挖石深度以体积计算;挖基坑石方工程量以 m³ 为计量单位,按设计图示尺寸基坑底面积乘以挖石深度以体积计算。

(3)注意事项。挖石应按自然地面测量标高至设计地坪标高的平均厚度确定。基础石方开挖深度应按基础垫层底表面标高至交付施工场地标高确定,无交付施工场地标高时,应按自然地面标高确定。对弃碴运距可以不描述,但应注明由投标人根据施工现场实际情况自行考虑,决定报价。

石方工程量计算的基本方法有平均断面法,平均断面法主要用于土坎、渠道、基槽等,石方量计算如图 4-5 所示。用平均断面法计算石方体积 $V(m^3)$ 有近似计算和较精确计算两种公式。

(1)近似计算。

$$V = \frac{F_1 + F_2}{2} L$$

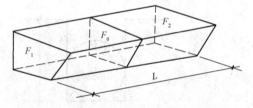

图 4-5 用平均断面法计算石方量示意

(2)较精确计算。

$$V = \frac{L}{6}(F_1 + 4F_0 + F_2)$$

式中　F_1, F_2——两端的断面面积(m^2);

　　　F_0——$L/2$ 处的断面面积(m^2);

　　　L——计算段的长度(m)。

【例 4-5】 某沟槽石方开挖,开挖深度为 1.5 m,长度为 4.6 m,已知基槽两端的断面面积均为 4.25 m²,1/2 基槽处的断面面积为 4.1 m²,试计算石方开挖工程量。

【解】 石方开挖工程量$= \frac{4.6}{6} \times (4.25 \times 2 + 4 \times 4.1) = 19.09(m^3)$

2.挖管沟石方

(1)适用对象。挖管沟石方项目适用于管道(给水排水、工业、电力、通信)、光(电)缆沟[包括人(手)孔、接口坑]及连接井(检查井)等。

(2)工程量计算规则。挖管沟石方工程量以 m 为计量单位,按设计图示以管道中心线长度计算;或以 m³ 为计量单位,按设计图示截面面积乘以长度计算。

【例 4-6】 某管沟基槽如图 4-6 所示,管沟基槽宽度为 500 mm,深度为 1 m,管道长度为 12 m,试计算其工程量。

【解】 挖管沟石方工程量有以下两种计算方法:

(1)以 m 计量:挖管沟石方工程量=12(m)。

(2)以 m³ 计量:挖管沟石方工程量=1/2×(0.50+0.75)×1.00×12.00=7.50(m³)。

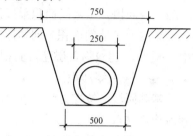

图 4-6 管沟基槽(尺寸单位:mm)

三、回填

(一)回填工程量清单项目设置

《房屋建筑与装饰工程工程量计算规范》(GB 50854—2013)附录 A.3 回填共 2 个清单项目。各清单项目设置的具体内容见表 4-7。

表 4-7 回填(编码:010103)

项目编码	项目名称	项目特征	工作内容
010103001	回填方	1. 密实度要求 2. 填方材料品种 3. 填方粒径要求 4. 填方来源、运距	1. 运输 2. 回填 3. 压实
010103002	余方弃置	1. 废弃料品种 2. 运距	余方点装料运输至弃置点

(二)回填工程量清单计算

(1)回填工程适用对象。回填方适用于场地回填、室内回填和基础回填,并包括指定范围内的运输以及借土回填的土方开挖。基础回填土是指坑槽内的回填土,回填至基础土方开挖时的标高(即交付施工场地自然标高);室内回填土是指从开挖时的标高回填至室内垫层下表面,如图 4-7 所示。

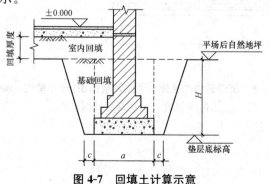

图 4-7 回填土计算示意

(2)回填工程工程量计算规则。回填方工程量以 m³ 为计量单位，按设计图示尺寸以体积计算：

$$V_{回填}＝场地回填＋室内回填＋基础回填$$

1)场地回填。回填面积乘以平均回填厚度，即

$$S_{场地}＝回填面积×平均回填厚度$$

2)室内回填。主墙间面积乘以回填厚度，不扣除间隔墙，即

$$V_{室内}＝主墙间面积×回填厚度＝(S_{底}－S_{墙})×(室内外高差－地面构造层厚度)$$

式中　$S_{底}$——建筑物首层建筑面积；

$S_{墙}$——主墙面积。

3)基础回填。按挖方清单项目工程量减去自然地坪以下埋设的基础体积(包括基础垫层及其他构筑物)，即

$$V_{基础}＝挖方清单工程量－自然地坪以下埋设的基础体积(包括基础垫层及其他构筑物)$$

余方弃置工程量以 m³ 为计量单位，按挖方清单项目工程量减去利用回填方体积(正数)计算，即

$$V_{余方}＝挖方清单项目工程量－利用回填方体积(正数)$$

(3)回填方工程注意事项。

1)基础土石方操作工作面、放坡等施工的增加量，应被包括在报价内。

2)因地质情况变化或因设计变更引起的土石方工程量的变更，由发包人与承包人双方现场认证，依据合同条件进行调整。

【例 4-7】　某建筑物的基础平面图及剖面图如图 4-8 所示，已知设计室外地坪以下砖基础体积量为 16.28 m³，混凝土垫层体积为 3.02 m³，室内地面厚度为 50 mm，工作面 $C＝$ 300 mm，土质为二类土，试计算回填方工程量、余方弃置工程量。

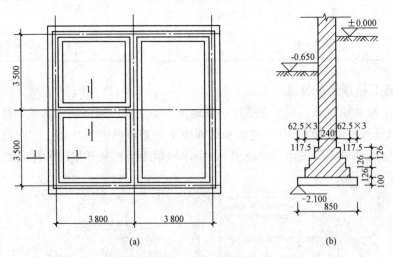

图 4-8　某建筑物的基础平面图及剖面图(尺寸单位：mm)

(a)平面图；(b)基础 1—1 剖面图

【解】　(1)基数计算。

$$L_{外}＝(3.8×2＋0.24＋3.5×2＋0.24)×2＝30.16(m)$$

$$L_{中}=(3.8×2+3.5×2)×2=29.2(m)$$

$$L_{内}=(3.5×2-0.24)+(3.8-0.24)=10.32(m)$$

$$L_{净长}=(3.80-0.85)+(3.50×2-0.85)=9.10(m)$$

$$S_{底}=(3.8×2+0.24)×(3.5×2+0.24)=56.76(m^2)$$

（2）挖沟槽土方工程量计算。

1）外墙挖沟槽工程量。

$$V_{外墙}=29.2×0.85×(2.1-0.65)=35.99(m^3)$$

2）内墙挖沟槽工程量。

$$V_{内墙}=9.10×0.85×(2.1-0.65)=11.22(m^3)$$

挖沟槽土方工程量为

$$V=35.99+11.22=47.21(m^3)$$

（3）室内回填。依据如下公式计算：

$$V_{室内}=主墙间面积×回填厚度=(S_{底}-S_{墙})×(室内外高差-地面构造层厚度)$$

$$S_{墙}=L_{中}×外墙厚度+L_{内}×内墙厚度=29.2×0.24+10.32×0.24=9.48(m^2)$$

$$V_{室内}=(56.76-9.48)×(0.65-0.05)=28.37(m^3)$$

（4）基础回填。依据如下公式计算：

$$V_{基础}=挖方清单工程量-自然地坪以下埋设的基础体积（包括基础垫层及其他构筑物）$$

$$=47.21-16.28-3.02=27.91(m^3)$$

（5）回填方清单工程量。依据如下公式计算：

$$V_{回填}=室内回填+基础回填=28.37+27.91=56.28(m^3)$$

（6）余方弃置清单工程量。依据如下公式计算：

$$V_{余方}=挖方清单项目工程量-利用回填方体积=47.21-56.28=-9.07(m^3)$$

【例 4-8】 某建筑物的基础平面图、剖面图如图 4-9 所示。已知条形基础下设 C15 素混凝土垫层，混凝土垫层体积为 4.19 m³，钢筋混凝土基础体积为 10.83 m³，室外地坪以下的砖基础体积为 6.63 m³；室内地面标高为±0.000，地面厚为 220 mm。试计算土方回填工程量。

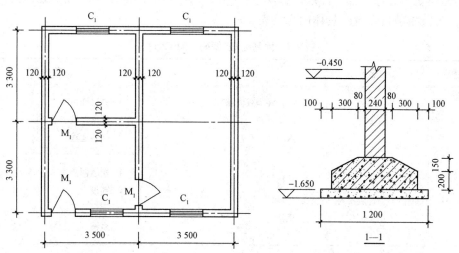

图 4-9 某建筑物的基础平面图、剖面图(尺寸单位：mm)

【解】 (1)计算挖基础土方工程量。由图4-9可知,本工程设计为条形基础,且底宽≤7 m,槽长>3倍底宽,应按挖沟槽土方计算列项。为保证挖土体积计算准确,外墙基础垫层长取外墙中心线长,内墙基础垫层长取内墙下垫层净长。

$$外墙中心线长=(3.5×2+3.3×2)×2=27.2(m)$$
$$内墙垫层间净长=3.5-0.6×2+3.3×2-0.6×2=7.7(m)$$
$$挖基础土方清单工程量=基础垫层长×基础垫层宽×挖土深度$$
$$=(27.2+7.7)×1.2×(1.65-0.45)=50.26(m^3)$$

(2)计算土方回填工程量。

由(1)知挖土体积=50.26 m^3,则

$$基础土方回填工程量=挖土体积-设计室外地坪以下埋设的基础、垫层体积$$
$$=50.26-10.83-6.63-4.19=28.61(m^3)$$

$$室内土方回填工程量=主墙间净面积×回填厚度$$
$$=[(3.5-0.24)×(3.3-0.24)×2+(3.5-0.24)×(6.6-0.24)]×$$
$$(0.45-0.22)$$
$$=40.68×0.32=9.36(m^3)$$

$$土方回填工程量=28.61+9.36=37.97(m^3)$$

第二节　地基处理与边坡支护工程、桩基工程

一、地基处理工程

(一)地基处理工程工程量清单项目设置

《房屋建筑与装饰工程工程量计算规范》(GB 50854—2013)附录B.1地基处理共17个清单项目。各清单项目设置的具体内容见表4-8。

表4-8　地基处理(编码:010201)

项目编码	项目名称	项目特征	工作内容
010201001	换填垫层	1. 材料种类及配比 2. 压实系数 3. 掺加剂品种	1. 分层铺填 2. 碾压、振密或夯实 3. 材料运输
010201002	铺设土工合成材料	1. 部位 2. 品种 3. 规格	1. 挖填锚固沟 2. 铺设 3. 固定 4. 运输

项目编码	项目名称	项目特征	工作内容
010201003	预压地基	1. 排水竖井种类、断面尺寸、排列方式、间距、深度 2. 预压方法 3. 预压荷载、时间 4. 砂垫层厚度	1. 设置排水竖井、盲沟、滤水管 2. 铺设砂垫层、密封膜 3. 堆载、卸载或抽气设备安拆、抽真空 4. 材料运输
010201004	强夯地基	1. 夯击能量 2. 夯击遍数 3. 夯击点布置形式、间距 4. 地耐力要求 5. 夯填材料种类	1. 铺设夯填材料 2. 强夯 3. 夯填材料运输
010201005	振冲密实（不填料）	1. 地层情况 2. 振密深度 3. 孔距	1. 振冲加密 2. 泥浆运输
010201006	振冲桩（填料）	1. 地层情况 2. 空桩长度、桩长 3. 桩径 4. 填充材料种类	1. 振冲成孔、填料、振实 2. 材料运输 3. 泥浆运输
010201007	砂石桩	1. 地层情况 2. 空桩长度、桩长 3. 桩径 4. 成孔方法 5. 材料种类、级配	1. 成孔 2. 填充、振实 3. 材料运输
010201008	水泥粉煤灰碎石桩	1. 地层情况 2. 空桩长度、桩长 3. 桩径 4. 成孔方法 5. 混合料强度等级	1. 成孔 2. 混合料制作、灌注、养护 3. 材料运输
010201009	深层搅拌桩	1. 地层情况 2. 空桩长度、桩长 3. 桩截面尺寸 4. 水泥强度等级、掺量	1. 预搅下钻、水泥浆制作、喷浆搅拌提升成桩 2. 材料运输
010201010	粉喷桩	1. 地层情况 2. 空桩长度、桩长 3. 桩径 4. 粉体种类、掺量 5. 水泥强度等级、石灰粉要求	1. 预搅下钻、喷粉搅拌提升成桩 2. 材料运输

项目编码	项目名称	项目特征	工作内容
010201011	夯实水泥土桩	1. 地层情况 2. 空桩长度、桩长 3. 桩径 4. 成孔方法 5. 水泥强度等级 6. 混合料配比	1. 成孔、夯底 2. 水泥土拌和、填料、夯实 3. 材料运输
010201012	高压喷射注浆桩	1. 地层情况 2. 空桩长度、桩长 3. 桩截面 4. 注浆类型、方法 5. 水泥强度等级	1. 成孔 2. 水泥浆制作、高压喷射注浆 3. 材料运输
010201013	石灰桩	1. 地层情况 2. 空桩长度、桩长 3. 桩径 4. 成孔方法 5. 掺和料种类、配合比	1. 成孔 2. 混合料制作、运输、夯填
010201014	灰土(土)挤密桩	1. 地层情况 2. 空桩长度、桩长 3. 桩径 4. 成孔方法 5. 灰土级配	1. 成孔 2. 灰土拌和、运输、填充、夯实
010201015	柱锤冲扩桩	1. 地层情况 2. 空桩长度、桩长 3. 桩径 4. 成孔方法 5. 桩体材料种类、配合比	1. 安、拔套管 2. 冲孔、填料、夯实 3. 桩体材料制作、运输
010201016	注浆地基	1. 地层情况 2. 空钻深度、注浆深度 3. 注浆间距 4. 浆液种类及配比 5. 注浆方法 6. 水泥强度等级	1. 成孔 2. 注浆导管制作、安装 3. 浆液制作、压浆 4. 材料运输
010201017	褥垫层	1. 厚度 2. 材料品种及比例	材料拌和、运输、铺设、压实

(二)地基处理工程工程量计算

1. 换填垫层

(1)适用对象。换填垫层是将基础底面下一定范围内的软弱土层挖去，然后分层填入质地坚硬，强度较高、性能较稳定，具有抗腐蚀性的砂、碎石、素土、灰土、粉煤灰及其他性能稳定和无侵蚀性的材料，并同时以人工或机械方法夯实(或振实)使之达到要求的密实度，成为良好的人工地基。换填垫层按换填材料的不同，分为砂垫层、碎石垫层、灰土垫层、粉煤灰垫层等。

砂和砂石垫层适用于处理 3.0 m 以内的软弱、透水性强的地基土，不宜用于加固湿陷性黄土地基及渗透系数小的黏性土地基。素土、灰土垫层适用于加固 1～3 m 厚的软弱土、湿陷性黄土、杂填土等，还可用作结构的辅助防渗层。粉煤灰垫层可用于作软弱土层换填地基的处理，以及用作大面积地坪的垫层等。

(2)工程量计算规则。换填垫层工程量以 m³ 为计量单位，按设计图示以体积计算，即

$$V_{垫层} = 垫层长 \times 垫层宽 \times 垫层厚$$

【例 4-9】 某构筑物基础为满堂基础，基础垫层为无筋混凝土，长宽方向的外边线尺寸为 8.04 m 和 5.64 m，垫层厚为 20 cm，垫层顶面标高为 −4.550 m，室外地面标高为 −0.650 m，地下常水位标高为 −3.500 m，如图 4-10 所示，该处土壤类别为三类土，人工挖土，试计算换填垫层工程量，并根据工程量确定综合单价及合价。

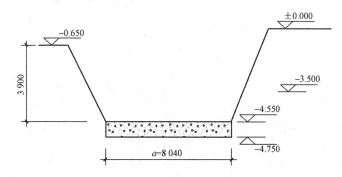

图 4-10　基础垫层示意(尺寸单位：mm)

【解】　换填垫层工程量＝8.04×5.64×0.2＝9.07(m³)

2. 铺设土工合成材料

(1)适用对象。土工合成材料是指以聚合物为原料的材料名词的总称。土工合成材料在地基处理中的作用主要是反滤、排水、隔离、加固、补强等。在土层中铺设强度较大的土工合成材料，还可提高地基承载力，减少地基变形。土工合成材料品种可分为土工织物、土工膜、特种土工合成材料和复合型土工合成材料。目前以土工织物和加筋土应用较多。

1)土工织物可以采用聚酯纤维(涤纶)、聚丙纤维(腈纶)和聚丙烯纤维(丙纶)等高分子化合物(聚合物)经加工后合成，适用于砂土、黏性土和软土地基。

2)加筋土适用于山区或城市道路的挡土墙、护坡、路堤、桥台、河坝以及水工结构和工业结构等工程，还可用于处理滑坡。

(2)工程量计算规则。铺设土工合成材料工程量以 m² 为计量单位，按设计图示尺寸以面积计算，即

$$S_{铺设土工合成材料工程量} = 铺设土工合成材料宽 \times 长$$

【例 4-10】 某地基铺设土工合成材料宽度为 28 m，长度为 12 m，计算铺设土工合成材料工程量。

【解】　铺设土工合成材料工程量＝12×28＝336(m²)

3. 预压地基、强夯地基、振冲密实(不填料)、振冲桩(填料)

(1)适用对象。预压地基是指在原状土上加载，使土中水排出，以实现土的预先固结，减少建筑物地基后期沉降和提高地基承载力。强夯法是反复将夯锤提到高处使其自由落下，给地基以冲击和振动能量，将地基土夯实的地基处理方法，属于夯实地基。强大的夯击能给地基一个冲击力，并在地基中产生冲击波，在冲击力的作用下，夯锤对上部土体进行冲切，将土体结构破坏，形成夯坑，并对周围土进行动力挤压。

(2)工程量计算规则。预压地基、强夯地基、振冲密实(不填料)工程量以 m² 为计量单位，按设计图示处理范围以面积计算。

振冲桩(填料)工程量以 m 计量，按设计图示尺寸以桩长计算；或以 m³ 计量，按设计桩截面乘以桩长所得体积计算。

【例 4-11】 图 4-11 所示实线范围为地基强夯范围。

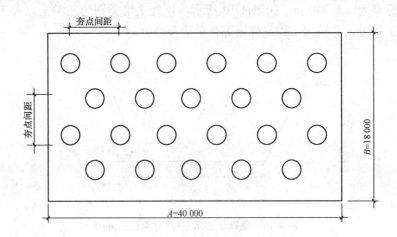

图 4-11 地基强夯示意(尺寸单位：mm)

(1)设计要求：不间隔夯击，设计击数为 8 击，夯击能量为 500 t·m，一遍夯击，计算其工程量。

(2)设计要求：不间隔夯击，设计击数为 10 击，分两遍夯击，第一遍 5 击，第二遍 5 击，第二遍要求低锤满拍，设计夯击能量为 400 t·m，计算其工程量。

【解】 地基强夯的工程数量计算如下：

(1)不间隔夯击，设计击数为 8 击，夯击能量为 500 t·m，一遍夯击的强夯工程数量：$40 \times 18 = 720 (m^2)$。

(2)不间隔夯击，设计击数为 10 击，分两遍夯击，第一遍 5 击，第二遍 5 击，第二遍要求低锤满拍，设计夯击能量为 400 t·m 的强夯工程数量：$40 \times 18 = 720 (m^2)$。

4. 砂石桩

(1)适用对象。砂石桩适用于挤密松散的砂土、粉土、素填土和杂填土地基。

(2)工程量计算规则。砂石桩工程量以 m 为计量单位，按设计图示尺寸以桩长(包括桩尖)计算；或以 m³ 为计量单位，按设计桩截面面积乘以桩长(包括桩尖)所得体积计算，即

$$V_{砂石桩}＝设计桩截面面积×桩长(包括桩尖)$$

【例 4-12】 某工程采用砂石桩，二类土，挖方形孔，孔边长为 0.4 m，孔深为 8 m，挖孔后填筑砂石，计算砂石桩工程量。

【解】 砂石桩工程量有以下两种计算方法：

(1)以 m 计量：砂石桩工程量＝8 m。

(2)以 m^3 计量：砂石桩工程量＝$0.4×0.4×8＝1.28(m^3)$。

5. 水泥粉煤灰碎石桩、夯实水泥土桩、石灰桩、灰土(土)挤密桩

(1)适用对象。水泥粉煤灰碎石桩是在碎石桩的基础上加进一些石屑、粉煤灰和少量水泥，加水拌和制成的具有一定粘结强度的桩。水泥粉煤灰碎石桩适用于多层和高层建筑地基，是近年来新开发的一种地基处理技术。夯实水泥土桩适用于处理地下水水位以上的粉土、素填土、杂填土、黏性土等地基，桩孔直径宜为 300～600 mm。石灰桩适用于处理饱和黏性土、淤泥、淤泥质土、素填土和杂填土等地基，不适用于地下水水位以下的砂类土。灰土(土)挤密桩适用于处理地下水水位以上的湿陷性黄土、素填土、杂填土等地基。

(2)工程量计算规则。水泥粉煤灰碎石桩、夯实水泥土桩、石灰桩、灰土(土)挤密桩工程量以 m 为计量单位，按设计图示尺寸以桩长计算。

6. 深层搅拌桩、粉喷桩、高压喷射注浆桩、柱锤冲扩桩

(1)适用对象。深层搅拌桩适宜于加固各种成因的淤泥质土、黏土、粉质黏土等，用于增加软土地基的承载能力，减少沉降量，提高边坡的稳定性和各种坑槽工程施工时的挡水帷幕。

高压喷射注浆桩适用于处理淤泥、淤泥质土、流塑、软塑或可塑黏性土、粉土、砂土、黄土、素填土、碎石土等地基。

柱锤冲扩桩适用于处理地下水水位以上的杂填土、粉土、黏性土、素填土、黄土等地基。

(2)工程量计算规则。深层搅拌桩、粉喷桩、高压喷射注浆桩、柱锤冲扩桩工程量以 m 为计量单位，按设计图示尺寸以桩长计算。

7. 注浆地基

(1)适用对象。注浆地基是指将配制好的化学浆液或水泥浆液，通过导管注入土体缝隙中，与土体结合，发生物化反应，从而提高土体强度，减小其压缩性和渗透性，主要用于截水、堵漏和加固地基。

(2)工程量计算规则。以 m 为计量单位，按设计图示尺寸以钻孔深度计算；或以 m^3 为计量单位，按设计图示尺寸以加固体积计算。

8. 褥垫层

(1)适用对象。褥垫层是复合地基中解决地基不均匀的一种方法。如建筑物一边在岩石地基上，一边在黏土地基上时，可采用在岩石地基上加褥垫层(级配砂石)的方法来解决。

(2)工程量计算规则。以 m^2 为计量单位，按设计图示尺寸以铺设面积计算；或以 m^3 为计量单位，按设计图示尺寸以体积计算。

【例 4-13】 某工程基底为可塑黏性土，不能满足设计承载力，采用水泥粉煤灰桩进行

地基处理，桩顶采用 300 mm 厚的人工配料石作为褥垫层，如图 4-12 所示，计算褥垫层工程量。

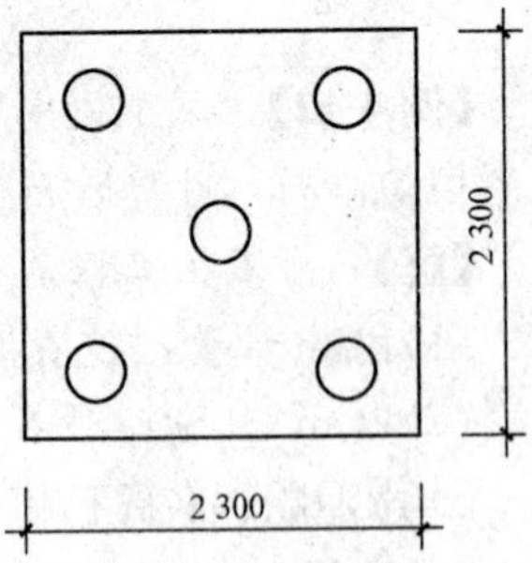

【解】 褥垫层工程量有以下两种计算方法：

(1)以 m² 计量：褥垫层工程量＝2.3×2.3＝5.29(m²)。

(2)以 m³ 计量：褥垫层工程量＝2.3×2.3×0.3＝1.59(m³)。

二、边坡支护工程

(一)边坡支护工程工程量清单项目设置

《房屋建筑与装饰工程工程量计算规范》(GB 50854—2013)附录 B.2 基坑与边坡支护共 11 个清单项目。各清单项目设置的具体内容见表 4-9。

图 4-12 褥垫层
(尺寸单位：mm)

表 4-9 基坑与边坡支护(编码：010202)

项目编码	项目名称	项目特征	工作内容
010202001	地下连续墙	1. 地层情况 2. 导墙类型、截面 3. 墙体厚度 4. 成槽深度 5. 混凝土种类、强度等级 6. 接头形式	1. 导墙挖填、制作、安装、拆除 2. 挖土成槽、固壁、清底置换 3. 混凝土制作、运输、灌注、养护 4. 接头处理 5. 土方、废泥浆外运 6. 打桩场地硬化及泥浆池、泥浆沟
010202002	咬合灌注桩	1. 地层情况 2. 桩长 3. 桩径 4. 混凝土种类、强度等级 5. 部位	1. 成孔、固壁 2. 混凝土制作、运输、灌注、养护 3. 套管压拔 4. 土方、废泥浆外运 5. 打桩场地硬化及泥浆池、泥浆沟
010202003	圆木桩	1. 地层情况 2. 桩长 3. 材质 4. 尾径 5. 桩倾斜度	1. 工作平台搭拆 2. 桩机移位 3. 桩靴安装 4. 沉桩
010202004	预制钢筋混凝土板桩	1. 地层情况 2. 送桩深度、桩长 3. 桩截面 4. 沉桩方法 5. 连接方式 6. 混凝土强度等级	1. 工作平台搭拆 2. 桩机移位 3. 沉桩 4. 板桩连接
010202005	型钢桩	1. 地层情况或部位 2. 送桩深度、桩长 3. 规格型号 4. 桩倾斜度 5. 防护材料种类 6. 是否拔出	1. 工作平台搭拆 2. 桩机移位 3. 打(拔)桩 4. 接桩 5. 刷防护材料

项目编码	项目名称	项目特征	工作内容
010202006	钢板桩	1. 地层情况 2. 桩长 3. 板桩厚度	1. 工作平台搭拆 2. 桩机移位 3. 打拔钢板桩
010202007	锚杆(锚索)	1. 地层情况 2. 锚杆(索)类型、部位 3. 钻孔深度 4. 钻孔直径 5. 杆体材料品种、规格、数量 6. 预应力 7. 浆液种类、强度等级	1. 钻孔、浆液制作、运输、压浆 2. 锚杆(锚索)制作、安装 3. 张拉锚固 4. 锚杆(锚索)施工平台搭设、拆除
010202008	土钉	1. 地层情况 2. 钻孔深度 3. 钻孔直径 4. 置入方法 5. 杆体材料品种、规格、数量 6. 浆液种类、强度等级	1. 钻孔、浆液制作、运输、压浆 2. 土钉制作、安装 3. 土钉施工平台搭设、拆除
010202009	喷射混凝土、水泥砂浆	1. 部位 2. 厚度 3. 材料种类 4. 混凝土(砂浆)类别、强度等级	1. 修整边坡 2. 混凝土(砂浆)制作、运输、喷射、养护 3. 钻排水孔、安装排水管 4. 喷射施工平台搭设、拆除
010202010	钢筋混凝土支撑	1. 部位 2. 混凝土种类 3. 混凝土强度等级	1. 模板(支架或支撑)制作、安装、拆除、堆放、运输及清理模内杂物、刷隔离剂等 2. 混凝土制作、运输、浇筑、振捣、养护
010202011	钢支撑	1. 部位 2. 钢材品种、规格 3. 探伤要求	1. 支撑、铁件制作(摊销、租赁) 2. 支撑、铁件安装 3. 探伤 4. 刷漆 5. 拆除 6. 运输

(二)边坡支护工程工程量计算

1. 地下连续墙

地下连续墙工程量以 m³ 为计量单位,按设计图示墙中心线乘以厚度乘以槽深所得体积计算,即

$$V_{地下连续墙} = 设计图示墙中心线 \times 厚度 \times 槽深$$

【例 4-14】 图 4-13 所示为地下连续墙示意,已知槽深为 900 mm,墙厚为 240 mm,使用强度等级为 C30 的混凝土。试计算该连续墙工程量。

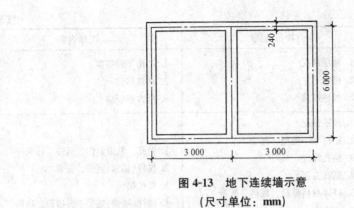

图 4-13　地下连续墙示意

（尺寸单位：mm）

【解】　地下连续墙工程量＝$(3.0\times2\times2+6.0\times2)\times0.24\times0.9=5.18(\text{m}^3)$

2. 基坑支护桩

(1)适用对象。当拟开挖深基坑临边净距离内有建筑物、构筑物、管、线、缆或其他荷载，无法放坡且坑底下有可靠结实的土层作为桩尖端嵌固点时，可使用基坑支护桩支护。基坑支护桩具有保证临边的建筑物、构筑物、管、线、缆的安全；在基坑开挖过程中及基坑的使用期间，维持临空的土体稳定，以保证施工安全的作用。

基坑支护桩包括咬合灌注桩、圆木桩、预制钢筋混凝土板桩、型钢桩、钢板桩。

(2)工程量计算规则。

1)咬合灌注桩工程量以 m 为计量单位，按设计图示尺寸以桩长计算；或以根为计量单位，按设计图示数量计算。

2)圆木桩、预制钢筋混凝土板桩工程量以 m 为计量单位，按设计图示尺寸以桩长(包括桩尖)计算；或以根为计量单位，按设计图示数量计算。

3)型钢桩工程量以 t 为计量单位，按设计图示尺寸以质量计算；或以根为计量单位，按设计图示数量计算。

4)钢板桩工程量以 t 为计量单位，按设计图示尺寸以质量计量；或以 m^2 为计量单位，按设计图示墙中心线乘以桩长所得面积计算。

3. 锚杆(锚索)、土钉

锚杆(锚索)、土钉工程量以 m 为计量单位，按设计图示尺寸以钻孔深度计算；或以根为计量单位，按设计图示数量计算。

【例 4-15】　如图 4-14 所示，某工程基坑立壁采用多锚支护，锚孔直径为 80 mm，深度为 2.5 m，杆筋送入钻孔后，灌注 M30 水泥砂浆，混凝土面板采用 C25 喷射混凝土。试计算锚杆支护工程量。

【解】　锚杆支护工程量有以下两种计算方法：

(1)以 m 计量：锚杆支护工程量＝2.5(m)。

(2)以根计量：锚杆支护工程量＝3(根)。

4. 喷射混凝土、水泥砂浆

喷射混凝土、水泥砂浆工程量以 m^2 为计量单位，按设计图示尺寸以面积计算。

【例 4-16】　计算例 4-15 的喷射混凝土、水泥砂浆工程量。

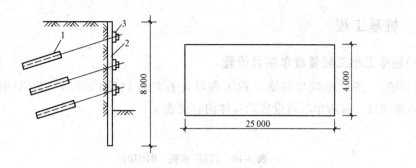

图 4-14 某工程基坑立壁(尺寸单位：mm)

1—土层锚杆；2—挡土灌注桩或地下连续墙；3—钢横梁(撑)

【解】 喷射混凝土、水泥砂浆工程量＝25×4＝100(m²)

5. 基坑支撑

(1)适用对象。基坑支撑包括钢筋混凝土支撑和钢支撑。

(2)工程量计算规则。钢筋混凝土支撑工程量以 m³ 为计量单位，按设计图示尺寸以体积计算。钢支撑工程量以 t 为计量单位，按设计图示尺寸以质量计算。不扣除孔眼质量，焊条、铆钉、螺栓不另增加质量。

【例 4-17】 计算图 4-15 所示的钢支撑工程量。

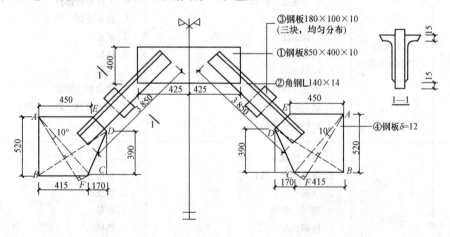

图 4-15 钢支撑示意(尺寸单位：mm)

【解】 钢支撑工程量：

角钢(∟140×14)：3.85×2×2×29.5＝454.30(kg)

钢板(δ＝10)：0.85×0.4×78.5＝26.69(kg)

钢板(δ＝10)：0.18×0.1×3×2×78.5＝8.478(kg)

钢板(δ＝12)：(0.17＋0.415)×0.52×2×94.2＝0.585×0.52×2×94.2＝57.31(kg)

工程量合计：454.30＋26.69＋8.478＋57.31＝546.78(kg)＝0.547(t)

三、桩基工程

(一)桩基工程工程量清单项目设置

(1)打桩。《房屋建筑与装饰工程工程量计算规范》(GB 50854—2013)附录 C.1 打桩共 4 个清单项目。各清单项目设置的具体内容见表 4-10。

表 4-10　打桩(编码:010301)

项目编码	项目名称	项目特征	工作内容
010301001	预制钢筋混凝土方桩	1. 地层情况 2. 送桩深度、桩长 3. 桩截面 4. 桩倾斜度 5. 沉桩方法 6. 接桩方式 7. 混凝土强度等级	1. 工作平台搭拆 2. 桩机竖拆、移位 3. 沉桩 4. 接桩 5. 送桩
010301002	预制钢筋混凝土管桩	1. 地层情况 2. 送桩深度、桩长 3. 桩外径、壁厚 4. 桩倾斜度 5. 沉桩方法 6. 桩尖类型 7. 混凝土强度等级 8. 填充材料种类 9. 防护材料种类	1. 工作平台搭拆 2. 桩机竖拆、移位 3. 沉桩 4. 接桩 5. 送桩 6. 桩尖制作安装 7. 填充材料、刷防护材料
010301003	钢管桩	1. 地层情况 2. 送桩深度、桩长 3. 材质 4. 管径、壁厚 5. 桩倾斜度 6. 沉桩方法 7. 填充材料种类 8. 防护材料种类	1. 工作平台搭拆 2. 桩机竖拆、移位 3. 沉桩 4. 接桩 5. 送桩 6. 切割钢管、精割盖帽 7. 管内取土 8. 填充材料、刷防护材料
010301004	截(凿)桩头	1. 桩类型 2. 桩头截面、高度 3. 混凝土强度等级 4. 有无钢筋	1. 截(切割)桩头 2. 凿平 3. 废料外运

(2)灌注桩。《房屋建筑与装饰工程工程量计算规范》(GB 50854—2013)附录 C.2 灌注桩共 7 个清单项目。各清单项目设置的具体内容见表 4-11。

表 4-11 灌注桩(编码：010302)

项目编码	项目名称	项目特征	工作内容
010302001	泥浆护壁成孔灌注桩	1. 地层情况 2. 空桩长度、桩长 3. 桩径 4. 成孔方法 5. 护筒类型、长度 6. 混凝土种类、强度等级	1. 护筒埋设 2. 成孔、固壁 3. 混凝土制作、运输、灌注、养护 4. 土方、废泥浆外运 5. 打桩场地硬化及泥浆池、泥浆沟
010302002	沉管灌注桩	1. 地层情况 2. 空桩长度、桩长 3. 复打长度 4. 桩径 5. 沉管方法 6. 桩尖类型 7. 混凝土种类、强度等级	1. 打(沉)拔钢管 2. 桩尖制作、安装 3. 混凝土制作、运输、灌注、养护
010302003	干作业成孔灌注桩	1. 地层情况 2. 空桩长度、桩长 3. 桩径 4. 扩孔直径、高度 5. 成孔方法 6. 混凝土种类、强度等级	1. 成孔、扩孔 2. 混凝土制作、运输、灌注、振捣、养护
010302004	挖孔桩土(石)方	1. 地层情况 2. 挖孔深度 3. 弃土(石)运距	1. 排地表水 2. 挖土、凿石 3. 基底钎探 4. 运输
010302005	人工挖孔灌注桩	1. 桩芯长度 2. 桩芯直径、扩底直径、扩底高度 3. 护壁厚度、高度 4. 护壁混凝土种类、强度等级 5. 桩芯混凝土种类、强度等级	1. 护壁制作 2. 混凝土制作、运输、灌注、振捣、养护
010302006	钻孔压浆桩	1. 地层情况 2. 空钻长度、桩长 3. 钻孔直径 4. 水泥强度等级	钻孔、下注浆管、投放骨料、浆液制作、运输、压浆
010302007	灌注桩后压浆	1. 注浆导管材料、规格 2. 注浆导管长度 3. 单孔注浆量 4. 水泥强度等级	1. 注浆导管制作、安装 2. 浆液制作、运输、压浆

(二)桩基工程工程量计算

1. 预制钢筋混凝土方桩、管桩

(1)工程量计算规则。预制钢筋混凝土方桩、管桩工程量按设计图示尺寸以桩长(包括桩尖)计算,计量单位为 m;或按设计图示截面面积乘以桩长(包括桩尖)所得实体积计算,计量单位为 m^3;或按设计图示数量计算,计量单位为根。

(2)注意事项。预制钢筋混凝土管桩项目以成品桩编制,应包括成品桩购置费,如果用现场预制,应包括现场预制桩的所有费用。项目特征中的桩截面、混凝土强度等级、桩类型等可直接用标准图代号或设计桩型进行描述。打桩验桩和打斜桩应按相应项目单独列项,并应在项目特征中注明试验桩或斜桩(斜率)。

【例 4-18】 某工程需用如图 4-16 所示的预制混凝土管桩 15 根,已知混凝土强度等级为 C40,土壤类别为四类土,计算该工程预制钢筋混凝土管桩的工程量。

【解】 预制钢筋混凝土管桩的工程量有以下两种计算方法:

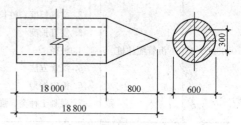

图 4-16 预制混凝土管桩(尺寸单位:mm)

(1)以 m^3 计量:预制钢筋混凝土管桩的工程量 $=\pi \times \left[\left(\dfrac{0.6}{2}\right)^2 - \left(\dfrac{0.3}{2}\right)^2\right] \times 18.8 \times 15 = 59.80(m^3)$。

(2)以根计量:预制钢筋混凝土管桩的工程量 $= 15$(根)。

2. 钢管桩

(1)适用对象。钢管桩能承受强大的冲击力,有较高的承载能力,桩长可任意调节,质量轻、刚性好,装卸运输方便等,适用于码头、水中结构的高桩承台、桥梁基础、超高层公共与住宅建筑桩基、特重型工业厂房等基础工程。

(2)工程量计算规则。钢管桩工程量按设计图示尺寸以质量计算,计量单位为 t;或按设计图示数量计算,计量单位为根。

【例 4-19】 某超高层住宅建筑工程采用钢管桩基础,共计 195 根,已知钢管桩外径为 406.4 mm,壁厚为 12 mm,单根钢桩长为 15 m。试计算该钢管桩基础的工程量(钢管桩质量按 88.2 kg/m 计算)。

【解】 钢管桩工程量有以下两种计算方法:

(1)以根计量:钢管桩工程量 $= 195$(根)。

(2)以 t 计量:钢管桩工程量 $= 88.2 \times 15 \times 195 = 257\,985(kg) = 257.99(t)$。

3. 截(凿)桩头

(1)适用对象。截(凿)桩头是指桩身混凝土在浇筑过程中,由于在振捣过程中,随着混凝土内部的气泡或孔隙上升至桩顶部分,在桩顶的一定范围内为浮浆或水下混凝土浇筑时的泥浆、灰浆混合物,为了保证桩身混凝土强度需将上部的虚桩凿除。截(凿)桩头项目适用于《房屋建筑与装饰工程工程量计算规范》(GB 50854—2013)中附录 B、附录 C 所列桩的桩头截(凿)。

(2)工程量计算规则。截(凿)桩头工程量按设计桩截面乘以桩头长度以体积计算,计量单位为 m^3;或按设计图示数量计算,计量单位为根。

【例 4-20】 如图 4-17 所示,已知共有 30 根截(凿)桩头,计算其工程量。

【解】 截(凿)桩头工程量有以下两种计算方法:

(1)以根计量:截(凿)桩头工程量=30(根)。

(2)以 m³ 计量:截(凿)桩头工程量=0.45×0.45×0.8×30=4.86(m³)。

4. 泥浆护壁成孔灌注桩、沉管灌注桩、干作业成孔灌注桩

(1)工程量计算规则。泥浆护壁成孔灌注桩、沉管灌注桩、干作业成孔灌注桩工程量按设计图示尺寸以桩长(包括桩尖)计算,计量单位为 m;或按不同截面在桩上范围内以体积计算,计量单位为 m³;或按设计图示数量计算,计量单位为根。

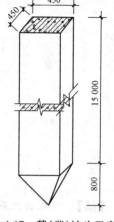

图 4-17 截(凿)桩头示意
(尺寸单位:mm)

(2)注意事项。桩长应包括桩尖,空桩长度=孔深－桩长,孔深为自然地面至设计桩底的深度。项目特征中的桩截面(桩径)、混凝土强度等级、桩类型等可直接用标准图代号或设计桩型进行描述。

【例 4-21】 图 4-18 所示为干作业成孔灌注桩示意,已知土质为二类土,设计桩长为 18 000 mm,有 80 根桩,计算其工程量。

【解】 干作业成孔灌注桩有以下三种计算方法:

(1)以 m 计量:干作业成孔灌注桩工程量=18×80=1 440(m)。

(2)以 m² 计量:干作业成孔灌注桩工程量=3.14×$\left(\dfrac{0.45}{2}\right)^2$×18×80=228.91(m³)。

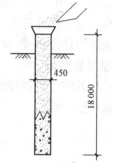

图 4-18 干作业成孔灌注桩示意
(尺寸单位:mm)

(3)以根计量:干作业成孔灌注桩工程量=80(根)。

【例 4-22】 某工程采用潜水钻机钻孔混凝土灌注桩,土壤类别为Ⅱ类土,单根桩设计长度为 8.5 m,总根数为 156 根,桩截面直径为 800 mm,混凝土强度等级为 C30,泥浆运输 5 km 以内,试计算钻孔混凝土灌注桩工程量。

【解】 混凝土灌注桩工程量=8.5×156=1 326(m)

5. 挖孔桩土(石)方

(1)适用对象。近年来在高层建筑和重型构筑物中,因荷载集中,基底压力大,对单桩承载力的要求很高,故常采用大直径的挖孔灌注桩。这种桩是以硬土层为持力层、以端承力为主的一种基础形式,其直径可达 1~3.5 m,桩深为 60~80 m,每根桩的承载力高达 6 000~10 000 kN。大直径挖孔灌注桩,可以采用人工或机械成孔,如果桩底部再进行扩大,则称大直径扩底灌注桩。

(2)工程量计算规则。挖孔桩土(石)方工程量按设计图示尺寸(含护壁)截面面积乘以挖孔深度以体积计算,计量单位为 m³。

【例 4-23】 某工程挖孔桩如图 4-19 所示,$D=1\ 000$ mm,$\dfrac{1}{4}$ 砖护壁,$L=28$ m,共 10 根,试计算挖孔桩土石方工程量。

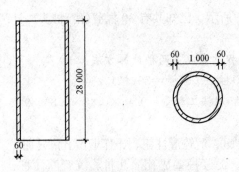

图 4-19 挖孔桩(尺寸单位：mm)

【解】 挖孔桩土石方工程量＝3.14×0.56²×28×10＝275.7(m³)

6. 人工挖孔灌注桩

(1)工程量计算规则。人工挖孔灌注桩工程量按桩芯混凝土体积计算，计量单位为 m³；或按设计图示数量计算，计量单位为根。

(2)注意事项。人工挖孔桩混凝土护壁的厚度不应小于 100 mm，混凝土强度等级不应低于桩身混凝土强度等级。项目特征中的混凝土种类是指清水混凝土、水泥混凝土等，如在同一地区即使用预拌(商品)混凝土，又允许现场搅拌混凝土时，也应注明。

7. 钻孔压浆桩

钻孔压浆桩工程量按设计图示尺寸以桩长计算，计量单位为 m；或按设计图示数量计算，计量单位为根。

第三节　砌筑工程

一、砖砌体

(一)砖砌体工程量清单项目设置

《房屋建筑与装饰工程工程量计算规范》(GB 50854—2013)附录 D.1 砖砌体共 14 个清单项目。各清单项目设置的具体内容见表 4-12。

表 4-12　砖砌体(编码：010401)

项目编码	项目名称	项目特征	工作内容
010401001	砖基础	1. 砖品种、规格、强度等级 2. 基础类型 3. 砂浆强度等级 4. 防潮层材料种类	1. 砂浆制作、运输 2. 砌砖 3. 防潮层铺设 4. 材料运输

项目编码	项目名称	项目特征	工作内容
010401002	砖砌挖孔桩护壁	1. 砖品种、规格、强度等级 2. 砂浆强度等级	1. 砂浆制作、运输 2. 砌砖 3. 材料运输
010401003	实心砖墙	1. 砖品种、规格、强度等级 2. 墙体类型 3. 砂浆强度等级、配合比	1. 砂浆制作、运输 2. 砌砖 3. 刮缝 4. 砖压顶砌筑 5. 材料运输
010401004	多孔砖墙		
010401005	空心砖墙		
010401006	空斗墙	1. 砖品种、规格、强度等级 2. 墙体类型 3. 砂浆强度等级、配合比	1. 砂浆制作、运输 2. 砌砖 3. 装填充料 4. 刮缝 5. 材料运输
010401007	空花墙		
010401008	填充墙	1. 砖品种、规格、强度等级 2. 墙体类型 3. 填充材料种类及厚度 4. 砂浆强度等级、配合比	
010401009	实心砖柱	1. 砖品种、规格、强度等级 2. 柱类型 3. 砂浆强度等级、配合比	1. 砂浆制作、运输 2. 砌砖 3. 刮缝 4. 材料运输
010401010	多孔砖柱		
010401011	砖检查井	1. 井截面、深度 2. 砖品种、规格、强度等级 3. 垫层材料种类、厚度 4. 底板厚度 5. 井盖安装 6. 混凝土强度等级 7. 砂浆强度等级 8. 防潮层材料种类	1. 砂浆制作、运输 2. 铺设垫层 3. 底板混凝土制作、运输、浇筑、振捣、养护 4. 砌砖 5. 刮缝 6. 井池底、壁抹灰 7. 抹防潮层 8. 材料运输
010401012	零星砌砖	1. 零星砌砖名称、部位 2. 砖品种、规格、强度等级 3. 砂浆强度等级、配合比	1. 砂浆制作、运输 2. 砌砖 3. 刮缝 4. 材料运输
010401013	砖散水、地坪	1. 砖品种、规格、强度等级 2. 垫层材料种类、厚度 3. 散水、地坪厚度 4. 面层种类、厚度 5. 砂浆强度等级	1. 土方挖、运、填 2. 地基找平、夯实 3. 铺设垫层 4. 砌砖散水、地坪 5. 抹砂浆面层

项目编码	项目名称	项目特征	工作内容
010401014	砖地沟、明沟	1. 砖品种、规格、强度等级 2. 沟截面尺寸 3. 垫层材料种类、厚度 4. 混凝土强度等级 5. 砂浆强度等级	1. 土方挖、运、填 2. 铺设垫层 3. 底板混凝土制作、运输、浇筑、振捣、养护 4. 砌砖 5. 刮缝、抹灰 6. 材料运输

(二)砖砌体工程量计算

1. 砖基础

(1)适用对象。砖基础项目适用于各种类型的砖基础、柱基础、墙基础、管道基础等。

(2)工程量计算规则。砖基础工程量以 m³ 为计量单位,按设计图示尺寸以体积计算,包括附墙垛基础宽出部分的体积,扣除地梁(圈梁)、构造柱所占体积,不扣除基础大放脚 T 形接头处的重叠部分及嵌入基础内的钢筋、铁件、管道、基础砂浆防潮层和单个面积不大于 0.3 m² 的孔洞所占的体积,靠墙暖气沟的挑檐不增加。砖基础体积可按下式计算:

$$砖基础体积 = 基础断面面积 \times 基础长度$$

式中 基础长度——外墙按外墙中心线,内墙按内墙净长线计算。

(3)相关说明。

1)砌筑用砖。砌筑用砖根据构造形式的不同可分为实心砖和空心砖两种。根据使用材料和制作方法的不同,实心砖又可分为烧结普通砖、蒸压灰砂砖、粉煤灰砖、炉渣砖等。实心砖的规格为 240 mm×115 mm×53 mm(长×宽×厚),即 4 块砖长加 4 个灰缝,8 块砖宽加 8 个灰缝,16 块砖厚加 16 个灰缝(简称 4 顺、8 丁、16 线)均为 1 m。空心砖的长度有 240 mm、290 mm,宽度有 140 mm、180 mm、190 mm,厚度有 90 mm、115 mm 等不同规格。标准砖墙厚度按表 4-13 计算。

表 4-13 标准墙计算厚度

砖数/厚度	1/4	1/2	3/4	1	$1\frac{1}{2}$	2	$2\frac{1}{2}$	3
计算厚度/mm	53	115	180	240	365	490	615	740

2)基础与墙(柱)身的划分。基础与墙(柱)身使用同一种材料时,以设计室内地面为界(有地下室者,以地下室室内地面为界),以下为基础,以上为墙(柱)身,如图 4-20(a)、(b)所示。

基础与墙(柱)身使用不同材料时,不同材料分界线位于设计室内地面高度≤±300 mm 时,以不同材料为分界线;高度>±300 mm 时,以设计室内地面为分界线,如图 4-20(c)所示。

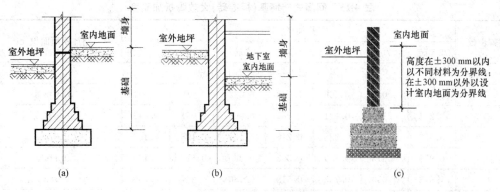

图 4-20 基础与墙(柱)分界示意

(a)基础与墙身分界示意(无地下室); (b)基础与墙身分界示意(有地下室); (c)基础与墙身分界示意(不同材料)

砖围墙以设计室外地坪为界,以下为基础,以上为墙身。

3)大放脚增加的断面面积及折加高度。大放脚的形式有等高式和不等高式两种。大放脚增加的断面面积和折加高度(图 4-21)可根据不同基础墙厚、不同台数直接查表 4-14 和表 4-15 确定。

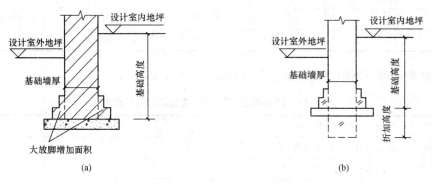

图 4-21 等高式大放脚及折加高度示意

(a)等高式大放脚; (b)折加高度示意图

表 4-14 等高式砖墙基大放脚折加高度

放脚步数	折加高度/m							增加断面面积/m²
	0.5 砖	0.75 砖	1 砖	1.5 砖	2 砖	2.5 砖	3 砖	
一	0.137	0.088	0.066	0.043	0.032	0.026	0.021	0.015 8
二	0.411	0.263	0.197	0.129	0.096	0.077	0.064	0.047 3
三	0.822	0.525	0.394	0.259	0.193	0.154	0.128	0.094 5
四	1.369	0.875	0.656	0.432	0.321	0.256	0.213	0.157 5
五	2.054	1.313	0.984	0.647	0.482	0.384	0.319	0.236 3
六	2.876	1.838	1.378	0.906	0.675	0.538	0.447	0.330 8
注:本表按标准砖双面放脚每步等高 126 mm 砌出 62.5 mm 计算;本表折加高度以双面放脚为准(如单面放脚应乘以系数 0.50)。								

表 4-15　间隔式砖墙基(标准砖)大放脚折加高度

| 放脚步数 | 折加高度/m | | | | | | | 增加断面面积/m² |
	0.5 砖	0.75 砖	1 砖	1.5 砖	2 砖	2.5 砖	3 砖	
最上一步厚度为 126 mm								
一	0.137	0.088	0.066	0.043	0.032	0.026	0.021	0.015 8
二	0.274	0.175	0.131	0.086	0.064	0.051	0.043	0.031 5
三	0.685	0.438	0.328	0.216	0.161	0.128	0.106	0.078 8
四	0.959	0.613	0.459	0.302	0.225	0.179	0.149	0.110 3
五	1.643	1.050	0.788	0.518	0.386	0.307	0.255	0.189 0
六	2.055	1.312	0.984	0.647	0.482	0.384	0.319	0.236 3
七	3.013	1.925	1.444	0.949	0.707	0.563	0.468	0.346 5
最上一步厚度为 62.5 mm								
一	0.069	0.044	0.033	0.022	0.016	0.013	0.011	0.007 9
二	0.343	0.219	0.164	0.108	0.080	0.064	0.053	0.039 4
三	0.548	0.350	0.263	0.173	0.129	0.102	0.085	0.063 0
四	1.096	0.700	0.525	0.345	0.257	0.205	0.170	0.126 0
五	1.438	0.919	0.689	0.453	0.338	0.269	0.224	0.165 4
六	2.260	1.444	1.083	0.712	0.530	0.423	0.351	0.259 9

4)砖基础应增加、扣除和不加、不扣的体积见表 4-16。

表 4-16　砖基础工程量中应增加或扣除的体积

增加的体积	附墙垛基础宽出部分体积
扣除的体积	地梁(圈梁)、构造柱所占体积
不增加的体积	靠墙暖气沟的挑檐
不扣除的体积	基础大放脚 T 形接头处的重叠部分,嵌入基础内的钢筋、铁件、管道、基础防潮层和单个面积在 0.3 m² 以内的孔洞所占体积

【例 4-24】　图 4-22 所示为砖基础,已知墙厚均为 240 mm,试计算基础工程量。

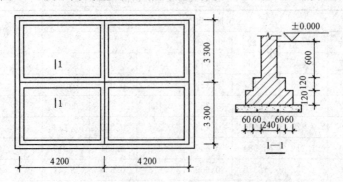

图 4-22　某砖基础示意(尺寸单位:mm)

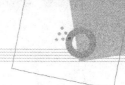

【解】 外墙基础长度 $L_{外}=(4.2×2+3.3×2)×2=30(m)$

内墙基础长度 $L_{内}=(8.4-0.24)+(3.3-0.24)×2=14.28(m)$

砖基础工程量$=[0.6×0.24+(0.24+0.12)×0.12+(0.24+0.24)×0.12]×(14.28+30)=10.84(m^3)$

【例4-25】 图4-23所示为某房屋平面图及基础剖面图，已知砖基础采用M7.5水泥砂浆砌筑，C10混凝土垫层厚200 mm；墙体计算高度为3 m，M5混合砂浆砌筑；外墙基础钢筋混凝土地梁体积为2.64 m³，内墙基础钢筋混凝土地梁体积为0.37 m³；门窗洞口尺寸及墙体埋件体积见表4-17。试计算砖基础工程量。

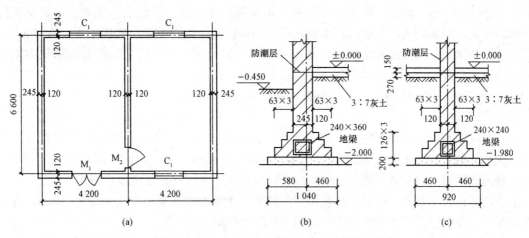

图4-23 某房屋平面图及基础剖面图(尺寸单位：mm)

(a)房屋平面图；(b)外墙基础剖面图；(c)内墙基础剖面图

表4-17 门窗洞口尺寸及墙体埋件体积

门窗名称	洞口尺寸(长×宽)/(mm×mm)	构件名称过梁		构件体积/m³
M₁	1 200×2 100	过梁	外墙	0.51
M₂	1 000×2 100		内墙	0.06
C₁	1 500×1 500	圈梁	外墙	2.23
			内墙	0.31

【解】 (1)外墙砖基础工程量计算。

外墙基础高度 $H=2.0-0.2=1.80(m)$

外墙厚$=0.365(m)$

外墙中心线长$=(4.2×2+0.062\ 5×2+6.6+0.062\ 5×2)×2=30.5(m)$

砖基础采用等高三层砌筑法，查表4-14得 $H_{折高}=0.259\ m$(等效于0.365 m墙厚的折算高度)。

外墙基础体积为：$V_{外}=30.5×0.365×(1.80+0.259)-2.64=20.28(m^3)$

(2)内培砖基础工程量计算。

内墙基础高度 $H=1.98-0.2=1.78(m)$

内墙厚$=0.24(m)$

内墙净长线长＝6.6－0.24＝6.36(m)

查表 4-14 得 $H_{折高}$＝0.394 m(等效于 0.24 m 墙厚的折算高度)。

内墙基础体积为：$V_{内}$＝6.36×0.24×(1.78＋0.394)－0.37＝2.95(m^2)

2. 砖砌挖孔桩护壁

砖砌挖孔桩护壁工程量按设计图示尺寸以体积计算，计量单位为 m^3。

3. 实心砖墙、多孔砖墙、空心砖墙

实心砖墙、多孔砖墙、空心砖墙工程量以 m^3 为计量单位，按设计图示尺寸以体积计算。扣除门窗、洞口、嵌入墙内的钢筋混凝土柱、梁、圈梁、挑梁、过梁及凹进墙内的壁龛、管槽、暖气槽、消火栓箱所占的体积。不扣除梁头、板头、檩头、垫木、木楞头、沿椽木、木砖、门窗走头、砖墙内加固钢筋、木筋、铁件、钢管及单个面积不大于 0.3 m^2 的孔洞所占的体积。凸出墙面的腰线、挑檐、压顶、窗台线、虎头砖、门窗套的体积亦不增加。凸出墙面的砖垛并入墙体体积内计算。

(1)墙长度：外墙按中心线，内墙按净长计算。

(2)墙高度。

1)外墙：斜(坡)屋面无檐口天棚者算至屋面板底；有屋架且室内外均有天棚者算至屋架下弦底另加 200 mm；无天棚者算至屋架下弦底另加 300 mm，出檐宽度超过 600 mm 时按实砌高度计算；与钢筋混凝土楼板隔层者算至板顶。平屋面算至钢筋混凝土板底。

2)内墙：位于屋架下弦者，算至屋架下弦底；无屋架者算至天棚底另加 100 mm；有钢筋混凝土楼板隔层者算至楼板顶；有框架梁时算至梁底。

3)女儿墙：从屋面板上表面算至女儿墙顶面(如有混凝土压顶时算至压顶下表面)。

4)内、外山墙：按其平均高度计算。

(3)框架间墙：不分内外墙按墙体净尺寸以体积计算。

(4)围墙：高度算至压顶上表面(有混凝土压顶时算至压顶下表面)，围墙柱并入围墙体积内。

【例 4-26】 在例 4-25 中，门窗洞口尺寸及墙体埋件体积见表 4-17。试计算墙体的工程量。

【解】 (1)外墙墙体工程量计算。

外墙墙体工程量＝墙长×墙厚×墙高－应扣除的体积＋应增加的体积

　　　　　　　＝墙长×墙厚×墙高－门窗洞口及埋件所占的体积

　　　　　　　＝30.5×0.365×3－(1.2×2.1＋1.5×1.5×3)×0.365－0.51－2.23

　　　　　　　＝33.40－3.38－0.51－2.23＝27.28(m^3)

(2)内墙墙体工程量计算。

内墙墙体工程量＝墙长×墙厚×墙高－应扣除的体积＋应增加的体积

　　　　　　　＝墙长×墙厚×墙高－门窗洞口及埋件所占体积

　　　　　　　＝6.36×0.24×3－1×2.1×0.24－0.06－0.31

　　　　　　　＝4.58－0.50－0.06－0.31＝3.71(m^3)

【例 4-27】 计算图 4-24 所示的墙体工程量。

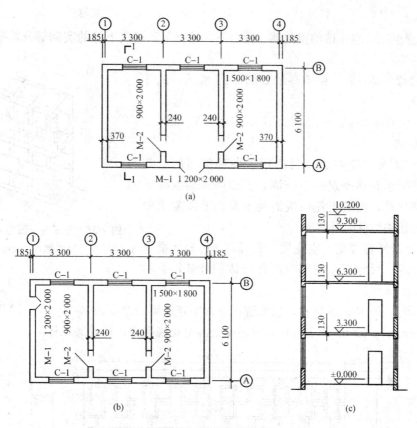

图 4-24　某工程示意(尺寸单位：mm)

(a)一层平面图；(b)二、三层平面图；(c)1—1 剖面图

【解】　外墙中心线长 $L_外$＝(3.3×3＋6.1)×2＝32(m)

内墙净长度 $L_内$＝(6.1－0.185×2)×2＝11.46(m)

外墙面积 $S_{外墙}$＝32×10.2－门窗面积

　　　　＝32×10.2－1.5×1.8×17(C—1)－1.2×2.0×3(M—1)＝273.3(m²)

内墙面积 $S_{内墙}$＝11.46×9.3－门窗面积＝11.46×9.3－0.9×2×6＝95.78(m²)

外墙体积 $V_外$＝273.3×0.37－门窗过梁体积

　　　　＝273.3×0.37－(1.5＋0.25×2)×0.37×0.12×17－(1.2＋0.25×2)×

　　　　0.37×0.12×3(过梁厚度按 120 mm 计算)＝99.38(m³)

内墙体积 $V_内$＝95.78×0.24－门窗过梁体积

　　　　＝95.78×0.24－(0.9＋0.25×2)×0.12×0.24×6＝22.75(m³)

4. 空斗墙

(1)适用对象。一般用标砖砌筑，使墙体内形成许多空腔的墙体，民居中常采用，墙厚一般为 240 mm，采取无眠空斗、一眠一斗、一眠三斗等砌筑方法。空斗墙项目适用于各种砌法的空斗墙。

(2)工程量计算规则。空斗墙工程量按设计图示尺寸以空斗墙的外形体积计算，计量单位为 m³。墙角、内外墙交接处、门窗洞口立边、窗台砖、屋檐处的实砌部分的体积并入空斗墙体积内。

（3）注意事项。空斗墙的窗间墙、窗台下、楼板下、梁头下等的实砌部分，按零星砌砖项目编码列项。

【例4-28】 某三斗一眠空斗墙如图4-25所示，试计算其工程量。

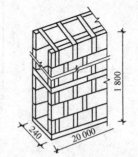

图4-25　某三斗一眠空斗墙示意
（尺寸单位：mm）

【解】 空斗墙工程量＝0.24×20.00×1.80＝8.64(m³)

5. 空花墙

（1）适用对象。空花墙项目适用于各种类型的空花墙。使用混凝土花格砌筑的空花墙，实砌墙体与混凝土花格应分别计算，混凝土花格按混凝土及钢筋混凝土中预制构件的相关项目编码列项。

（2）工程量计算规则。空花墙工程量以m³为计量单位，按设计图示尺寸以空花部分的外形体积计算，不扣除空洞部分的体积。

【例4-29】 如图4-26所示，已知混凝土漏空花格墙的厚度为120 mm，用M2.5水泥砂浆砌筑300 mm×300 mm×120 mm的混凝土漏空花格砌块，计算其工程量。

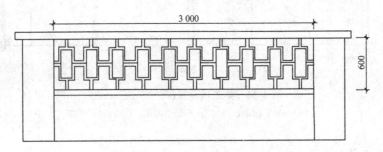

图4-26　花格墙（尺寸单位：mm）

【解】 空花墙的工程量＝0.6×3.0×0.12＝0.216(m³)

6. 填充墙

填充墙一般是指框架结构中先浇筑柱、梁、板，后砌的墙体。填充墙工程量按设计图示尺寸以填充墙外形体积计算，计量单位为m³。

7. 实心砖柱、多孔砖柱

（1）适用对象。实心砖柱是由烧结普通砖与砂浆砌成，适用于各种类型的矩形柱、异形柱、圆柱、包柱等。多孔砖柱是指以黏土、页岩、粉煤灰为主要原料，经成型、焙烧而成，孔洞率不小于30%，圆孔或非圆孔，孔的尺寸小而数量多，具有长方形或圆形孔的承重烧结多孔砖，绝不等同于只在砖上开些洞。

（2）工程量计算规则。实心砖柱、多孔砖柱工程量按设计图示尺寸以体积计算，计量单位为m³。扣除混凝土及钢筋混凝土梁垫、梁头、板头所占的体积。

【例4-30】 试计算图4-27所示砖柱的工程量。

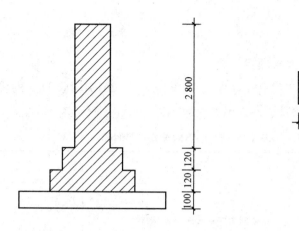

图 4-27 砖柱示意(尺寸单位：mm)

【解】 砖柱工程量＝0.3×0.3×2.8＝0.252(m³)

8. **砖检查井**

(1)适用对象。砖检查井，又称窖井，是指为地下基础设施(如供电、给水、排水、通信、有线电视、煤气管道、路灯线路等)的维修、安装方便而设置的各类检查井，阀门井，碰头井，排气井，观察井，消防井和用于清掏、清淤、维修的各类作业井。其功能是方便设备检查、维修、安装。砖砌检查井可分为砖砌矩形检查井和砖砌圆形检查井两种。

(2)工程量计算规则。砖检查井工程量按设计图示数量计算，以座为计量单位。

(3)注意事项。砖检查井内的爬梯按本章第四节中的相关项目编码列项；砖检查井内的混凝土构件按本章第四节中混凝土及钢筋混凝土的预制构件编码列项。

9. **零星砌砖**

(1)适用对象。零星砌砖是指体积较小的砌筑，一般包括砖砌、小便池槽、明沟、暗沟、地板墩、垃圾箱、台阶挡墙、花台、花池等。

(2)工程量计算规则。零星砌砖工程量按设计图示尺寸截面面积乘以长度以体积计算，计量单位为 m³；或按设计图示尺寸水平投影面积计算，计量单位为 m²；或按设计图示尺寸长度计算，计量单位为 m；或按设计图示数量计算，计量单位为个。

(3)注意事项。框架外表面的镶贴砖部分，按零星项目编码列项。台阶、台阶挡墙、梯带、锅台、炉灶、蹲台、池槽、池槽腿、砖胎模、花台、花池、楼梯栏板、阳台栏板、地垄墙、截面面积小于 0.3 m² 的孔洞填塞等，应按零星砌砖项目编码列项。砖砌锅台与炉灶可按外形尺寸以个计算，砖砌台阶可按水平投影面积以 m² 计算，小便槽、地垄墙可按长度计算，其他工程以体积计算。

10. **砖散水、地坪**

砖散水、地坪工程量按设计图示尺寸以面积计算，计量单位为 m²。

11. **砖地沟、明沟**

砖地沟、明沟工程量以 m 为计量单位，按设计图示以中心线长度计算。

二、砌块砌体

(一)砌块砌体工程量清单项目设置

《房屋建筑与装饰工程工程量计算规范》(GB 50854—2013)附录 D.2 砌块砌体共 2 个清单项目。各清单项目设置的具体内容见表 4-18。

表 4-18　砌块砌体(编码：010402)

项目编码	项目名称	项目特征	工作内容
.010402001	砌块墙	1. 砌块品种、规格、强度等级 2. 墙体类型 3. 砂浆强度等级	1. 砂浆制作、运输 2. 砌砖、砌块 3. 勾缝 4. 材料运输
010402002	砌块柱		

(二)砌块砌体工程量计算

1. 砌块墙

(1)适用对象。砌块是指一种新型的墙体材料，一般利用地方资源或工业废渣制作。砌块墙适用于由各种规格的砌块砌筑的各种类型的墙体。

(2)工程量计算规则。砌块墙工程量按设计图示尺寸以体积计算，计量单位为 m³。扣除门窗、洞口、嵌入墙内的钢筋混凝土柱、梁、圈梁、挑梁、过梁及凹进墙内的壁龛、管槽、暖气槽、消火栓箱所占的体积。不扣除梁头、板头、檩头、垫木、木楞头、沿椽木、木砖、门窗走头、砌块墙内加固钢筋、木筋、铁件、钢管及单个面积不大于 0.3 m² 的孔洞所占的体积。凸出墙面的腰线、挑檐、压顶、窗台线、虎头砖、门窗套的体积亦不增加。凸出墙面的砖垛并入墙体体积内计算。

1)墙长度：外墙按中心线，内墙按净长计算。

2)墙高度。

①外墙：斜(坡)屋面无檐口天棚者算至屋面板底；有屋架且室内外均有天棚者算至屋架下弦底另加 200 mm；无天棚者算至屋架下弦底另加 300 mm，出檐宽度超过 600 mm 时按实砌高度计算；与钢筋混凝土楼板隔层者算至板顶；平屋面算至钢筋混凝土板底。

②内墙：位于屋架下弦者，算至屋架下弦底；无屋架者算至天棚底另加 100 mm；有钢筋混凝土楼板隔层者算至楼板顶；有框架梁时算至梁底。

③女儿墙：从屋面板上表面算至女儿墙顶面(有混凝土压顶时算至压顶下表面)。

④内、外山墙：按其平均高度计算。

3)框架间墙：不分内外墙，按墙体净尺寸以体积计算。

4)围墙：高度算至压顶上表面(有混凝土压顶时算至压顶下表面)，围墙柱并入围墙体积内。

【例 4-31】　图 4-28 所示为砌块墙，已知外墙厚为 250 mm，内墙厚为 200 mm，墙高为 3.6 m，门窗及过梁尺寸见表 4-19，试计算砌块墙工程量。

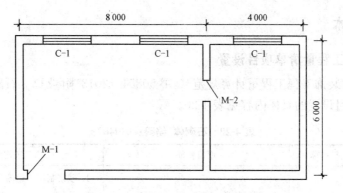

图 4-28　砌块墙示意(尺寸单位：mm)

表 4-19　门窗及过梁尺寸

门窗编号	尺寸/(mm×mm)	过梁编号	尺寸/(mm×mm×mm)
M—1	1 200×2 400	MGL—1	1 700×120×250
M—2	1 000×2 400	MGL—2	1 500×120×250
C—1	1 800×2 100	CGL—1	2 300×120×250

【解】　外墙长度 $L_{外}$＝(6.0＋8.0＋4.0)×2＝36(m)

内墙长度 $L_{内}$＝6.0－0.25＝5.75(m)

外墙工程量＝(36×3.6－1.8×2.1×3－1.2×2.4－1.0×2.4－1.7×0.12－1.5×0.12－

2.3×0.12×3)×0.25＝27.94(m³)

内墙工程量＝(5.75×3.6－1.2×2.4－1.5×0.12)×0.2＝3.53(m³)

砌块墙工程量＝27.94＋3.53＝31.47(m³)

2. 砌块柱

(1)适用对象。砌块柱适用于各种类型柱(矩形柱、方柱、异形柱、圆柱、包柱等)。

(2)工程量计算规则。砌块柱工程量按设计图示尺寸以体积计算，计量单位为 m³。扣除混凝土及钢筋混凝土梁垫、梁头、板头所占的体积。

【例 4-32】　图 4-29 所示的砌块柱共 20 个，试计算其工程量。

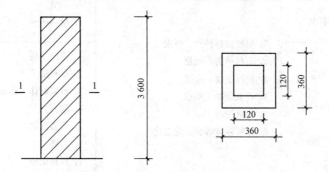

图 4-29　砌块柱(尺寸单位：mm)

【解】　砌块柱工程量＝(0.36×0.36－0.12×0.12)×3.6×20＝8.29(m³)

三、石砌体

(一)石砌体工程量清单项目设置

《房屋建筑与装饰工程工程量计算规范》(GB 50854—2013)附录 D.3 石砌体共 10 个清单项目。各清单项目设置的具体内容见表 4-20。

表 4-20　石砌体(编码：010403)

项目编码	项目名称	项目特征	工作内容
010403001	石基础	1. 石料种类、规格 2. 基础类型 3. 砂浆强度等级	1. 砂浆制作、运输 2. 吊装 3. 砌石 4. 防潮层铺设 5. 材料运输
010403002	石勒脚		1. 砂浆制作、运输 2. 吊装 3. 砌石 4. 石表面加工 5. 勾缝 6. 材料运输
010403003	石墙		
010403004	石挡土墙	1. 石料种类、规格 2. 石表面加工要求 3. 勾缝要求 4. 砂浆强度等级、配合比	1. 砂浆制作、运输 2. 吊装 3. 砌石 4. 变形缝、泄水孔、压顶抹灰 5. 滤水层 6. 勾缝 7. 材料运输
010403005	石柱		1. 砂浆制作、运输 2. 吊装 3. 砌石 4. 石表面加工 5. 勾缝 6. 材料运输
010403006	石栏杆		
010403007	石护坡		
010403008	石台阶	1. 垫层材料种类、厚度 2. 石料种类、规格 3. 护坡厚度、高度 4. 石表面加工要求 5. 勾缝要求 6. 砂浆强度等级、配合比	1. 铺设垫层 2. 石料加工 3. 砂浆制作、运输 4. 砌石 5. 石表面加工 6. 勾缝 7. 材料运输
010403009	石坡道		

项目编码	项目名称	项目特征	工作内容
010403010	石地沟、明沟	1. 沟截面尺寸 2. 土壤类别、运距 3. 垫层材料种类、厚度 4. 石料种类、规格 5. 石表面加工要求 6. 勾缝要求 7. 砂浆强度等级、配合比	1. 土方挖、运 2. 砂浆制作、运输 3. 铺设垫层 4. 砌石 5. 石表面加工 6. 勾缝 7. 回填 8. 材料运输

(二)石砌体工程量计算

1. 石基础

(1)适用对象。石基础项目适用于各种规格(粗料石、细料石等)、各种材质(砂石、青石等)和各种类型(柱基、墙基、直形、弧形等)的基础。

(2)工程量计算规则。石基础工程量按设计图示尺寸以体积计算,以 m³ 为计量单位。其包括附墙垛基础宽出部分的体积,不扣除基础砂浆防潮层及单个面积不大于 0.3 m² 的孔洞所占的体积,靠墙暖气沟的挑檐不增加体积。墙长度:外墙按中心线,内墙按净长计算。

【例 4-33】 计算图 4-30 所示毛石基础的工程量。

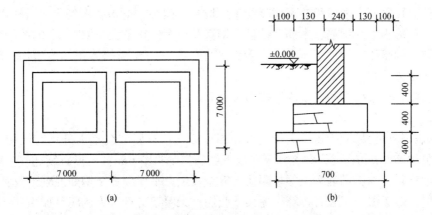

图 4-30 毛石基础示意(尺寸单位:mm)

(a)基础平面示意;(b)毛石基础剖面示意

【解】 毛石基础工程量＝(0.7×0.4＋0.5×0.4)×[(14＋7)×2＋7−0.24]
＝23.40(m³)

2. 石勒脚

(1)适用对象。石勒脚项目适用于各种规格(粗料石、细料石等)、各种材质(砂石、青石、大理石、花岗石等)和各种类型(直形、弧形等)的勒脚和墙体。

(2)工程量计算规则。石勒脚工程量按设计图示尺寸以体积计算,计量单位为 m³,扣除单个面积大于 0.3 m² 的孔洞所占的体积。

【例4-34】 计算图4-31所示石勒脚的工程量。

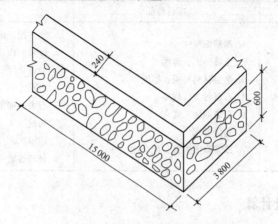

图4-31 石勒脚(尺寸单位:mm)

【解】 石勒脚工程量$=(15+3.8)\times0.6\times0.24=2.71(\text{m}^3)$

3. 石墙

(1)适用对象。石墙项目适用于各种规格(粗料石、细料石等)、各种材质(砂石、青石、大理石、花岗石等)和各种类型(直形、弧形等)的勒脚和墙体。

(2)工程量计算规则。石墙工程量按设计图示尺寸以体积计算,计量单位为m³。扣除门窗、洞口、嵌入墙内的钢筋混凝土柱、梁、圈梁、挑梁、过梁及凹进墙内的壁龛、管槽、暖气槽、消火栓箱所占的体积。不扣除梁头、板头、檩头、垫木、木楞头、沿椽木、木砖、门窗走头、石墙内加固钢筋、木筋、铁件、钢管及单个面积不大于0.3 m²的孔洞所占的体积。凸出墙面的腰线、挑檐、压顶、窗台线、虎头砖、门窗套的体积亦不增加。凸出墙面的砖垛并入墙体体积内计算。

1)墙长度:外墙按中心线,内墙按净长计算。

2)墙高度:

①外墙:斜(坡)屋面无檐口天棚者算至屋面板底;有屋架且室内外均有天棚者算至屋架下弦底另加200 mm;无天棚者算至屋架下弦底另加300 mm,出檐宽度超过600 mm时按实砌高度计算;与钢筋混凝土楼板隔层者算至板顶;平屋面算至钢筋混凝土板底。

②内墙:位于屋架下弦者,算至屋架下弦底;无屋架者算至天棚底另加100 mm;有钢筋混凝土楼板隔层者算至楼板顶;有框架梁时算至梁底。

③女儿墙:从屋面板上表面算至女儿墙顶面(如有混凝土压顶时算至压顶下表面)。

④内、外山墙:按其平均高度计算。

3)围墙:高度算至压顶上表面(如有混凝土压顶时算至压顶下表面),围墙柱并入围墙体积内。

【例4-35】 试根据图4-32所示尺寸计算石墙的工程量(已知墙高为3.3 m)。

【解】 外墙长度$L_{外}=(3.9+6.9+6.3+4.5+8.1)\times2=59.4(\text{m})$

内墙长度$L_{内}=(6.0+4.8-0.24)+(6.3-0.24)+(8.1-0.24)+(4.5+2.4-0.24)$
$=31.14(\text{m})$

外墙工程量$=(59.4\times3.3-1.0\times2.4-1.8\times1.5\times2)\times0.24=45.17(\text{m}^3)$

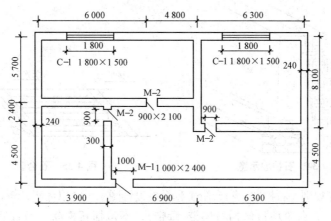

图 4-32 石墙示意(尺寸单位:mm)

内墙工程量＝(31.14×3.3-0.9×2.1×3)×0.24＝23.30(m³)

4. 石挡土墙、石柱

(1)适用对象。石挡土墙项目适用于各种规格(粗料石、细料石、块石、毛石、卵石等)、各种材质(砂石、青石、石灰石等)和各种类型(直形、弧形、台阶形等)的挡土墙。石柱项目适用于各种规格、各种石质、各种类型的石柱。

(2)工程量计算规则。石挡土墙、石柱工程量按设计图示尺寸以体积计算,计量单位为 m³。

【例 4-36】 如图 4-33 所示,某挡土墙工程用 M2.5 混合砂浆砌筑毛石,原浆勾缝,长度为 200 m,计算石挡土墙工程量。

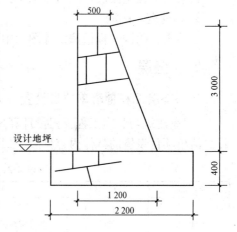

图 4-33 某挡土墙工程(尺寸单位:mm)

【解】 石挡土墙的工程量＝(0.5＋1.2)×3÷2×200＝510.00(m³)

5. 石栏杆

(1)适用对象。石栏杆项目适用于无雕饰的一般石栏杆。

(2)工程量计算规则。石栏杆工程量按设计图示以长度计算,计量单位为 m。

6. 石护坡、石台阶

(1)适用对象。石护坡是指为了防止边坡受冲刷,在坡面上所做的各种铺砌和栽植的统称,如图 4-34 所示。石护坡项目适用于各种石质和各种石料(粗料石、细料石、片石、块石、毛石、卵石等)。

石台阶是指用砖、石、混凝土等筑成的一级一级供人上下的建筑物,如图 4-35 所示。石梯带是指在石梯(台阶)的两侧(或一侧),与石梯斜度完全一致的石梯封头的条石。石梯膀是指在石梯(台阶)的两侧面形成的两直角三角形部分。

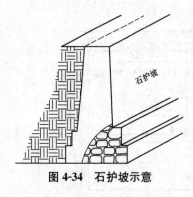

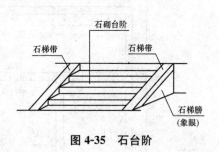

图 4-34　石护坡示意　　　　　　　图 4-35　石台阶

（2）工程量计算规则。石护坡、石台阶工程量按设计图示尺寸以体积计算，计量单位为 m³。

（3）注意事项。石台阶项目包括石梯带（垂带），不包括石梯膀，石梯膀应按石挡土墙项目编码列项。

7. 石坡道

石坡道工程量按设计图示以水平投影面积计算，计量单位为 m²。

8. 石地沟、明沟

石地沟、明沟工程量按设计图示中心线长度计算，计量单位为 m。

四、垫层

(一)垫层工程量清单项目设置

《房屋建筑与装饰工程工程量计算规范》(GB 50854—2013)附录 D.4 垫层共 1 个清单项目。清单项目设置的具体内容见表 4-21。

表 4-21　垫层（编码：010404）

项目编码	项目名称	项目特征	工作内容
010404001	垫层	垫层材料种类、配合比、厚度	1. 垫层材料的拌制 2. 垫层铺设 3. 材料运输

(二)垫层工程量计算

垫层是指除混凝土垫层外的其他类型垫层。垫层工程量按设计图示尺寸以 m³ 计算。

第四节　混凝土及钢筋混凝土工程

一、现浇混凝土工程

(一)现浇混凝土基础

1. 现浇混凝土基础工程量清单项目设置

《房屋建筑与装饰工程工程量计算规范》(GB 50854—2013)附录 E.1 现浇混凝土基础共

6 个清单项目。各清单项目设置的具体内容见表 4-22。

表 4-22 现浇混凝土基础(编码：010501)

项目编码	项目名称	项目特征	工作内容
010501001	垫层	1. 混凝土种类 2. 混凝土强度等级	1. 模板及支撑制作、安装、拆除、堆放、运输及清理模内杂物、刷隔离剂等 2. 混凝土制作、运输、浇筑、振捣、养护
010501002	带形基础		
010501003	独立基础		
010501004	满堂基础		
010501005	桩承台基础		
010501006	设备基础	1. 混凝土种类 2. 混凝土强度等级 3. 灌浆材料及其强度等级	

2. 现浇混凝土基础工程量计算

(1)适用范围。现浇混凝土基础包括垫层、带形基础、独立基础、满堂基础、桩承台基础及设备基础。其中：

1)带形基础项目适用于各种带形基础，墙下的板式基础包括浇筑在一字排桩上面的带形基础；有肋带形基础、无肋带形基础应分别编码列项，并注明肋高。

2)独立基础项目适用于块体柱基、杯基、无筋倒圆台基础、壳体基础、电梯井基础等。

3)满堂基础项目适用于地下室的箱式基础、筏片基础等；箱式满堂基础可按满堂基础、现浇柱、梁、墙、板分别编码列项，也可利用满堂基础中的第五级编码分别列项，如无梁式满堂基础(编码 010501004001)、箱式满堂基础柱(编码 010501004002)、箱式满堂基础梁(编码 010501004003)、箱式满堂基础墙(编码 010501004004)和箱式满堂基础板(编码 010501004005)。

4)设备基础项目适用于设备的块体基础、框架式基础等；桩承台基础项目适用于浇筑在组桩(如梅花桩)上的承台。

(2)工程量计算规则。现浇混凝土基础工程量以 m³ 为计量单位，按设计图示尺寸以体积计算，不扣除伸入承台基础的桩头所占的体积。

(3)注意事项。

1)带形基础。带形基础可分为有肋带形基础[肋高宽之比(即 $H:b$)在 4∶1 以内]和无肋带形基础(肋高宽之比超过 4∶1)(图 4-36)。其中外墙长度按中心线尺寸，内墙长度按内墙净长度计算。

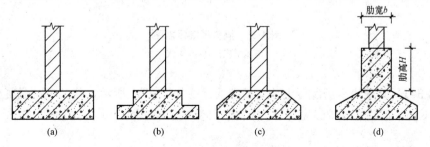

图 4-36 带形基础断面图

(a)矩形无肋带形基础；(b)阶梯形无肋带形基础；(c)梯形无肋带形基础；(d)有肋带形基础

2)独立基础。独立基础有阶台形、锥台形、杯形等。其柱与柱基的划分，以柱基础的扩大顶面为分界，如图 4-37 所示，其工程量按图示尺寸以 m³ 计算。

图 4-37　独立基础示意

(a)阶台形独立基础；(b)锥台形独立基础；(c)杯形基础

3)满堂基础。满堂基础按其形式不同可分为无梁式和有梁式两种。箱形满堂基础工程量应分解计算，底板按无梁满堂基础计算；顶板按现浇板计算；内外纵横墙体或柱分别按墙体或柱计算。

①无梁式满堂基础也称板式基础[图 4-38(a)]，其体积由底板体积和柱墩体积两部分组成。其工程量计算公式如下：

$$V = 底板长 \times 宽 \times 板厚 + 柱墩体积 \times 柱墩个数$$

②有梁式满堂基础也称筏板基础[图 4-38(b)]，其体积包括底板及与底板连在一起的梁的体积。其工程量计算公式如下：

$$V = 底板长 \times 宽 \times 板厚 + \sum (梁断面面积 \times 梁长)$$

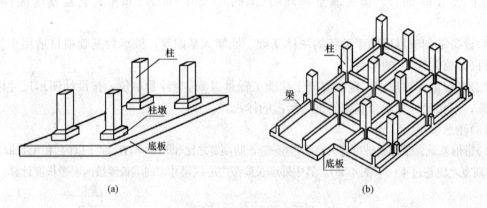

图 4-38　满堂基础示意图

(a)无梁式；(b)有梁式

【例 4-37】　某现浇钢筋混凝土独立基础的尺寸如图 4-39 所示，共 3 个。混凝土垫层强度等级为 C15，混凝土基础强度等级为 C20。计算现浇钢筋混凝土独立基础和混凝土垫层的工程量。

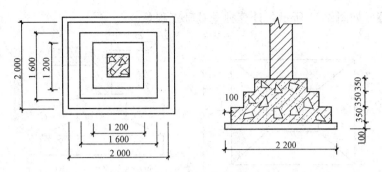

图 4-39 某现浇钢筋混凝土独立基础(尺寸单位: mm)

【解】 现浇钢筋混凝土独立基础工程量=(2×2+1.6×1.6+1.2×1.2)×0.35×3
=8.4(m³)

混凝土垫层工程量=2.2×2.2×0.10×3=1.45(m³)

【例 4-38】 计算图 4-40 所示的现浇钢筋混凝土条形基础的混凝土工程量。

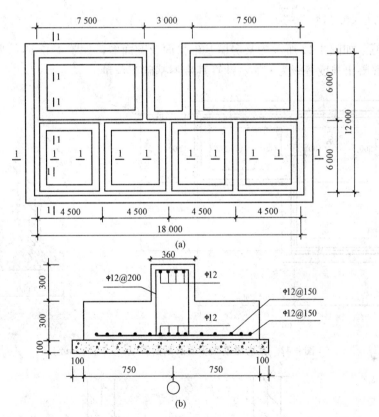

图 4-40 现浇钢筋混凝土条形基础示意(尺寸单位: mm)

(a)条形基础平面图;(b)1—1剖面图

【解】 混凝土工程量=(0.75×2×0.3+0.36×0.3)×[(18+12×2+7.5×2+6.0×2+
3.0)+(6.0-0.24)×3+(7.5-0.24)×2]=57.92(m³)

【例 4-39】 如图 4-41 所示，计算独立基础工程量。

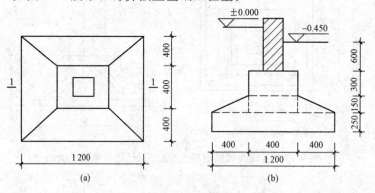

图 4-41 独立基础(尺寸单位：mm)

(a)平面图；(b)1—1 剖面图

【解】 独立基础工程量：

$$V = 1.2 \times 1.2 \times 0.25 + \frac{0.15}{6} \times [0.4^2 + (0.4+1.2)^2 + 1.2^2] + 0.4 \times 0.4 \times 0.3 = 0.512(\text{m}^3)$$

【例 4-40】 如图 4-42 所示为某房屋基础平面及剖面图，如图 4-43 所示为内、外墙基础交接示意，混凝土强度等级为 C20。计算其带形基础工程量。

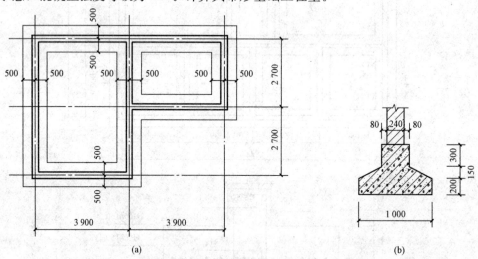

图 4-42 某房屋基础平面及剖面图(尺寸单位：mm)

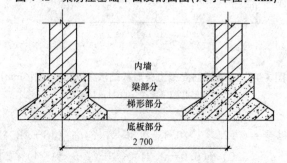

图 4-43 内、外墙基础交接示意(尺寸单位：mm)

【解】 基础工程量＝基础断面面积×基础长度

外墙下基础工程量$=[(0.08\times2+0.24)\times0.3+\dfrac{0.08\times2+0.24+1}{2}\times0.15+1\times0.2]\times$

$$(3.9\times2+2.7\times2)\times2$$

$$=11.22(\text{m}^3)$$

梁间净长$=2.7-(0.12+0.08)\times2=2.3(\text{m})$

斜坡中心线长$=2.7-\left(0.2+\dfrac{0.3}{2}\right)\times2=2.0(\text{m})$

基底净长$=2.7-0.5\times2=1.7(\text{m})$

内墙下基础工程量$=\sum($内墙下基础各部分断面面积×相应计算长度$)$

$$=(0.08\times2+0.24)\times0.3\times2.3+\dfrac{0.08\times2+0.24+1}{2}\times0.15\times2.0+1\times0.2\times1.7$$

$$=0.83(\text{m}^3)$$

基础工程量＝外墙下基础工程量＋内墙下基础工程量

$$=11.22+0.83=12.05(\text{m}^3)$$

(二)现浇混凝土柱

1. 现浇混凝土柱工程量清单项目设置

《房屋建筑与装饰工程工程量计算规范》(GB 50854—2013)附录 E.2 现浇混凝土柱共 3 个清单项目。各清单项目设置的具体内容见表 4-23。

表 4-23　现浇混凝土柱(编码：010502)

项目编码	项目名称	项目特征	工作内容
010502001	矩形柱	1. 混凝土种类 2. 混凝土强度等级	1. 模板及支架(撑)制作、安装、拆除、堆放、运输及清理模内杂物、刷隔离剂等 2. 混凝土制作、运输、浇筑、振捣、养护
010502002	构造柱		
010502003	异形柱	1. 柱形状 2. 混凝土种类 3. 混凝土强度等级	

2. 现浇混凝土柱工程量计算

现浇混凝土柱包括矩形柱、构造柱、异形柱，其工程量按图示尺寸以体积计算，计量单位为 m³。

柱高应按下列要求确定：

(1)有梁板柱高，应自柱基上表面(或楼板上表面)至上一层楼板上表面之间的高度计算。

(2)无梁板柱高，应自柱基上表面(或楼板上表面)至柱帽下表面之间的高度计算。

(3)框架柱高，应自柱基上表面至柱顶高度计算。

(4)砌体结构墙体中的构造柱由于其根部一般锚固在地圈梁内，其柱高按全高计算，即柱基上表面至柱顶高度，与墙体嵌接部分(马牙槎)的体积并入柱身体积计算。

(5)依附柱上的牛腿和升板的柱帽，并入柱身体积计算。

【例 4-41】 试计算图 4-44 所示的 I 形异形柱的混凝土工程量。

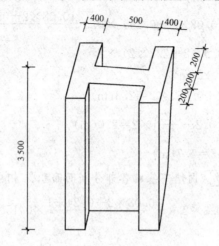

图 4-44 I 形异型柱示意(尺寸单位:mm)

【解】 工形异形柱的混凝土工程量=(0.6×1.3−0.2×0.5×2)×3.5=2.03(m³)

【例 4-42】 图 4-45 所示为某房屋所设构造柱的位置。已知该房屋 2 层板面至 3 层板面高为 3.0 m,圈梁高为 300 mm,圈梁与板平齐,墙厚为 240 mm,构造柱混凝土强度等级为 C20,尺寸为 240 mm×240 mm,试计算标准层构造柱的清单工程量。

【解】 (1)图 4-45 所示的虚线表示构造柱与墙连接,砖墙砌筑为马牙槎,其计算尺寸如图 4-46 所示,这就使构造柱的断面尺寸发生了变化。为了简化工程量的计算过程,构造柱的断面计算尺寸取至马牙栏的中心线,即图 4-45 所示的虚线位置,则构造柱断面面积=构造柱的矩形断面面积+马牙槎面积构造柱工程量=构造柱断面面积×构造柱高。

(2)构造柱的计算高度取全高,即层高。马牙槎只留设至圈梁底,故马牙槎的计算高度取至圈梁底。

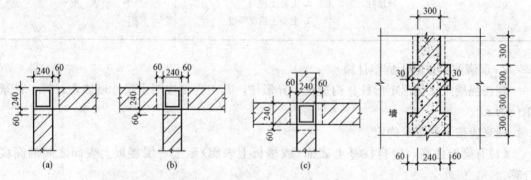

图 4-45 构造柱设置示意(尺寸单位:mm)
(a)转角处;(b)T 形接头处;(c)十字形接头处

图 4-46 构造柱计算尺寸示意
(尺寸单位:mm)

(3)工程量计算。

如图 4-45(a)所示,得 $0.24×0.24×3+\frac{1}{2}×0.06×0.24×2×(3−0.3)=0.21(m³)$

如图 4-45(b)所示，得 $0.24 \times 0.24 \times 3 + \dfrac{1}{2} \times 0.06 \times 0.24 \times 3 \times (3-0.3) = 0.23 (\mathrm{m}^3)$

如图 4-45(c)所示，得 $0.24 \times 0.24 \times 3 + \dfrac{1}{2} \times 0.06 \times 0.24 \times 4 \times (3-0.3) = 0.25 (\mathrm{m}^3)$

构造柱工程量 $= 0.21 + 0.23 + 0.25 = 0.69 (\mathrm{m}^3)$

(三)现浇混凝土梁

1. 现浇混凝土梁工程量清单项目设置

《房屋建筑与装饰工程工程量计算规范》(GB 50854—2013)附录 E.3 现浇混凝土梁共 6 个清单项目。各清单项目设置的具体内容见表 4-24。

表 4-24　现浇混凝土梁(编码：010503)

项目编码	项目名称	项目特征	工作内容
010503001	基础梁	1. 混凝土种类 2. 混凝土强度等级	1. 模板及支架(撑)制作、安装、拆除、堆放、运输及清理模内杂物、刷隔离剂等 2. 混凝土制作、运输、浇筑、振捣、养护
010503002	矩形梁		
010503003	异形梁		
010503004	圈梁		
010503005	过梁		
010503006	弧形、拱形梁		

2. 现浇混凝土梁工程量计算

现浇混凝土梁按外观形式和受力特点及所在位置分为基础梁、矩形梁、异形梁、圈梁、过梁、弧形梁、拱形梁。其工程量以 m^3 为计量单位，按设计图示尺寸以体积计算，伸入墙内的梁头、梁垫并入梁体积内，即

$$V = 梁长 \times 梁断面面积$$

梁长按下列规定确定：

(1)梁与柱连接时，梁长算至柱侧面；主梁与次梁连接时，次梁长度算至主梁侧面(图 4-47)。

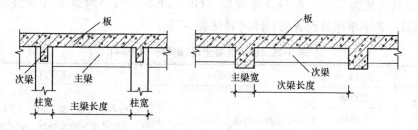

图 4-47　梁长计算示意

(2)对于为增加房屋整体的稳固性，沿内、外墙同一水平面浇筑的连续封闭的圈梁，可按设置部分不同分为基础圈梁和楼层圈梁。内外墙都设置的圈梁，其长度为外墙圈梁长(即外墙中心线长度 $L_{中}$)和内墙圈梁长(即内墙净长度 $L_{内}$)之和。

(3)对于门窗洞口上方的过梁,其长度则按设计规定计算,设计无规定时,按门窗洞口宽度,两端各加 250 mm 计算(图 4-48)。

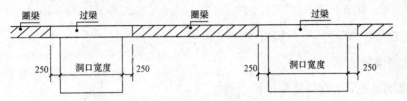

图 4-48　圈梁与过梁连接示意(尺寸单位:mm)

【例 4-43】　某工程圈梁平面布置图如图 4-49 所示,截面尺寸均为 240 mm×240 mm,试计算该工程圈梁的混凝土工程量。

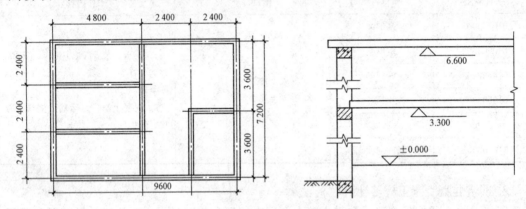

图 4-49　某工程圈梁平面布置图(尺寸单位:mm)

【解】　混凝土圈梁工程量＝[9.6×2＋7.2×2＋(4.8－0.24)×2＋(7.2－0.24)＋(3.6－0.24)＋(2.4－0.24)]×0.24^2×3＝9.54(m^3)

(四)现浇混凝土墙

1. 现浇混凝土墙工程量清单项目设置

《房屋建筑与装饰工程工程量计算规范》(GB 50854—2013)附录 E.4 现浇混凝土墙共4 个清单项目。各清单项目设置的具体内容见表 4-25。

表 4-25　现浇混凝土墙(编码:010504)

项目编码	项目名称	项目特征	工作内容
010504001	直形墙	1. 混凝土种类 2. 混凝土强度等级	1. 模板及支架(撑)制作、安装、拆除、堆放、运输及清理模内杂物、刷隔离剂等 2. 混凝土制作、运输、浇筑、振捣、养护
010504002	弧形墙		
010504003	短肢剪力墙		
010504004	挡土墙		

2. 现浇混凝土墙工程量计算

现浇混凝土墙包括直形墙、弧形墙、短肢剪力墙(截面厚度不大于 300 mm,各肢截面高度与厚度之比的最大值大于 4 且不大于 8 的剪力墙)、挡土墙。其工程量以 m^3 为计量单位，按设计图示尺寸以体积计算，扣除门窗洞口及单个面积大于 0.3 m² 的孔洞所占的体积，墙垛及凸出墙面部分并入墙体体积内计算。

【例 4-44】 如图 4-50 所示，某现浇钢筋混凝土直形墙墙高为 32.5 m，墙厚为 0.3 m，门为 900 mm× 2 100 mm。计算现浇钢筋混凝土直形墙工程量。

【解】 现浇钢筋混凝土直形墙工程量＝32.5×8.0× 0.3－0.9×2.1×2×0.3＝76.87(m³)

(五)现浇混凝土板

1. 现浇混凝土板工程量清单项目设置

《房屋建筑与装饰工程工程量计算规范》(GB 50854— 2013)附录 E.5 现浇混凝土板共 10 个清单项目。各清单项目设置的具体内容见表 4-26。

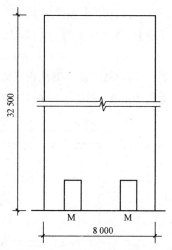

图 4-50　某现浇钢筋混凝土直形墙示意(尺寸单位：mm)

表 4-26　现浇混凝土板(编码：010505)

项目编码	项目名称	项目特征	工作内容
010505001	有梁板	1. 混凝土种类 2. 混凝土强度等级	1. 模板及支架(撑)制作、安装、拆除、堆放、运输及清理模内杂物、刷隔离剂等 2. 混凝土制作、运输、浇筑、振捣、养护
010505002	无梁板		
010505003	平板		
010505004	拱板		
010505005	薄壳板		
010505006	栏板		
010505007	天沟(檐沟)、挑檐板		
010505008	雨篷、悬挑板、阳台板		
010505009	空心板		
010505010	其他板		

2. 现浇混凝土板工程量计算

(1)有梁板、无梁板、平板、拱板、薄壳板、栏板工程量以 m³ 为计量单位，按设计图示尺寸以体积计算，不扣除单个面积≤0.3 m² 的柱、垛及孔洞所占的体积；对于压形钢板混凝土楼板，扣除构件内压形钢板所占的体积。

有梁板工程量按板与梁的体积之和计算；无梁板按板与柱帽体积之和计算；各类板伸入墙内的板头并入板体积内计算；薄壳板的肋、基梁并入薄壳体积内计算。

【例 4-45】 某工程结构平面图如图 4-51 所示，采用现浇混凝土平板，板厚为 90 mm，梁宽为

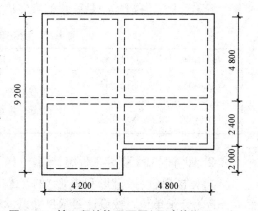

图 4-51　某工程结构平面图(尺寸单位：mm)

300 mm，试计算平板工程量。

【解】 平板工程量＝[(9.2＋0.3)×(4.2＋0.3)＋4.8×(2.4＋4.8＋0.3)]×0.09
＝7.09(m³)

(2)天沟(檐沟)、挑檐板工程量以 m³ 为计量单位，按设计图示尺寸以体积计算。

【例 4-46】 图 4-52 所示为现浇混凝土挑檐天沟，试计算其工程量。

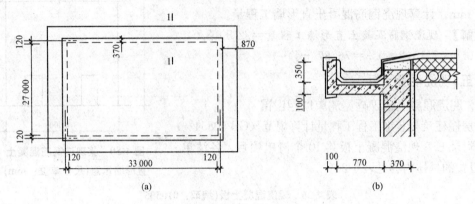

图 4-52 挑檐天沟示意(尺寸单位：mm)
(a)平面图；(b)1—1 剖面图

【解】 工程量＝(0.77＋0.1)×0.1×[(33.0＋0.12×2＋0.87)＋(27.0＋0.12×2＋
0.87)]×2＋0.35×0.1×[(33.0＋0.12×2＋0.87－0.1)＋(27.0＋
0.12×2＋0.87－0.1)]×2
＝15.17(m³)

(3)雨篷、悬挑板、阳台板工程量以 m³ 为计量单位，按设计图示尺寸以墙外部分体积计算，包括伸出墙外的牛腿和雨篷反挑檐的体积。

(4)空心板工程量以 m³ 为计量单位，按设计图示尺寸以体积计算，应扣除空心部分的体积。

(六)现浇混凝土楼梯

1. 现浇混凝土楼梯工程量清单项目设置

《房屋建筑与装饰工程工程量计算规范》(GB 50854—2013)附录 E.6 现浇混凝土楼梯共 2 个清单项目。各清单项目设置的具体内容见表 4-27。

表 4-27 现浇混凝土楼梯(编码：010506)

项目编码	项目名称	项目特征	工作内容
010506001	直形楼梯	1. 混凝土种类 2. 混凝土强度等级	1. 模板及支架(撑)制作、安装、拆除、堆放、运输及清理模内杂物、刷隔离剂等 2. 混凝土制作、运输、浇筑、振捣、养护
010506002	弧形楼梯		

2. 现浇混凝土楼梯工程量计算

整体楼梯(包括直形和弧形)的工程量以 m² 为计量单位，按水平投影面积计算；或以 m³ 为计量单位，按设计图示尺寸以体积计算。其中，水平投影面积包括楼梯间两端的休息平台、平台梁、斜梁和楼梯的连接梁，不扣除宽度小于等于 500 mm 的楼梯井，伸入墙内的板头、梁头不计算。当整体楼梯与现浇楼板无梯梁连接时，以楼梯的最后一个踏步边缘加 300 mm 为界。

现浇混凝土楼梯工程量的计算方法如下：

(1)有两道梯口梁[图 4-53(a)]时，按下式计算：

$$S=A\times B(当 C\leqslant 500 mm)$$

$$S=A\times B-a\times C(当 C>500 mm)$$

(2)仅有一道梯口梁[图 4-53(b)]时，按下式计算：

$$S=A\times B(当 C\leqslant 500 mm)$$

$$S=A\times B-a\times C(当 C>500 mm)$$

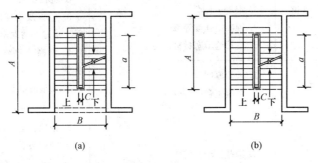

图 4-53 现浇混凝土楼梯平面图

(a)有两道梯口梁；(b)仅有一道梯口梁

【例 4-47】 某工程现浇钢筋混凝土楼梯如图 4-54 所示，包括休息平台和平台梁，试计算该楼梯工程量(建筑物 4 层，共 3 层楼梯)。

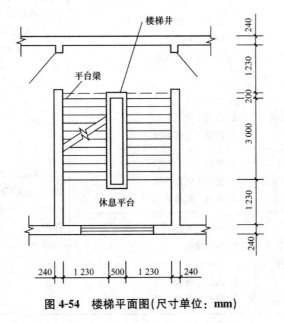

图 4-54 楼梯平面图(尺寸单位：mm)

【解】 楼梯工程量＝(1.23＋0.50＋1.23)×(1.23＋3.00＋0.20)×3＝39.34(m²)

(七)现浇混凝土其他构件

1. 现浇混凝土其他构件工程量清单项目设置

《房屋建筑与装饰工程工程量计算规范》(GB 50854—2013)附录 E.7 现浇混凝土其他构件共 7 个清单项目。各清单项目设置的具体内容见表 4-28。

表 4-28　现浇混凝土其他构件(编码：010507)

项目编码	项目名称	项目特征	工作内容
010507001	散水、坡道	1. 垫层材料种类、厚度 2. 面层厚度 3. 混凝土种类 4. 混凝土强度等级 5. 变形缝填塞材料种类	1. 地基夯实 2. 铺设垫层 3. 模板及支撑制作、安装、拆除、堆放、运输及清理模内杂物、刷隔离剂等 4. 混凝土制作、运输、浇筑、振捣、养护 5. 变形缝填塞
010507002	室外地坪	1. 地坪厚度 2. 混凝土强度等级	
010507003	电缆沟、地沟	1. 土壤类别 2. 沟截面净空尺寸 3. 垫层材料种类、厚度 4. 混凝土种类 5. 混凝土强度等级 6. 防护材料种类	1. 挖填、运土石方 2. 铺设垫层 3. 模板及支撑制作、安装、拆除、堆放、运输及清理模内杂物、刷隔离剂等 4. 混凝土制作、运输、浇筑、振捣、养护 5. 刷防护材料
010507004	台阶	1. 踏步高、宽 2. 混凝土种类 3. 混凝土强度等级	1. 模板及支撑制作、安装、拆除、堆放、运输及清理模内杂物、刷隔离剂等 2. 混凝土制作、运输、浇筑、振捣、养护
010507005	扶手、压顶	1. 断面尺寸 2. 混凝土种类 3. 混凝土强度等级	
010507006	化粪池、检查井	1. 部位 2. 混凝土强度等级 3. 防水、抗渗要求	1. 模板及支架(撑)制作、安装、拆除、堆放、运输及清理模内杂物、刷隔离剂等 2. 混凝土制作、运输、浇筑、振捣、养护
010507007	其他构件	1. 构件的类型 2. 构件规格 3. 部位 4. 混凝土种类 5. 混凝土强度等级	

2. 现浇混凝土其他构件工程量计算

(1)散水、坡道、室外地坪工程量以 m² 为计量单位,按设计图示尺寸以水平投影面积计算，不扣除单个面积在 0.3 m² 以内的孔洞所占的面积。

（2）电缆沟、地沟工程量以 m 为计量单位，按设计图示以中心线长度计算。

（3）台阶工程量以 m² 为计量单位，按设计图示尺寸水平投影面积计算；或以 m³ 为计量单位，按设计图示尺寸以体积计算。

（4）扶手、压顶工程量以 m 为计量单位，按设计图示的中心线延长米计算；或以 m³ 为计量单位，按设计图示尺寸以体积计算。

（5）化粪池、检查井工程量以 m³ 为计量单位，按设计图示尺寸以体积计算；或以座为计量单位，按设计图示以数量计算。

（6）其他构件工程量以 m³ 为计量单位，按设计图示尺寸以体积计算。

【例 4-48】　如图 4-55 所示为某房屋平面图及台阶示意，试计算其 C15 混凝土台阶和散水工程量。

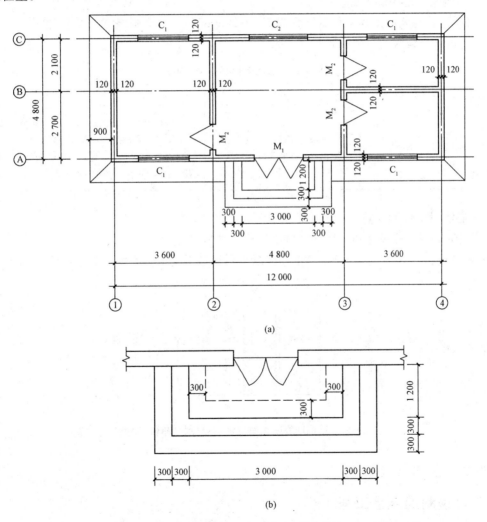

图 4-55　某房屋平面图及台阶示意（尺寸单位：mm）

(a)房屋平面图；(b)台阶示意

【解】 (1)台阶工程量。由图4-55(a)可以看出，台阶与平台相连，故台阶应算至最上一层踏步外沿300 mm，如图4-55(b)所示。

台阶工程量＝水平投影面积

$$=(3.0+0.3×4)×(1.2+0.3×2)-(3.0-0.3×2)×(1.2-0.3)$$
$$=5.40(m^2)$$

(2)散水工程量。

散水工程量＝散水中心线长×散水宽－台阶所占面积

$$=(12+0.24+0.45×2+4.8+0.24+0.45×2)×2×0.9-(3+0.3×4)×0.9$$
$$=30.56(m^2)$$

(八)后浇带

1. 后浇带工程量清单项目设置

《房屋建筑与装饰工程工程量计算规范》(GB 50854—2013)附录E.8后浇带共1个清单项目。清单项目设置的具体内容见表4-29。

表4-29　后浇带(编码：010508)

项目编码	项目名称	项目特征	工作内容
010508001	后浇带	1. 混凝土种类 2. 混凝土强度等级	1. 模板及支架(撑)制作、安装、拆除、堆放、运输及清理模内杂物、刷隔离剂等 2. 混凝土制作、运输、浇筑、振捣、养护及混凝土交接面、钢筋等的清理

2. 后浇带工程量计算

后浇带工程量按设计图示尺寸以体积计算，计量单位为m³。

【例4-49】 计算图4-56所示的钢筋混凝土后浇带混凝土工程量，其中板厚为120 mm。

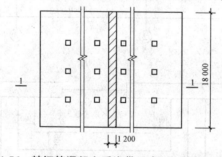

图4-56　某钢筋混凝土后浇带示意(尺寸单位：mm)

【解】 后浇带工程量＝18×1.2×0.12＝2.59(m³)

二、预制混凝土工程

(一)预制混凝土工程工程量清单项目设置

1. 预制混凝土柱

《房屋建筑与装饰工程工程量计算规范》(GB 50854—2013)附录E.9预制混凝土柱共

2个清单项目。各清单项目设置的具体内容见表4-30。

表4-30　预制混凝土柱(编码：010509)

项目编码	项目名称	项目特征	工作内容
010509001	矩形柱	1. 图代号 2. 单件体积 3. 安装高度 4. 混凝土强度等级 5. 砂浆(细石混凝土)强度等级、配合比	1. 模板制作、安装、拆除、堆放、运输及清理模内杂物、刷隔离剂等 2. 混凝土制作、运输、浇筑、振捣、养护 3. 构件运输、安装 4. 砂浆制作、运输 5. 接头灌缝、养护
010509002	异形柱		

2. 预制混凝土梁

《房屋建筑与装饰工程工程量计算规范》(GB 50854—2013)附录 E.10 预制混凝土梁共6个清单项目。各清单项目设置的具体内容见表4-31。

表4-31　预制混凝土梁(编码：010510)

项目编码	项目名称	项目特征	工作内容
010510001	矩形梁	1. 图代号 2. 单件体积 3. 安装高度 4. 混凝土强度等级 5. 砂浆(细石混凝土)强度等级、配合比	1. 模板制作、安装、拆除、堆放、运输及清理模内杂物、刷隔离剂等 2. 混凝土制作、运输、浇筑、振捣、养护 3. 构件运输、安装 4. 砂浆制作、运输 5. 接头灌缝、养护
010510002	异形梁		
010510003	过梁		
010510004	拱形梁		
010510005	鱼腹式吊车梁		
010510006	其他梁		
注：以根计量，必须描述单件体积。			

3. 预制混凝土屋架

《房屋建筑与装饰工程工程量计算规范》(GB 50854—2013)附录 E.11 预制混凝土屋架共5个清单项目。各清单项目设置的具体内容见表4-32。

表4-32　预制混凝土屋架(编码：010511)

项目编码	项目名称	项目特征	工作内容
010511001	折线型	1. 图代号 2. 单件体积 3. 安装高度 4. 混凝土强度等级 5. 砂浆(细石混凝土)强度等级、配合比	1. 模板制作、安装、拆除、堆放、运输及清理模内杂物、刷隔离剂等 2. 混凝土制作、运输、浇筑、振捣、养护 3. 构件运输、安装 4. 砂浆制作、运输 5. 接头灌缝、养护
010511002	组合		
010511003	薄腹		
010511004	门式刚架		
010511005	天窗架		
注：1. 以榀计量，必须描述单件体积。 　　2. 三角形屋架按本表中折线型屋架项目编码列项。			

4. 预制混凝土板

《房屋建筑与装饰工程工程量计算规范》(GB 50854—2013)附录 E.12 预制混凝土板

共 8 个清单项目。各清单项目设置的具体内容见表 4-33。

表 4-33　预制混凝土板（编码：010512）

项目编码	项目名称	项目特征	工作内容
010512001	平板	1. 图代号 2. 单件体积 3. 安装高度 4. 混凝土强度等级 5. 砂浆（细石混凝土）强度等级、配合比	1. 模板制作、安装、拆除、堆放、运输及清理模内杂物、刷隔离剂等 2. 混凝土制作、运输、浇筑、振捣、养护 3. 构件运输、安装 4. 砂浆制作、运输 5. 接头灌缝、养护
010512002	空心板		
010512003	槽形板		
010512004	网架板		
010512005	折线板		
010512006	带肋板		
010512007	大型板		
010512008	沟盖板、井盖板、井圈	1. 单件体积 2. 安装高度 3. 混凝土强度等级 4. 砂浆强度等级、配合比	

注：1. 以块、套计量，必须描述单件体积。
　　2. 不带肋的预制遮阳板、雨篷板、挑檐板、栏板等，应按本表平板项目编码列项。
　　3. 预制 F 形板、双 T 形板、单肋板和带反挑檐的雨篷板、挑檐板、遮阳板等，应按本表带肋板项目编码列项。
　　4. 预制大型墙板、大型楼板、大型屋面板等，应按本表中大型板项目编码列项。

5. 预制混凝土楼梯

《房屋建筑与装饰工程工程量计算规范》（GB 50854—2013）附录 E.13 预制混凝土楼梯共 1 个清单项目。清单项目设置的具体内容见表 4-34。

表 4-34　预制混凝土楼梯（编码：010513）

项目编码	项目名称	项目特征	工作内容
010513001	楼梯	1. 楼梯类型 2. 单件体积 3. 混凝土强度等级 4. 砂浆（细石混凝土）强度等级	1. 模板制作、安装、拆除、堆放、运输及清理模内杂物、刷隔离剂等 2. 混凝土制作、运输、浇筑、振捣、养护 3. 构件运输、安装 4. 砂浆制作、运输 5. 接头灌缝、养护

注：以块计量，必须描述单件体积。

6. 其他预制构件

《房屋建筑与装饰工程工程量计算规范》（GB 50854—2013）附录 E.14 其他预制构件共 2 个清单项目。各清单项目设置的具体内容见表 4-35。

表 4-35　其他预制构件(编码: 010514)

项目编码	项目名称	项目特征	工作内容
010514001	垃圾道、通风道、烟道	1. 单件体积 2. 混凝土强度等级 3. 砂浆强度等级	1. 模板制作、安装、拆除、堆放、运输及清理模内杂物、刷隔离剂等 2. 混凝土制作、运输、浇筑、振捣、养护 3. 构件运输、安装 4. 砂浆制作、运输 5. 接头灌缝、养护
010514002	其他构件	1. 单件体积 2. 构件的类型 3. 混凝土强度等级 4. 砂浆强度等级	

注: 1. 以块、根计量, 必须描述单件体积。
　　2. 预制钢筋混凝土小型池槽、压顶、扶手、垫块、隔热板、花格等, 按本表中其他构件项目编码列项。

(二)预制混凝土工程工程量计算

(1)预制混凝土矩形柱、异形柱工程量以 m³ 为计量单位, 按设计图示尺寸以体积计算; 或以根为计量单位, 按设计图示尺寸以数量计算。

(2)预制混凝土矩形梁、异形梁、过梁、拱形梁、鱼腹式吊车梁、其他梁的工程量以 m³ 为计量单位, 按设计图示尺寸以体积计算; 或以根为计量单位, 按设计图示尺寸以数量计算。

(3)预制混凝土折线型屋架、组合屋架、薄腹屋架、门式刚架屋架、天窗架工程量以 m³ 为计量单位, 按设计图示尺寸以体积计算; 或以榀为计量单位, 按设计图示尺寸以数量计算。

(4)预制混凝土平板、空心板、槽形板、网架板、折线板、带肋板、大型板工程量以 m³ 为计量单位, 按设计图示尺寸以体积计算。不扣除单个面积不大于 300 mm×300 mm 的孔洞所占的体积, 扣除空心板孔洞的体积。或以块为计量单位, 按设计图示尺寸以数量计算。

(5)沟盖板、井盖板、井圈工程量以 m³ 为计量单位, 按设计图示尺寸以体积计算; 或以块为计量单位, 按设计图示尺寸以数量计算。

(6)预制混凝土楼梯工程量以 m³ 为计量单位, 按设计图示尺寸以体积计算, 扣除空心踏步板空洞的体积; 或以段为计量单位, 按设计图示数量计算。

(7)垃圾道、通风道、烟道、其他构件工程量以 m³ 为计量单位, 按设计图示尺寸以体积计算。不扣除单个面积不大于 300 mm×300 mm 的孔洞所占的体积, 扣除烟道、垃圾道、通风道的孔洞所占的体积。或以 m² 为计量单位, 按设计图示尺寸以面积计算, 不扣除单个面积不大于 300 mm×300 mm 的孔洞所占的面积。或以根为计量单位, 按设计图示尺寸以数量计算。

【例 4-50】　图 4-57 所示为某预制鱼腹式吊车梁(共 12 根), 试计算其工程量。

【解】　以根计量: 鱼腹式吊车梁工程量=12(根)。

【例 4-51】　试计算图 4-58 所示的预制混凝土组合屋架工程量(共 2 榀)。其中, 混凝土杆件尺寸为 150 mm×150 mm。

【解】　组合屋架工程量有以下两种计算方法:

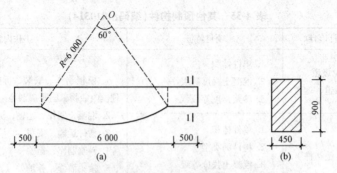

图 4-57　某预制鱼腹式吊车梁示意(尺寸单位：mm)

(a)平面图；(b)1—1 剖面图

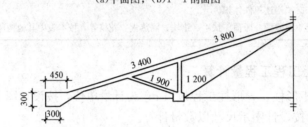

图 4-58　某组合屋架示意(尺寸单位：mm)

(1)以 m³ 计量：组合屋架工程量 $=\Big[\dfrac{(0.45+0.3)\times0.3}{2}\times0.15+3.4\times0.15^{2}+3.8\times$

$0.15^{2}+(1.2+1.9)\times0.15^{2}\Big]\times2=0.497(\mathrm{m}^{3})$。

(2)以榀计量：组合屋架工程量 $=2$(榀)。

三、钢筋工程

(一)钢筋工程工程量清单项目设置

《房屋建筑与装饰工程工程量计算规范》(GB 50854—2013)附录 E.15 钢筋工程共 10 个清单项目。各清单项目设置的具体内容见表 4-36。

表 4-36　钢筋工程(编码：010515)

项目编码	项目名称	项目特征	工作内容
010515001	现浇构件钢筋	钢筋种类、规格	1. 钢筋制作、运输 2. 钢筋安装 3. 焊接(绑扎)
010515002	预制构件钢筋		
010515003	钢筋网片		1. 钢筋网制作、运输 2. 钢筋网安装 3. 焊接(绑扎)
010515004	钢筋笼		1. 钢筋笼制作、运输 2. 钢筋笼安装 3. 焊接(绑扎)

项目编码	项目名称	项目特征	工作内容
010515005	先张法 预应力钢筋	1. 钢筋种类、规格 2. 锚具种类	1. 钢筋制作、运输 2. 钢筋张拉
010515006	后张法 预应力钢筋	1. 钢筋种类、规格 2. 钢丝种类、规格 3. 钢绞线种类、规格 4. 锚具种类 5. 砂浆强度等级	1. 钢筋、钢丝、钢绞线制作、运输 2. 钢筋、钢丝、钢绞线安装 3. 预埋管孔道铺设 4. 锚具安装 5. 砂浆制作、运输 6. 孔道压浆、养护
010515007	预应力钢丝		
010515008	预应力钢绞线		
010515009	支撑钢筋(铁马)	1. 钢筋种类 2. 规格	钢筋制作、焊接、安装
010515010	声测管	1. 材质 2. 规格型号	1. 检测管截断、封头 2. 套管制作、焊接 3. 定位、固定

(二)钢筋工程工程量计算

1. 工程量计算规则

(1)现浇构件钢筋、预制构件钢筋、钢筋网片、钢筋笼工程量按设计图示钢筋(网)的长度(面积)乘以理论质量计算,计量单位为 t,即

$$钢筋质量=钢筋设计长度×钢筋根数×每米钢筋的理论质量$$

(2)先张法预应力钢筋工程量按设计图示钢筋长度乘以单位理论质量计算,计量单位为 t。

(3)后张法预应力钢筋、预应力钢丝、预应力钢绞线工程量按设计图示钢筋(丝束、绞线)的长度乘以单位理论质量计算,计量单位为 t。

1)低合金钢筋两端均采用螺杆锚具时,钢筋长度按孔道长度减 0.35 m 计算,螺杆另行计算。

2)低合金钢筋一端采用镦头插片,另一端采用螺杆锚具时,钢筋长度按孔道长度计算,螺杆另行计算。

3)低合金钢筋一端采用镦头插片,另一端采用帮条锚具时,按钢筋增加 0.15 m 计算;两端均采用帮条锚具时,钢筋长度按孔道长度增加 0.3 m 计算。

4)低合金钢筋采用后张混凝土自锚时,钢筋长度按孔道长度增加 0.35 m 计算。

5)低合金钢筋(钢绞线)采用 JM、XM、QM 型锚具,孔道长度不大于 20 m 时,钢筋长度按增加 1 m 计算;孔道长度大于 20 m 时,钢筋长度按增加 1.8 m 计算。

6)碳素钢丝采用锥形锚具,孔道长度不大于 20 m 时,钢丝束长度按孔道长度增加 1 m 计算;孔道长度大于 20 m 时,钢丝束长度按孔道长度增加 1.8 m 计算。

7)碳素钢丝采用镦头锚具时,钢丝束长度按孔道长度增加 0.35 m 计算。

(4)支撑钢筋(铁马)工程量按钢筋长度乘以单位理论质量计算,计量单位为 t。

(5)声测管工程量按设计图图示尺寸以质量计算,计量单位为 t。

2. 注意事项

(1)钢筋长度。钢筋长度可按下式计算:

$$钢筋长度＝构件支座间净长度＋应增加长度$$

式中，应增加长度指的是钢筋弯钩、弯起、锚固和搭接等应增加的长度。

1)钢筋弯钩增加长度。钢筋弯钩增加长度应根据钢筋弯钩形状来确定，如图 4-59 所示。

①半圆弯钩增加长度：$6.25d$（d 为纵筋直径）；

②直弯钩增加长度：HPB300 级钢筋弯曲直径取 $2.5d$ 时，为 $3.5d$；HRB335 级钢筋弯曲直径取 $4d$ 时，为 $3.9d$；

③斜弯钩增加长度：HPB300 级钢筋弯曲直径取 $2.5d$ 时，为 $4.9d$；HRB335 级钢筋弯曲直径取 $4d$ 时，为 $5.9d$。

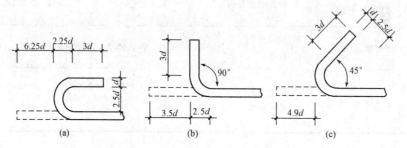

图 4-59　钢筋弯钩示意(尺寸单位：mm)

(a)半圆弯钩；(b)直弯钩；(c)斜弯钩

2)弯起钢筋增加长度。弯起钢筋增加长度应根据弯起的角度 α 和弯起的高度 h 计算求出：

①当 $\alpha=30°$时，弯起钢筋增加长度$=0.268h$；

②当 $\alpha=45°$时，弯起钢筋增加长度$=0.414h$；

③当 $\alpha=60°$时，弯起钢筋增加长度$=0.577h$。

3)钢筋锚固长度。为了满足受力需要，埋入支座的钢筋必须具有足够的长度，此长度称为钢筋的锚固长度。锚固长度的大小，应依照实际设计内容按表 4-37 和表 4-38 的规定确定。

表 4-37　受拉钢筋锚固长度 l_a

钢筋种类	混凝土强度等级																
	C20	C25		C30		C35		C40		C45		C50		C55		≥C60	
	$d\leqslant25$	$d\leqslant25$	$d>25$	$d\leqslant25$	$d>25$	$d\leqslant25$	$d>25$	$d\leqslant25$	$d>25$	$d\leqslant25$	$d>25$	$d\leqslant25$	$d>25$	$d\leqslant25$	$d>25$	$d\leqslant25$	$d>25$
HPB300	$39d$	$34d$	—	$30d$	—	$28d$	—	$25d$	—	$24d$	—	$23d$	—	$22d$	—	$21d$	—
HRB335、HRBF335	$38d$	$33d$	—	$29d$	—	$27d$	—	$25d$	—	$23d$	—	$22d$	—	$21d$	—	$21d$	—
HRB400、HRBF400、RRB400	—	$40d$	$44d$	$35d$	$39d$	$32d$	$35d$	$29d$	$32d$	$28d$	$31d$	$27d$	$30d$	$26d$	$29d$	$25d$	$28d$
HRB500、HRBF500	—	$48d$	$53d$	$43d$	$47d$	$39d$	$43d$	$36d$	$40d$	$34d$	$37d$	$32d$	$35d$	$31d$	$34d$	$30d$	$33d$

表 4-38　受拉钢筋抗震锚固长度 l_{aE}

钢筋种类		混凝土强度等级																
		C20	C25		C30		C35		C40		C45		C50		C55		≥C60	
		d≤25	d≤25	d>25	d≤25	d>25	d≤25	d>25	d≤25	d>25	d≤25	d>25	d≤25	d>25	d≤25	d>25	d≤25	d>25
HPB300	一、二级	45d	39d	—	35d	—	32d	—	29d	—	28d	—	26d	—	25d	—	24d	—
	三级	41d	36d	—	32d	—	29d	—	26d	—	25d	—	24d	—	23d	—	22d	—
HRB335、HRBF335	一、二级	44d	38d	—	33d	—	31d	—	29d	—	26d	—	25d	—	24d	—	24d	—
	三级	40d	35d	—	30d	—	28d	—	26d	—	24d	—	23d	—	22d	—	22d	—
HRB400、HRBF400	一、二级	—	46d	51d	40d	45d	37d	40d	33d	37d	32d	36d	31d	35d	30d	33d	29d	32d
	三级	—	42d	46d	37d	41d	34d	37d	30d	34d	29d	33d	28d	32d	27d	30d	26d	29d
HRB500、HRBF500	一、二级	—	55d	61d	49d	54d	45d	49d	41d	46d	39d	43d	37d	40d	36d	39d	35d	38d
	三级	—	50d	56d	45d	49d	41d	45d	38d	42d	36d	39d	34d	37d	33d	36d	32d	35d

表 4-37 和表 4-38 中，应注意以下几点：

①当为环氧树脂涂层带肋钢筋时，表中数据还应乘以 1.25；

②当纵向受拉钢筋在施工过程中易受扰动时，表中数据还应乘以 1.1；

③当锚固长度范围内纵向受力钢筋周边保护层厚度为 3d、5d(d 为锚固钢筋的直径)时，表中数据可分别乘以 0.8、0.7，中间时按内插值；

④当纵向受拉普通钢筋锚固长度修正系数［上述(1)～(3)］多于一项时，可按连乘计算；

⑤受拉钢筋的锚固长度 l_a、l_{aE} 计算值不应小于 200；

⑥四级抗震时，$l_{aE}=l_a$；

⑦当锚固钢筋的保护层厚度不大于 5d 时，锚固钢筋长度范围内应设置横向构造钢筋，其直径不应小于 d/4(d 为锚固钢筋的最大直径)；对梁、柱等构件间距不应大于 5d，对板、墙等构件间距不应大于 10d，且均不应大于 100(d 为锚固钢筋的最小直径)；

⑧HPB300 级钢筋末端应做 180°弯钩。

4)钢筋接头及搭接长度。钢筋按外形分为光圆钢筋、螺纹钢筋、钢丝和钢绞线。其中，光圆钢筋中 10 mm 以内的钢筋为盘条钢筋；10 mm 以外及螺纹钢筋为直条钢筋，长度为 6～12 m。也就是说，当构件设计长度较长时，10 mm 以内的圆钢筋，可以按设计要求长度下料，但 10 mm 以外的圆钢筋及螺纹钢筋就需要接头了。钢筋的接头方式包括绑扎连接、焊接和机械连接三种。规范规定：受力钢筋的接头应优先采用焊接或机械连接。焊接的方法有闪光对焊、电弧焊、电渣压力焊等；机械连接的方法有钢筋套筒挤压连接、锥螺纹套筒连接。

计算钢筋工程量时，设计已规定钢筋搭接长度，按相关规范规定的搭接长度计算的，见表 4-39 和表 4-40；设计未规定钢筋搭接长度的(如焊接接头长度，双面焊接 5d，单面焊接 10d)，已包括在钢筋的损耗率之内，不另计算搭接长度。钢筋电渣压力焊接、套筒挤压等接头，以"个"计算。

表 4-39　纵向受拉钢筋搭接长度 l_l

钢筋种类及同一区段内搭接钢筋面积百分率		C20 d≤25	C20 d>25	C25 d≤25	C25 d>25	C30 d≤25	C30 d>25	C35 d≤25	C35 d>25	C40 d≤25	C40 d>25	C45 d≤25	C45 d>25	C50 d≤25	C50 d>25	C55 d≤25	C55 d>25	C60 d≤25	C60 d>25
HPB300	≤25%	47d		41d	—	36d	—	34d	—	30d	—	29d	—	28d	—	26d	—	25d	—
	50%	55d		48d	—	42d	—	39d	—	35d	—	34d	—	32d	—	31d	—	29d	—
	100%	62d		54d	—	48d	—	45d	—	40d	—	38d	—	37d	—	35d	—	34d	—
HRB335、HRBF335	≤25%	46d		40d	—	35d	—	32d	—	30d	—	28d	—	26d	—	25d	—	25d	—
	50%	53d		46d	—	41d	—	38d	—	35d	—	32d	—	31d	—	29d	—	29d	—
	100%	61d		53d	—	46d	—	43d	—	40d	—	37d	—	35d	—	34d	—	34d	—
HRB400、HRBF400、RRB400	≤25%	—		48d	53d	42d	47d	38d	42d	35d	38d	34d	37d	32d	36d	31d	35d	30d	34d
	50%	—		56d	62d	49d	55d	45d	49d	41d	45d	39d	43d	38d	42d	36d	41d	35d	39d
	100%	—		64d	70d	56d	62d	51d	56d	46d	51d	45d	50d	43d	48d	42d	46d	40d	45d
HRB500、HRBF500	≤25%	—		58d	64d	52d	56d	47d	52d	43d	47d	41d	44d	39d	42d	37d	41d	36d	40d
	50%	—		67d	74d	60d	66d	55d	60d	50d	56d	48d	52d	45d	49d	43d	48d	42d	46d
	100%	—		77d	85d	69d	75d	62d	69d	58d	64d	54d	59d	51d	56d	50d	54d	48d	53d

注：1. 表中数值为纵向受拉钢筋绑扎搭接接头的搭接长度。

2. 两根不同直径钢筋搭接时，表中 d 取较细钢筋直径。

3. 当为环氧树脂涂层带肋钢筋时，表中数据尚应乘以 1.25。

4. 当纵向受拉钢筋在施工过程中易受扰动时，表中数据尚应乘以 1.1。

5. 当搭接长度范围内纵向受力钢筋周边保护层厚度为 $3d$、$5d$（d 为搭接钢筋的直径）时，表中数据尚可分别乘以 0.8、0.7；中间时按内插值。

6. 当上述修正系数（注3～注5）多于一项时，可按连乘计算。

7. 任何情况下，搭接长度不应小于 300。

表 4-40　纵向受拉钢筋抗震搭接长度 l_{lE}

钢筋种类及同一区段搭接钢筋面积百分率			C20 d≤25	C20 d>25	C25 d≤25	C25 d>25	C30 d≤25	C30 d>25	C35 d≤25	C35 d>25	C40 d≤25	C40 d>25	C45 d≤25	C45 d>25	C50 d≤25	C50 d>25	C55 d≤25	C55 d>25	C60 d≤25	C60 d>25
一、二级抗震等级	HPB300	≤25%	54d		47d	—	42d	—	38d	—	35d	—	34d	—	31d	—	30d	—	29d	—
		50%	63d		55d	—	49d	—	45d	—	41d	—	39d	—	36d	—	35d	—	34d	—
	HRB335、HRBF335	≤25%	53d		46d	—	40d	—	37d	—	35d	—	31d	—	30d	—	29d	—	29d	—
		50%	62d		53d	—	46d	—	43d	—	41d	—	36d	—	35d	—	34d	—	34d	—
	HRB400、HRBF400	≤25%	—		55d	61d	48d	54d	44d	48d	40d	44d	38d	43d	37d	42d	36d	40d	35d	38d
		50%	—		64d	71d	56d	63d	52d	56d	46d	52d	45d	50d	43d	49d	42d	46d	41d	45d
	HRB500、HRBF500	≤25%	—		66d	73d	59d	65d	54d	59d	49d	55d	47d	52d	44d	48d	43d	47d	42d	46d
		50%	—		77d	85d	69d	76d	63d	69d	57d	64d	55d	60d	52d	56d	50d	55d	49d	53d

钢筋种类及同一区段搭接钢筋面积百分率			混凝土强度等级															
			C20		C25		C30		C35		C40		C45		C50		C55		C60
			$d\leqslant$25	$d\leqslant$25	$d>$25	$d\leqslant$25	$d>$25	$d\leqslant$25	$d>$25	$d\leqslant$25	$d>$25	$d\leqslant$25	$d>$25	$d\leqslant$25	$d>$25	$d\leqslant$25	$d>$25	$d\leqslant$25	$d>$25
三级抗震等级	HPB300	≤25%	49d	43d	—	38d	—	35d	—	31d	—	30d	—	29d	—	28d	—	26d	—
		50%	57d	50d	—	45d	—	41d	—	36d	—	35d	—	34d	—	32d	—	31d	—
	HRB335、HRBF335	≤25%	48d	42d	—	36d	—	34d	—	31d	—	29d	—	28d	—	26d	—	26d	—
		50%	56d	49d	—	42d	—	39d	—	36d	—	34d	—	32d	—	31d	—	31d	—
	HRB400、HRBF400	≤25%	—	50d	55d	44d	49d	41d	44d	36d	41d	35d	40d	34d	38d	—	36d	31d	35d
		50%	—	59d	64d	52d	57d	48d	52d	42d	48d	41d	46d	39d	45d	38d	42d	36d	41d
	HRB500、HRBF500	≤25%	—	60d	67d	54d	59d	49d	54d	46d	50d	43d	47d	41d	44d	40d	43d	38d	42d
		50%	—	70d	78d	63d	69d	57d	63d	53d	59d	50d	55d	48d	52d	46d	50d	45d	49d

注：1. 表中数值为纵向受拉钢筋绑扎搭接接头的搭接长度。

2. 两根不同直径钢筋搭接时，表中 d 取较细钢筋直径。

3. 当为环氧树脂涂层带肋钢筋时，表中数据尚应乘以 1.25。

4. 当纵向受拉钢筋在施工过程中易受扰动时，表中数据尚应乘以 1.1。

5. 当搭接长度范围内纵向受力钢筋周边保护层厚度为 $3d$、$5d$（d 为搭接钢筋的直径）时，表中数据尚可分别乘以 0.8、0.7；中间时按内插值。

6. 当上述修正系数（注 3～注 5）多于一项时，可按连乘计算。

7. 任何情况下，搭接长度不应小于 300。

8. 四级抗震等级时，$l_{lE}=l_l$。

（2）箍筋长度。箍筋长度可按下式计算：

$$箍筋长度＝单根箍筋长度×箍筋根数$$

1）单根箍筋长度计算。单根箍筋长度与箍筋的设置形式有关。箍筋常见的设置形式有双肢箍、四肢箍及螺旋箍。

①双肢箍。

单根箍筋长度＝[（构件截面宽－受力筋混凝土保护层厚度×2＋箍筋直径）＋

（构件截面高－受力筋混凝土保护层厚度×2＋箍筋直径）]×2＋

箍筋两个弯钩增加长度

＝构件断面外边周长－8×受力筋混凝土保护层厚度＋

4×箍筋直径＋箍筋两个弯钩增加长度

式中，受力筋混凝土保护层厚度是指受力钢筋外边缘至混凝土表面的距离，见表 4-41。箍筋每个弯钩增加长度见表 4-42。

表 4-41　混凝土保护层的最小厚度　　　　　　　　　　　　　　　mm

环境类别	板、墙		梁、柱		基础梁（顶面和侧面）		独立基础、条形基础、筏形基础（顶面和侧面）	
	≤C25	≥C30	≤C25	≥C30	≤C25	≥C30	≤C25	≥C30
一	20	15	25	20	25	20	—	—

环境类别	板、墙		梁、柱		基础梁（顶面和侧面）		独立基础、条形基础、筏形基础（顶面和侧面）	
	≤C25	≥C30	≤C25	≥C30	≤C25	≥C30	≤C25	≥C30
二a	25	20	30	25	30	25	25	20
二b	30	25	40	35	40	35	30	25
三a	35	30	45	40	45	40	35	30
三b	45	40	55	50	55	50	45	40

注：1. 设计使用年限为100年的结构：一类环境中，最外层钢筋的保护层厚度不应小于表中数值的1.4倍；二、三类环境中，应采取专门的有效措施。

2. 三类环境中的钢筋可采用环氧树脂涂层带肋钢筋。

3. 基础底部钢筋的最小保护层厚度为40 mm。当基础未设置垫层时，底部钢筋的最小保护层厚度应不小于70 mm（基础梁除外）。

4. 桩基承台及承台梁：当桩直径或桩界面边长＜800 mm时，桩顶嵌入承台50 mm，承台底部受力纵向钢筋最小保护层厚度为50 mm；当桩直径或截面边长≥800 mm时，桩顶嵌入承台100 mm，承台底部受力纵筋最小保护层厚度为100 mm，多桩承台的顶面和侧面与独立基础的相同，单桩承台、两桩承台及承台梁的顶面和侧面与基础梁的相同。

5. 当基础与土壤接触部分有可靠的防水和防腐处理时，保护层厚度可适当减小。

表 4-42　箍筋每个弯钩增加长度

弯钩形式		180°	90°	135°
弯钩增加值	一般结构	8.25d	5.5d	6.87d
	有抗震等要求结构			11.87d

在实际工作中，为简化计算，箍筋长度也可按构件周长计算，既不加弯钩长度，也不减少混凝土保护层厚度。

②四肢箍。四肢箍即两个双肢箍，其长度与构件纵向钢筋根数及其排列有关。当纵向钢筋每侧为四根时，可按下式计算：

四肢箍长度＝一个双肢箍长度×2

$$=\{[(构件宽度-两端混凝土保护层厚度)\times\frac{2}{3}+构件高度-两端混凝土保护层厚度]\times2+箍筋两个弯钩增加长度\}\times2+8\times箍筋直径$$

③螺旋箍。

$$螺旋箍长度＝\sqrt{(螺距)^2+(3.14\times螺旋直径)^2}\times螺旋直径$$

2）箍筋根数计算。箍筋根数的多少与构件的长短及箍筋的间距有关。箍筋既可等间距设置，也可在局部范围内加密。无论采用何种设置方式，计算方法是一样的，其计算公式为

$$箍筋根数＝\frac{箍筋设置区域的长度}{箍筋设置间距}+1$$

当箍筋在构件中等间距设置时，箍筋设置区域的长度为

箍筋设置区域的长度＝构件长度－两端混凝土保护层厚度

(3)预应力钢筋计算。按设计图示尺寸钢筋(钢丝束、钢绞线)长度乘以单位理论质量计算，计量单位为t。

1)低合金钢筋两端均采用螺杆锚具时，钢筋长度按孔道长度减0.35 m计算，螺杆另行计算。

2)低合金钢筋一端采用墩头插片、另一端采用螺杆锚具时，钢筋长度按孔道长度计算，螺杆另行计算。

3)低合金钢筋一端采用墩头插片、另一端采用帮条锚具时，钢筋长度按孔道长度增加0.15 m计算；两端均采用帮条锚具时，钢筋长度按孔道长度增加0.3 m计算。

4)低合金钢筋采用后张混凝土自锚时，钢筋长度按孔道长度增加0.35 m计算。

5)低合金钢筋(钢绞线)采用JM、XM、QM型锚具，孔道长度在20 m以内时，钢筋长度按孔道长度增加1 m计算；孔道长度在20 m以外时，钢筋(钢绞线)长度按孔道长度增加1.8 m计算。

6)碳素钢丝采用锥形锚具，孔道长度在20 m以内时，钢丝束长度按孔道长度增加1 m计算；孔道长度在20 m以上时，钢丝束长度按孔道长度增加1.8 m计算。

7)碳素钢丝束采用墩头锚具时，钢丝束长度按孔道长度增加0.35 m计算。

【例4-52】 某连续梁的配筋如图4-60所示，试计算其钢筋工程量。

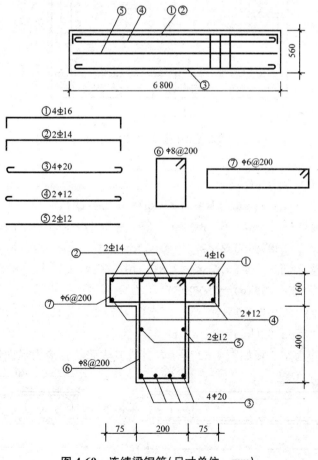

图4-60 连续梁钢筋(尺寸单位：mm)

【解】 ①号钢筋工程量=(6.8-0.025×2+3.5×0.016×2)×4×1.58
          =43.37(kg)=0.043(t)

②号钢筋工程量=(6.8-0.025×2+3.5×0.014×2)×2×1.21
          =16.57(kg)=0.017(t)

③号钢筋工程量=(6.8-0.025×2+6.25×0.02×2)×4×2.47
          =69.16(kg)=0.069(t)

④号钢筋工程量=(6.8-0.025×2+6.25×0.012×2)×2×0.888
          =12.25(kg)=0.012(t)

⑤号钢筋工程量=(6.8-0.025×2)×2×0.888=11.99(kg)=0.012(t)

⑥号钢筋工程量=[(6.8-0.025×2)/0.2+1]×[(0.16+0.4+0.2-0.025×4)×2+
          2×6.87×0.008]×0.395=19.62(kg)=0.020(t)

⑦号钢筋工程量=[(6.8-0.025×2)/0.2+1]×[(0.2+0.075×2+0.16-0.025×4)×
          2+2×6.87×0.006]×0.222=6.96(kg)=0.007(t)

【例4-53】 试计算图4-61所示楼板的钢筋工程量。

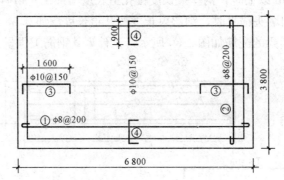

图4-61 某混凝土楼板配筋示意(尺寸单位：mm)

【解】 ①号钢筋工程量=(6.8-0.015×2+2×6.25×0.008)×[(3.8-0.015×2)/0.2+
          1]×0.395=53.87(kg)=0.054(t)

②号钢筋工程量=(3.8-0.015×2+2×6.25×0.008)×[(6.8-0.015×2)/0.2+1]×
          0.395=53.27(kg)=0.053(t)

③号钢筋工程量=(1.6+0.1×2)×[(3.8-0.015×2)/0.15+1]×2×0.617
          =58.05(kg)=0.058(t)

④号钢筋工程量=(0.9+0.1×2)×[(6.8-0.015×2)/0.15+1]×2×0.617
          =62.62(kg)=0.063(t)

【例4-54】 预应力空心板如图4-62所示，计算其先张法预应力纵向钢筋工程量。

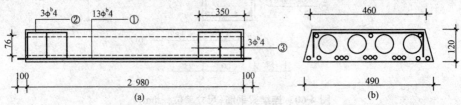

图4-62 预应力空心板(尺寸单位：mm)

【解】 ①号先张法预应力纵向钢筋工程量＝(2.98＋0.1×2)×13×0.099
$$＝4.1(kg)＝0.004(t)$$

【例 4-55】 图 4-63 所示为后张预应力吊车梁，下部后张预应力钢筋用 JM 型锚具，计算后张预应力钢筋工程量。

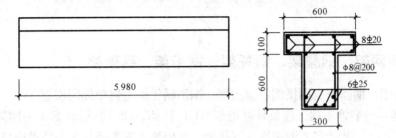

图 4-63 后张预应力吊车梁(尺寸单位：mm)

【解】 后张预应力钢筋(φ25)工程量＝(5.98＋1.00)×6×3.853＝161(kg)＝0.161(t)

四、螺栓、铁件

1. 螺栓、铁件工程量清单项目设置

《房屋建筑与装饰工程工程量计算规范》(GB 50854—2013)附录 E.16 螺栓、铁件共 3 个清单项目。各清单项目设置的具体内容见表 4-43。

表 4-43 螺栓、铁件(编码：010516)

项目编码	项目名称	项目特征	工作内容
010516001	螺栓	1. 螺栓种类 2. 规格	1. 螺栓、铁件制作、运输 2. 螺栓、铁件安装
010516002	预埋铁件	1. 钢材种类 2. 规格 3. 铁件尺寸	
010516003	机械连接	1. 连接方式 2. 螺纹套筒种类 3. 规格	1. 钢筋套丝 2. 套筒连接

2. 螺栓、铁件工程量计算

(1)工程量计算规则。

1)钢筋混凝土构件预埋铁件、螺栓工程量以 t 为计量单位，按设计图示尺寸以质量计算，即
$$预埋铁件工程量＝图示铁件质量$$
$$钢板质量＝钢板面积×钢板每平方米的质量$$
$$型钢质量＝型钢长度×型钢每米的质量$$

2)机械连接工程量以个为计量单位，按数量计算。

(2)注意事项。编制工程量清单时，如果设计未明确，其工程数量可为暂估量，实际工程量按现场签证数量计算。

第五节 金属结构工程

一、钢网架、钢屋架、钢托架、钢桁架、钢架桥

1. 钢网架、钢屋架、钢托架、钢桁架、钢架桥工程量清单项目设置

《房屋建筑与装饰工程工程量计算规范》(GB 50854—2013)附录 F.1 钢网架共 1 个清单项目，见表 4-44。附录 F.2 钢屋架、钢托架、钢桁架、钢架桥共 4 个清单项目，见表 4-45。

表 4-44 钢网架(编码：010601)

项目编码	项目名称	项目特征	工作内容
010601001	钢网架	1. 钢材品种、规格 2. 网架节点形式、连接方式 3. 网架跨度、安装高度 4. 探伤要求 5. 防火要求	1. 拼装 2. 安装 3. 探伤 4. 补刷油漆

表 4-45 钢屋架、钢托架、钢桁架、钢架桥(编码：010602)

项目编码	项目名称	项目特征	工作内容
010602001	钢屋架	1. 钢材品种、规格 2. 单榀质量 3. 屋架跨度、安装高度 4. 螺栓种类 5. 探伤要求 6. 防火要求	
010602002	钢托架	1. 钢材品种、规格 2. 单榀质量 3. 安装高度 4. 螺栓种类 5. 探伤要求 6. 防火要求	1. 拼装 2. 安装 3. 探伤 4. 补刷油漆
010602003	钢桁架		
010602004	钢架桥	1. 桥类型 2. 钢材品种、规格 3. 单榀质量 4. 安装高度 5. 螺栓种类 6. 探伤要求	

2. 钢网架、钢屋架、钢托架、钢桁架、钢架桥工程量计算

(1)钢网架工程量按设计图示尺寸以质量计算，计量单位为 t，不扣除孔眼的质量，焊条、铆钉等不另增加质量。

(2)钢屋架工程量按设计图示数量计算，计量单位为榀；或按设计图示尺寸以质量计算，计量单位为 t，不扣除孔眼的质量，焊条、铆钉、螺栓等不另增加质量。

(3)钢托架、钢桁架工程量按设计图示尺寸以质量计算，计量单位为 t，不扣除孔眼的质量，焊条、铆钉、螺栓等不另增加质量。

【例 4-56】 某工程钢屋架如图 4-64 所示，计算钢屋架工程量。

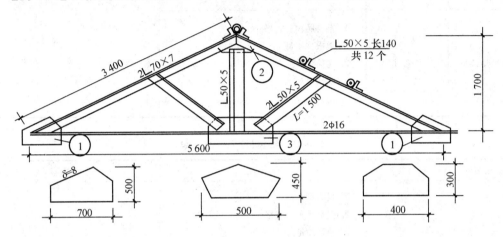

图 4-64 钢屋架(尺寸单位：mm)

【解】 钢屋架工程量计算如下：

多边形钢板质量＝最大对角线长度×最大宽度×面密度

上弦质量＝3.40×2×2×7.398＝100.61(kg)

下弦质量＝5.60×2×1.58＝17.70(kg)

立杆质量＝1.70×3.77＝6.41(kg)

斜撑质量＝1.50×2×2×3.77＝22.62(kg)

①号连接板质量＝0.7×0.5×2×62.80＝43.96(kg)

②号连接板质量＝0.5×0.45×62.80＝14.13(kg)

③号连接板质量＝0.4×0.3×62.80＝7.54(kg)

檩托质量＝0.14×12×3.77＝6.33(kg)

钢屋架工程量＝100.61＋17.70＋6.41＋22.62＋43.96＋14.13＋7.54＋6.33

＝219.30(kg)＝0.219(t)

二、钢柱、钢梁

1. 钢柱、钢梁工程量清单项目设置

《房屋建筑与装饰工程工程量计算规范》(GB 50854—2013)附录 F.3 钢柱共 3 个清单项目，见表 4-46；附录 F.4 钢梁共 2 个清单项目，见表 4-47。

表 4-46　钢柱(编码：010603)

项目编码	项目名称	项目特征	工作内容
010603001	实腹钢柱	1. 柱类型 2. 钢材品种、规格 3. 单根柱质量	1. 拼装 2. 安装 3. 探伤 4. 补刷油漆
010603002	空腹钢柱	4. 螺栓种类 5. 探伤要求 6. 防火要求	
010603003	钢管柱	1. 钢材品种、规格 2. 单根柱质量 3. 螺栓种类 4. 探伤要求 5. 防火要求	

表 4-47　钢梁(编码：010604)

项目编码	项目名称	项目特征	工作内容
010604001	钢梁	1. 梁类型 2. 钢材品种、规格 3. 单根质量 4. 螺栓种类 5. 安装高度 6. 探伤要求 7. 防火要求	1. 拼装 2. 安装 3. 探伤 4. 补刷油漆
010604002	钢吊车梁	1. 钢材品种、规格 2. 单根质量 3. 螺栓种类 4. 安装高度 5. 探伤要求 6. 防火要求	

2. 钢柱、钢梁工程量计算

(1)适用对象。实腹柱适用于实腹钢柱和实腹式型钢混凝土柱。型钢混凝土柱是指由混凝土包裹型钢组成的柱。空腹柱项目适用于空腹钢柱和空腹型钢混凝土柱。

(2)工程量计算规则。

1)实腹钢柱、空腹钢柱工程量按设计图示尺寸以质量计算，计量单位为 t。不扣除孔眼的质量，焊条、铆钉、螺栓等不另增加质量，依附在钢柱上的牛腿及悬臂梁等并入钢柱工程量内。

2)钢管柱工程量按设计图示尺寸以质量计算，计量单位为 t。不扣除孔眼的质量，焊条、铆钉、螺栓等不另增加质量，钢管柱上的节点板、加强环、内衬管、牛腿等并入钢管柱工程量内。

3)钢梁、钢吊车梁工程量按设计图示尺寸以质量计算，计量单位为 t。不扣除孔眼的质量，焊条、铆钉、螺栓等不另增加质量，制动梁、制动板、制动桁架、车挡并入钢吊车梁工程量内。

【例 4-57】 图 4-65 所示的 H 型钢，截面尺寸为 400 mm×200 mm×12 mm×16 mm，其长度为 7.56 m，计算其工程量。

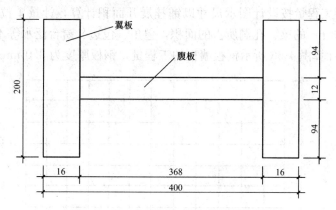

图 4-65　H 型钢示意(尺寸单位：mm)

【解】 查型钢表得 12 mm 腹板的理论质量为 94.20 kg/m²，16 mm 翼板的理论质量为 125.60 kg/m²。

其计算公式为

$$钢柱质量＝理论质量×矩形面积$$

根据 H 型钢的工程量计算规则得：

(1)12 mm 钢腹板的工程量＝94.20×0.368×7.56÷1 000＝0.262(t)

(2)16 mm 翼板的工程量＝125.60×0.2×7.56×2÷1 000＝0.380(t)

$$总的预算工程量＝0.262+0.380＝0.642(t)$$

三、钢板楼板、墙板

1. 钢板楼板、墙板工程量清单项目设置

《房屋建筑与装饰工程工程量计算规范》(GB 50854—2013)附录 F.5 钢板楼板、墙板共 2 个清单项目。各清单项目设置的具体内容见表 4-48。

表 4-48　钢板楼板、墙板(编码：010605)

项目编码	项目名称	项目特征	工作内容
010605001	钢板楼板	1. 钢材品种、规格 2. 钢板厚度 3. 螺栓种类 4. 防火要求	1. 拼装 2. 安装 3. 探伤 4. 补刷油漆
010605002	钢板墙板	1. 钢材品种、规格 2. 钢板厚度、复合板厚度 3. 螺栓种类 4. 复合板夹芯材料种类、层数、型号、规格 5. 防火要求	

2. 钢板楼板、墙板工程量计算

(1)钢板楼板工程量按设计图示尺寸以铺设水平投影面积计算,计量单位为 m²。不扣除单个面积不大于 0.3 m² 的柱、垛及孔洞所占的面积。

(2)钢板墙板工程量按设计图示尺寸以铺挂展开面积计算,计量单位为 m²。不扣除单个面积不大于 0.3 m² 的梁、孔洞所占的面积,包角、包边、窗台泛水等不另加面积。

【例 4-58】 计算图 4-66 所示钢板墙板的工程量,钢板厚度为 3.0 mm。

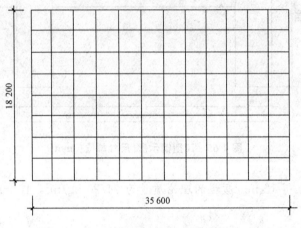

图 4-66 压型钢板墙板简图(尺寸单位:mm)

【解】 压型钢板墙板工程量=18.2×35.6=647.92(m²)

四、钢构件

(一)钢构件工程量清单项目设置

《房屋建筑与装饰工程工程量计算规范》(GB 50854—2013)附录 F.6 钢构件共 13 个清单项目。各清单项目设置的具体内容见表 4-49。

表 4-49 钢构件(编码:010606)

项目编码	项目名称	项目特征	工作内容
010606001	钢支撑、钢拉条	1. 钢材品种、规格 2. 构件类型 3. 安装高度 4. 螺栓种类 5. 探伤要求 6. 防火要求	1. 拼装 2. 安装 3. 探伤 4. 补刷油漆
010606002	钢檩条	1. 钢材品种、规格 2. 构件类型 3. 单根质量 4. 安装高度 5. 螺栓种类 6. 探伤要求 7. 防火要求	

项目编码	项目名称	项目特征	工作内容
010606003	钢天窗架	1. 钢材品种、规格 2. 单榀质量 3. 安装高度 4. 螺栓种类 5. 探伤要求 6. 防火要求	
010606004	钢挡风架	1. 钢材品种、规格 2. 单榀质量 3. 螺栓种类 4. 探伤要求 5. 防火要求	
010606005	钢墙架		
010606006	钢平台	1. 钢材品种、规格 2. 螺栓种类 3. 防火要求	
010606007	钢走道		1. 拼装 2. 安装 3. 探伤 4. 补刷油漆
010606008	钢梯	1. 钢材品种、规格 2. 钢梯形式 3. 螺栓种类 4. 防火要求	
010606009	钢护栏	1. 钢材品种、规格 2. 防火要求	
010606010	钢漏斗	1. 钢材品种、规格 2. 漏斗、天沟形式 3. 安装高度 4. 探伤要求	
010606011	钢板天沟		
010606012	钢支架	1. 钢材品种、规格 2. 安装高度 3. 防火要求	
010606013	零星钢构件	1. 构件名称 2. 钢材品种、规格	

(二)钢构件工程量计算

1. 钢构件适用对象

(1)钢支撑、钢拉条。钢支撑是指设置在屋架间或山墙间的小梁，是用以支撑椽子或屋面板的钢构件，有屋盖支撑和柱间支撑两种。

钢拉条就是钢结构骨架之间的圆钢螺杆，包括系杆、上弦水平支撑、下弦水平支撑、斜十字形杆等。

(2)钢檩条。钢檩条是指支撑于屋架或天窗上的钢构件，通常分为实腹式和桁架式两种。其截面形式一般有 H 形、C 形、Z 形等，作用是减小屋面板的跨度并固定屋面板。

(3)钢天窗架。钢天窗架是指在屋架上设置，供采光和通风用并受到与屋盖有关的作用的桁架或框架。

(4)钢挡风架。钢挡风架是指固定挡风板、挡雨板等的钢架。

(5)钢墙架。钢墙架是指由钢柱、梁连系拉杆组成的承重墙钢结构件。钢墙架项目包括墙架柱、墙架梁和连接杆件。

(6)钢平台。平台是指在生产和施工过程中,为操作方便而设置的工作台,有的能移动和升降。钢平台则是指用钢材制作的平台,有固定式、移动式和升降式三种。

(7)钢走道。走道是指在生活或生产过程中,为过往方便而设置的过道,有的能移动或升降。钢走道是指用钢材制作的过道,有固定式、移动式和升降式三种。

(8)钢梯。建筑中的钢梯有平台钢梯、起重机钢梯、消防钢梯和屋面检修钢梯等。其按构造形式分为踏步式、爬式和螺旋式,钢梯的踏步多为独根圆钢或角钢做成。

(9)钢护栏。钢护栏主要用于工厂、车间、仓库、停车场、商业区、公共场所等场合中对设备与设施的保护与防护。

(10)钢漏斗。漏斗是把液体或颗粒、粉末灌到小口的容器里用的器具,一般是由一个锥形的斗和一根管子构成。钢漏斗是指以钢材为材料制作的漏斗,有方形和圆形之分。

(11)钢支架。钢支架是指用型钢加工成的直形构件。构件之间采用螺栓连接。

2. 钢构件工程量计算规则

(1)钢支撑、钢拉条、钢檩条、钢天窗架、钢挡风架、钢墙架、钢平台、钢走道、钢梯、钢护栏的工程量按设计图示尺寸以质量计算,计量单位为 t。不扣除孔眼的质量,焊条、铆钉、螺栓等不另增加质量。

(2)钢漏斗、钢板天沟的工程量按设计图示尺寸以质量计算,计量单位为 t。不扣除孔眼的质量,焊条、铆钉、螺栓等不另增加质量,依附漏斗或天沟的型钢并入漏斗或天沟工程量内。

(3)钢支架及零星钢构件的工程量按设计图示尺寸以质量计算,计量单位为 t。不扣除孔眼的质量,焊条、铆钉、螺栓等不另增加质量。

【例 4-59】 计算图 4-67 所示钢支撑制作的工程量。

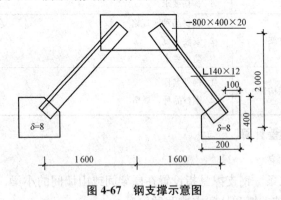

图 4-67 钢支撑示意图

【解】 钢支撑的工程量计算如下:

角钢(∟ 140×12)$=\sqrt{1.6^2+2.0^2}\times2\times25.55=130.88(kg)$

钢板($\delta=20$)$=0.8\times0.4\times7.85\times10^3\times0.02=50.24(kg)$

钢板($\delta=8$)$=0.2\times0.4\times7.85\times10^3\times0.008\times2=10.048(kg)$

工程量合计 $=130.88+50.24+10.048=191.168(kg)=0.191(t)$

【例 4-60】 计算制作图 4-68 所示的钢漏斗的工程量。

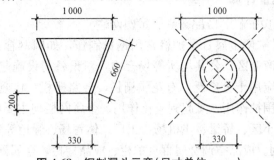

图 4-68　钢制漏斗示意(尺寸单位：mm)

【解】 钢漏斗的工程量计算如下：

上口板长＝1.0×3.14＝3.14(m)

下口板长＝0.33×3.14＝1.036(m)

$$漏斗表面积＝\frac{1}{2}×(3.14＋1.036)×0.66＋1.036×0.2＝1.585(m^2)$$

厚度为 2 mm 的钢板的理论质量为 15.7 kg/m²，则

钢漏斗工程量＝1.585×15.7＝24.88(kg)＝0.025(t)

五、金属制品

(一)金属制品工程量清单项目设置

《房屋建筑与装饰工程工程量计算规范》(GB 50854—2013)附录 F.7 金属制品共 6 个清单项目。各清单项目设置的具体内容见表 4-50。

表 4-50　金属制品(编码：010607)

项目编码	项目名称	项目特征	工作内容
010607001	成品空调金属百页护栏	1. 材料品种、规格 2. 边框材质	1. 安装 2. 校正 3. 预埋铁件及安螺栓
010607002	成品栅栏	1. 材料品种、规格 2. 边框及立柱型钢品种、规格	1. 安装 2. 校正 3. 预埋铁件 4. 安螺栓及金属立柱
010607003	成品雨篷	1. 材料品种、规格 2. 雨篷宽度 3. 晾衣杆品种、规格	1. 安装 2. 校正 3. 预埋铁件及安螺栓
010607004	金属网栏	1. 材料品种、规格 2. 边框及立柱型钢品种、规格	1. 安装 2. 校正 3. 安螺栓及金属立柱
010607005	砌块墙钢丝网加固	1. 材料品种、规格 2. 加固方式	1. 铺贴 2. 铆固
010607006	后浇带金属网		

(二)金属制品工程量计算

1. 成品空调金属百页护栏、成品栅栏、金属网栏

(1)适用对象。成品空调金属百页护栏常用钢材制作，如圆钢管、方钢管、压型钢板、铁丝，主要用于住宅、商业区、公共场所等场合中，对设备与设施起保护与防护作用。成品栅栏在生产和生活中应用十分广泛，有花园栅栏、公路栅栏、市政栅栏等，栅栏造型美观、花色多样，既起到围护作用，又起到美化作用。金属网栏现主要用于发达城市的公路、铁路、高速公路、住宅小区、桥梁、飞机场、工厂、体育场、绿地等防护。

(2)工程量计算规则。成品空调金属百页护栏、成品栅栏、金属网栏工程量按设计图示尺寸以框外围展开面积计算，以 m^2 为计量单位。

2. 成品雨篷

(1)适用对象。成品雨篷是设置在建筑物进出口上部的遮雨、遮阳篷。

(2)工程量计算。成品雨篷工程量按设计图示接触边以长度计算，计量单位为 m；或按设计图示尺寸以展开面积计算，计量单位为 m^2。

3. 砌块墙钢丝网加固、后浇带金属网

砌块墙钢丝网加固、后浇带金属网工程量按设计图示尺寸以面积计算，计量单位为 m^2。

第六节 木结构工程

一、木屋架

(一)木屋架工程量清单项目设置

《房屋建筑与装饰工程工程量计算规范》(GB 50854—2013)附录 G.1 木屋架共 2 个清单项目。各清单项目设置的具体内容见表 4-51。

表 4-51 木屋架(编码：010701)

项目编码	项目名称	项目特征	工作内容
010701001	木屋架	1. 跨度 2. 材料品种、规格 3. 刨光要求 4. 拉杆及夹板种类 5. 防护材料种类	1. 制作 2. 运输 3. 安装 4. 刷防护材料
010701002	钢木屋架	1. 跨度 2. 木材品种、规格 3. 刨光要求 4. 钢材品种、规格 5. 防护材料种类	

(二)木屋架工程量计算

1. 木屋架

(1)工程量计算规定。木屋架工程量按设计图示数量计算，以榀为计量单位；或按设计图示的规格尺寸以体积计算，以 m³ 为计量单位。

(2)注意事项。

1)屋架的跨度应以上、下弦中心线两交点之间的距离计算。

2)带气楼的屋架和马尾、折角以及正交部分的半屋架，按相关屋架项目编码列项。

2. 钢木屋架

(1)工程量计算规定。钢木屋架工程量按设计图示数量计算，计量单位为榀。

(2)注意事项。钢木屋架以榀计量，按标准图设计的应注明标准图代号，对按非标准图设计的项目特征必须按表 4-51 的要求予以描述。

【例 4-61】 某临时仓库，设计钢木屋架如图 4-69 所示，共 5 榀，现场制作，不刨光，铁件刷防锈漆 1 遍，轮胎式起重机安装，安装高度为 6 m，试计算其工程量。

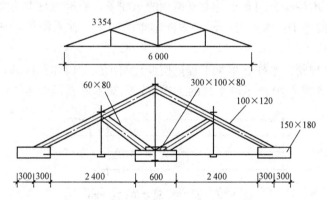

图 4-69 钢木屋架示意(尺寸单位：mm)

【解】 钢木屋架工程量＝5(榀)

二、木构件

(一)木构件工程量清单项目设置

《房屋建筑与装饰工程工程量计算规范》(GB 50854—2013)附录 G.2 木构件共 5 个清单项目。各清单项目设置的具体内容见表 4-52。

表 4-52　木构件(编码：010702)

项目编码	项目名称	项目特征	工作内容
010702001	木柱	1. 构件规格尺寸 2. 木材种类 3. 刨光要求 4. 防护材料种类	1. 制作 2. 运输 3. 安装 4. 刷防护材料
010702002	木梁		
010702003	木檩		

项目编码	项目名称	项目特征	工作内容
010702004	木楼梯	1. 楼梯形式 2. 木材种类 3. 刨光要求 4. 防护材料种类	1. 制作 2. 运输 3. 安装 4. 刷防护材料
010702005	其他木构件	1. 构件名称 2. 构件规格尺寸 3. 木材种类 4. 刨光要求 5. 防护材料种类	

(二)木构件工程量计算

1. 木柱、木梁

(1)适用对象。木柱是指用来承受主要荷载的木柱子,有圆木柱与方木柱两种,分别指截面为圆形和方形的柱子。木梁是指水平方向承重的构件,在木结构屋架中专指顺着前后方向架在柱子上的长木。

(2)工程量计算规则。木柱、木梁工程量按设计图示尺寸以体积计算,计量单位为 m^3。

【例 4-62】 计算图 4-70 所示圆木柱的工程量,已知木柱直径为 400 mm。

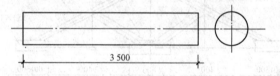

图 4-70 圆木柱(尺寸单位:mm)

【解】 圆木柱工程量 $= \pi \times 0.2^2 \times 3.5 = 0.44(m^3)$

【例 4-63】 试计算图 4-71 所示木梁的工程量。

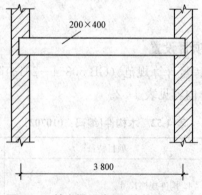

图 4-71 某木梁示意(尺寸单位:mm)

【解】 木梁工程量 $= 0.2 \times 0.4 \times 3.8 = 0.30(m^3)$

2. 木檩

木檩工程量按设计图示尺寸以体积计算，计量单位为 m^3；或按设计图示尺寸以长度计算，计量单位为 m。

3. 木楼梯

(1)适用对象。木楼梯是指连接上下楼层的交通设施。木楼梯项目适用于楼梯和爬梯。

(2)工程量计算规则。木楼梯工程量以 m^2 为计量单位，按设计图示尺寸以水平投影面积计算。不扣除宽度不大于 300 mm 的楼梯井，伸入墙内部分不计算。

(3)注意事项。木楼梯的栏杆(栏板)、扶手，应按本节中的相关编码列项。

【例 4-64】 试计算图 4-72 所示木楼梯的工程量。

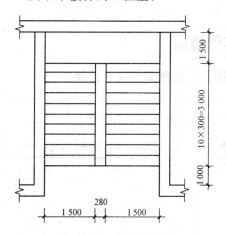

图 4-72 某木楼梯示意(尺寸单位：mm)

【解】 木楼梯工程量＝(1.5＋0.28＋1.5)×(1.0＋3.0＋1.5)＝18.04(m^2)

4. 其他木构件

(1)适用对象。其他木构件适用于斜撑，传统民居的花牙子、封檐板、博风板等构件。

(2)工程量计算规则。其他木构件工程量按设计图示尺寸以体积计算，或按设计图示尺寸以长度计算。

三、屋面木基层

1. 屋面木基层工程量清单项目设置

《房屋建筑与装饰工程工程量计算规范》(GB 50854—2013)附录 G.3 屋面木基层共 1 个清单项目。清单项目设置的具体内容见表 4-53。

表 4-53　屋面木基层(编码：010703)

项目编码	项目名称	项目特征	工作内容
010703001	屋面木基层	1. 椽子断面尺寸及椽距 2. 望板材料种类、厚度 3. 防护材料种类	1. 椽子制作、安装 2. 望板制作、安装 3. 顺水条和挂瓦条制作、安装 4. 刷防护材料

2. 屋面市基层工程量计算

屋面木基层是屋面系统木结构的组成部分之一。屋面木基层包括木椽子、屋面板、油毡、挂瓦条、顺水条等。屋面木基层工程量按设计图示尺寸以斜面积计算，计量单位为 m²。不扣除房上烟囱、风帽底座、风道、小气窗、斜沟等所占的面积。小气窗的出檐部分不增加面积。

第七节　屋面及防水工程

一、瓦、型材及其他屋面

(一)瓦、型材及其他屋面工程量清单项目设置

《房屋建筑与装饰工程工程量计算规范》(GB 50854—2013)附录 J.1 瓦、型材及其他屋面共 5 个清单项目。各清单项目设置的具体内容见表 4-54。

表 4-54　瓦、型材及其他屋面(编码：010901)

项目编码	项目名称	项目特征	工作内容
010901001	瓦屋面	1. 瓦品种、规格 2. 粘结层砂浆的配合比	1. 砂浆制作、运输、摊铺、养护 2. 安瓦、作瓦脊
010901002	型材屋面	1. 型材品种、规格 2. 金属檩条材料品种、规格 3. 接缝、嵌缝材料种类	1. 檩条制作、运输、安装 2. 屋面型材安装 3. 接缝、嵌缝
010901003	阳光板屋面	1. 阳光板品种、规格 2. 骨架材料品种、规格 3. 接缝、嵌缝材料种类 4. 油漆品种、刷漆遍数	1. 骨架制作、运输、安装、刷防护材料、油漆 2. 阳光板安装 3. 接缝、嵌缝
010901004	玻璃钢屋面	1. 玻璃钢品种、规格 2. 骨架材料品种、规格 3. 玻璃钢固定方式 4. 接缝、嵌缝材料种类 5. 油漆品种、刷漆遍数	1. 骨架制作、运输、安装、刷防护材料、油漆 2. 玻璃钢制作、安装 3. 接缝、嵌缝
010901005	膜结构屋面	1. 膜布品种、规格 2. 支柱(网架)钢材品种、规格 3. 钢丝绳品种、规格 4. 锚固基座做法 5. 油漆品种、刷漆遍数	1. 膜布热压胶接 2. 支柱(网架)制作、安装 3. 膜布安装 4. 穿钢丝绳、锚头锚固 5. 锚固基座、挖土、回填 6. 刷防护材料，油漆

(二)瓦、型材及其他屋面工程量计算

1. 瓦屋面、型材屋面

(1)适用对象。屋面就是屋顶面层，瓦屋面用平瓦(黏土瓦)，根据防水、排水要求，将

瓦相互排列在挂瓦条或其他层上的屋面叫作瓦屋面。瓦屋面项目适用于土瓦屋面、西班牙瓦屋面、琉璃瓦屋面、小青瓦屋面等。

型材屋面项目适用于彩钢板屋面、波纹瓦屋面、镀锌薄钢板屋面、多彩油毡瓦等。

(2)工程量计算规则。瓦屋面、型材屋面工程量以 m^2 为计量单位，按设计图示尺寸按屋面水平投影面积乘以屋面坡度系数所得斜面积计算。不扣除房上烟囱、风帽底座、风道、小气窗、斜沟等所占的面积，小气窗的出檐部分不增加面积。

2. 阳光板屋面、玻璃钢屋面

(1)适用对象。阳光板主要由 PC、PET、PMMA、PP 等材料制作，普遍用于各种建筑采光屋顶和室内装饰装修。阳光板屋面具有高强度、透光、隔声、节能等优点。

(2)工程量计算。阳光板屋面、玻璃钢屋面工程量以 m^2 为计量单位，按设计图示尺寸以斜面积计算，不扣除屋面面积不大于 $0.3 m^2$ 的孔洞所占的面积。

【例 4-65】 四坡玻璃钢屋面如图 4-73 所示，已知屋面坡度的高跨比 $B:2A=1:3$，$\alpha=33°40'$，试计算其工程量。

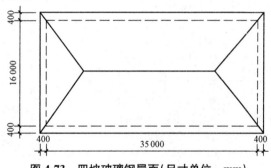

图 4-73 四坡玻璃钢屋面(尺寸单位：mm)

【解】 玻璃钢屋面工程量$=(35+0.4\times2)\times(16+0.4\times2)\times1.2015=722.63(m^2)$

3. 膜结构屋面

(1)适用对象。膜结构屋面适用于以膜布与支撑(柱、网架等)和拉结结构(拉杆、钢丝绳等)组成的屋盖、篷顶。

(2)工程量计算规则。膜结构屋面工程量以 m^2 为计量单位，按设计图示尺寸以需要覆盖的水平投影面积计算。

【例 4-66】 某工程采用图 4-74 所示的膜结构屋面，试计算其工程量。

【解】 膜结构屋面工程量$=18\times28=504(m^2)$

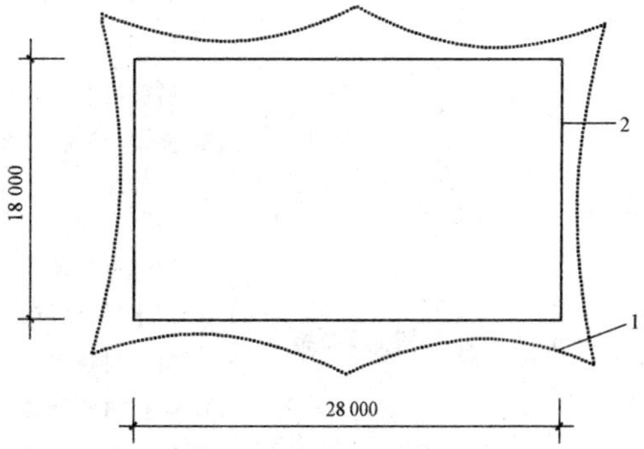

图 4-74 膜结构屋面工程量计算图(尺寸单位：mm)

1—膜布水平的投影面积；2—需覆盖的水平投影面积

二、屋面防水及其他

(一)屋面防水及其他工程量清单项目设置

《房屋建筑与装饰工程工程量计算规范》(GB 50854—2013)附录 J.2 屋面防水及其他共 8 个清单项目。各清单项目设置的具体内容见表 4-55。

表 4-55　屋面防水及其他(编码：010902)

项目编码	项目名称	项目特征	工作内容
010902001	屋面卷材防水	1. 卷材品种、规格、厚度 2. 防水层数 3. 防水层做法	1. 基层处理 2. 刷底油 3. 铺油毡卷材、接缝
010902002	屋面涂膜防水	1. 防水膜品种 2. 涂膜厚度、遍数 3. 增强材料种类	1. 基层处理 2. 刷基层处理剂 3. 铺布、喷涂防水层
010902003	屋面刚性层	1. 刚性层厚度 2. 混凝土种类 3. 混凝土强度等级 4. 嵌缝材料种类 5. 钢筋规格、型号	1. 基层处理 2. 混凝土制作、运输、铺筑、养护 3. 钢筋制安
010902004	屋面排水管	1. 排水管品种、规格 2. 雨水斗、山墙出水口品种、规格 3. 接缝、嵌缝材料种类 4. 油漆品种、刷漆遍数	1. 排水管及配件安装、固定 2. 雨水斗、山墙出水口、雨水箅子安装 3. 接缝、嵌缝 4. 刷漆
010902005	屋面排(透)气管	1. 排(透)气管品种、规格 2. 接缝、嵌缝材料种类 3. 油漆品种、刷漆遍数	1. 排(透)气管及配件安装、固定 2. 铁件制作、安装 3. 接缝、嵌缝 4. 刷漆
010902006	屋面(廊、阳台)泄(吐)水管	1. 吐水管品种、规格 2. 接缝、嵌缝材料种类 3. 吐水管长度 4. 油漆品种、刷漆遍数	1. 水管及配件安装、固定 2. 接缝、嵌缝 3. 刷漆
010902007	屋面天沟、檐沟	1. 材料品种、规格 2. 接缝、嵌缝材料种类	1. 天沟材料铺设 2. 天沟配件安装 3. 接缝、嵌缝 4. 刷防护材料
010902008	屋面变形缝	1. 嵌缝材料种类 2. 止水带材料种类 3. 盖缝材料 4. 防护材料种类	1. 清缝 2. 填塞防水材料 3. 止水带安装 4. 盖缝制作、安装 5. 刷防护材料

(二)屋面防水及其他工程量计算

1. 屋面卷材防水、屋面涂膜防水

(1)适用对象。屋面卷材防水适用于油毡卷材防水和高分子卷材防水等屋面防水，其中油毡卷材屋面主要为石油沥青玛琋脂卷材，高分子卷材屋面则为改性沥青防水卷材、冷粘三元乙丙橡胶卷材、再生橡胶卷材、氯丁橡胶卷材、氯化聚乙烯-橡胶共聚卷材、氯磺化聚乙烯卷材等。

屋面涂膜防水适用于屋面聚氨酯涂膜、屋面满涂塑料油膏、屋面氯丁冷胶涂膜、屋面聚合物水泥防水涂料等屋面防水。

(2)工程量计算规则。屋面卷材防水、屋面涂膜防水工程量按设计图示尺寸以面积计算,计量单位为 m²。斜屋顶(不包括平屋顶找坡)按斜面积计算,平屋顶按水平投影面积计算。不扣除房上烟囱、风帽底座、风道、屋面小气窗、斜沟等所占的面积。屋面的女儿墙、伸缩缝和天窗等处的弯起部分,并入屋面工程量内。如图纸未做规定,屋面的女儿墙、伸缩缝的弯起部分按 250 mm、天窗的弯起部分按 500 mm 计入屋面防水工程量。

(3)注意事项。屋面找平层按《房屋建筑与装饰工程工程量计算规范》(GB 50854—2013)附录 L.1 整体面层及找平层"平面砂浆找平层"项目编码列项。

【例 4-67】 计算图 4-75 所示的有挑檐平屋面涂刷聚氨酯涂料的工程量。

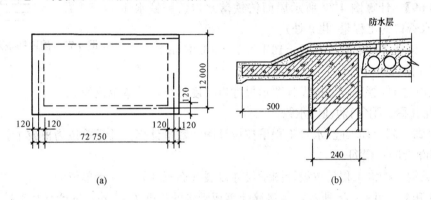

(a)

(b)

图 4-75 某卷材防水屋面(尺寸单位:mm)

(a)平面;(b)挑檐

【解】 屋面涂膜防水工程量=(72.75+0.24+0.5×2)×(12+0.24+0.5×2)=979.63(m²)

2. 屋面刚性层

(1)适用对象。屋面刚性层适用于细石混凝土和防水砂浆等屋面防水。

(2)工程量计算规则。屋面刚性层工程量按设计图示尺寸以面积计算,计量单位为 m²。不扣除房上烟囱、风帽底座、风道等所占的面积。

(3)注意事项。屋面刚性层无钢筋,其钢筋项目特征不必描述。

【例 4-68】 试计算图 4-76 所示屋面刚性层的工程量。

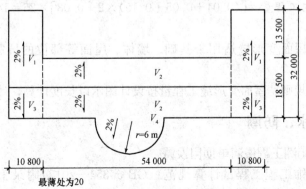

图 4-76 某屋顶平面图(尺寸单位:mm)

【解】 屋面刚性层工程量＝$32×10.8×2+18.5×54+3.14×6^2×\dfrac{1}{2}=1\,746.72(\text{m}^2)$

3. 屋面排水管

(1)适用对象。屋面排水管适用于塑料管、铸铁管等各种管材的排水管。

(2)工程量计算规则。屋面排水管工程量按设计图示尺寸以长度计算，计量单位为 m。如设计未标注尺寸，以檐口至设计室外散水上表面的垂直距离计算。

(3)注意事项。屋面排水管长度不扣除管件所占长度，管件价格应包含在报价内。

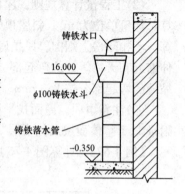

图 4-77 屋面铸铁落水管

【例 4-69】 计算图 4-77 所示屋面铸铁落水口、铸铁水斗及铸铁落水管口的工程量(共 9 处)。

【解】 铸铁落水管口工程量＝$16+0.35=16.35(\text{m})$

4. 屋面排(透)气管

屋面排(透)气管工程量按设计图示尺寸以长度计算，计量单位为 m。

5. 屋面(廊、阳台)泄(吐)水管

屋面(廊、阳台)泄(吐)水管工程量按设计图示数量计算，计量单位为根或个。

6. 屋面天沟、檐沟

屋面天沟、檐沟工程量按设计图示尺寸以展开面积计算，计量单位为 m²。

【例 4-70】 如图 4-78 所示，某镀锌薄钢板天沟的长度为 25 m，试计算其工程量。

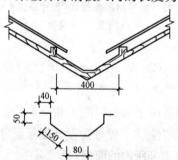

图 4-78 某镀锌薄钢板天沟剖面(尺寸单位：mm)

【解】 屋面天沟工程量＝$[(0.04+0.05+0.15)×2+0.08]×25=14(\text{m}^2)$

7. 屋面变形缝

(1)适用对象。屋面变形缝适用于基础、墙体、屋面等部位的抗震缝、温度缝(伸缩缝)、沉降缝。

(2)工程量计算规则。屋面变形缝工程量按设计图示以长度计算，计量单位为 m。

三、墙面防水、防潮

1. 墙面防水、防潮工程量清单项目设置

《房屋建筑与装饰工程工程量计算规范》(GB 50854—2013)附录 J.3 墙面防水、防潮共 4 个清单项目。各清单项目设置的具体内容见表 4-56。

表 4-56　墙面防水、防潮(编码：010903)

项目编码	项目名称	项目特征	工作内容
010903001	墙面卷材防水	1. 卷材品种、规格、厚度 2. 防水层数 3. 防水层做法	1. 基层处理 2. 刷粘结剂 3. 铺防水卷材 4. 接缝、嵌缝
010903002	墙面涂膜防水	1. 防水膜品种 2. 涂膜厚度、遍数 3. 增强材料种类	1. 基层处理 2. 刷基层处理剂 3. 铺布、喷涂防水层
010903003	墙面砂浆防水(防潮)	1. 防水层做法 2. 砂浆厚度、配合比 3. 钢丝网规格	1. 基层处理 2. 挂钢丝网片 3. 设置分格缝 4. 砂浆制作、运输、摊铺、养护
010903004	墙面变形缝	1. 嵌缝材料种类 2. 止水带材料种类 3. 盖缝材料 4. 防护材料种类	1. 清缝 2. 填塞防水材料 3. 止水带安装 4. 盖缝制作、安装 5. 刷防护材料

2. 墙面防水、防潮工程量计算

(1)墙面卷材防水、墙面涂膜防水、墙面砂浆防水(防潮)工程量按设计图示尺寸以面积计算，计量单位为 m²。

(2)墙面变形缝工程量以 m 为计量单位，按设计图示以长度计算。

【例 4-71】 图 4-79 所示的建筑物墙身采用砂浆防水，防水高度为 2.0 m，试计算墙面防水工程量。

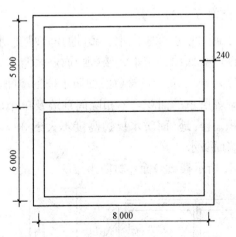

图 4-79　某工程平面图(尺寸单位：mm)

【解】 墙面砂浆防水(防潮)工程量=[(5.0-0.24)+(8.0-0.24)]×2×2.0+[(6.0-0.24)+(8.0-0.24)]×2×2.0=104.16(m²)

四、楼(地)面防水、防潮

(一)楼(地)面防水、防潮工程量清单项目设置

《房屋建筑与装饰工程工程量计算规范》(GB 50854—2013)附录 J.4 楼(地)面防水、防潮共 4 个清单项目。各清单项目设置的具体内容见表4-57。

表4-57　楼(地)面防水、防潮(编码：010904)

项目编码	项目名称	项目特征	工作内容
010904001	楼(地)面卷材防水	1. 卷材品种、规格、厚度 2. 防水层数 3. 防水层做法 4. 反边高度	1. 基层处理 2. 刷粘结剂 3. 铺防水卷材 4. 接缝、嵌缝
010904002	楼(地)面涂膜防水	1. 防水膜品种 2. 涂膜厚度、遍数 3. 增强材料种类 4. 反边高度	1. 基层处理 2. 刷基层处理剂 3. 铺布、喷涂防水层
010904003	楼(地)面砂浆防水(防潮)	1. 防水层做法 2. 砂浆厚度、配合比 3. 反边高度	1. 基层处理 2. 砂浆制作、运输、摊铺、养护
010904004	楼(地)面变形缝	1. 嵌缝材料种类 2. 止水带材料种类 3. 盖缝材料 4. 防护材料种类	1. 清缝 2. 填塞防水材料 3. 止水带安装 4. 盖缝制作、安装 5. 刷防护材料

(二)楼(地)面防水、防潮工程量计算

1. 楼(地)面卷材防水、楼(地)面涂膜防水、楼(地)面砂浆防水(防潮)

楼(地)面卷材防水、楼(地)面涂膜防水、楼(地)面砂浆防水(防潮)工程量按设计图示尺寸以面积计算，计量单位为 m^2。其中，楼(地)面防水按主墙间的净空面积计算，扣除凸出地面的构筑物、设备基础等所占的面积，不扣除间壁墙及单个面积不大于 0.3 m^2 的柱、垛、烟囱和孔洞所占的面积。楼(地)面防水反边高度不大于 300 mm 的算作地面防水，反边高度大于 300 mm 的按墙面防水计算。

【例4-72】　计算图 4-80 所示楼(地)面卷材防水层的工程量。

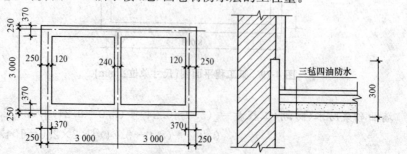

图 4-80　某工程室内平面图(尺寸单位：mm)

【解】 楼(地)面卷材防水层工程量＝(3.0－0.24)×(3.0－0.24)×2＝15.24(m²)

2. 楼(地)面变形缝

楼(地)面变形缝工程量计量单位为 m，按设计图示以长度计算。

第八节　保温、隔热、防腐工程

一、保温、隔热

1. 保温、隔热工程量清单项目设置

《房屋建筑与装饰工程工程量计算规范》(GB 50854—2013)附录 K.1 保温、隔热共 6 个清单项目。各清单项目设置的具体内容见表 4-58。

表 4-58　保温、隔热(编码：011001)

项目编码	项目名称	项目特征	工作内容
011001001	保温隔热屋面	1. 保温隔热材料品种、规格、厚度 2. 隔气层材料品种、厚度 3. 粘结材料种类、做法 4. 防护材料种类、做法	1. 基层清理 2. 刷粘结材料 3. 铺粘保温层 4. 铺、刷(喷)防护材料
011001002	保温隔热天棚	1. 保温隔热面层材料品种、规格、性能 2. 保温隔热材料品种、规格及厚度 3. 粘结材料种类及做法 4. 防护材料种类及做法	
011001003	保温隔热墙面	1. 保温隔热部位 2. 保温隔热方式 3. 踢脚线、勒脚线保温做法 4. 龙骨材料品种、规格 5. 保温隔热面层材料品种、规格、性能 6. 保温隔热材料品种、规格及厚度 7. 增强网及抗裂防水砂浆种类 8. 粘结材料种类及做法 9. 防护材料种类及做法	1. 基层清理 2. 刷界面剂 3. 安装龙骨 4. 填贴保温材料 5. 保温板安装 6. 粘贴面层 7. 铺设增强格网、抹抗裂、防水砂浆面层 8. 嵌缝 9. 铺、刷(喷)防护材料
011001004	保温柱、梁		
011001005	保温隔热楼地面	1. 保温隔热部位 2. 保温隔热材料品种、规格、厚度 3. 隔气层材料品种、厚度 4. 粘结材料种类、做法 5. 防护材料种类、做法	1. 基层清理 2. 刷粘结材料 3. 铺粘保温层 4. 铺、刷(喷)防护材料

项目编码	项目名称	项目特征	工作内容
011001006	其他保温隔热	1. 保温隔热部位 2. 保温隔热方式 3. 隔气层材料品种、厚度 4. 保温隔热面层材料品种、规格、性能 5. 保温隔热材料品种、规格及厚度 6. 粘结材料种类及做法 7. 增强网及抗裂防水砂浆种类 8. 防护材料种类及做法	1. 基层清理 2. 刷界面剂 3. 安装龙骨 4. 填贴保温材料 5. 保温板安装 6. 粘贴面层 7. 铺设增强格网、抹抗裂防水砂浆面层 8. 嵌缝 9. 铺、刷(喷)防护材料

2. 保温、隔热工程量计算

(1)适用对象。保温隔热屋面项目适用于各种材料的屋面保温、隔热;保温隔热天棚项目适用于各种材料的下贴式或吊顶上搁置式的保温隔热的天棚,柱帽保温隔热并入天棚保温隔热工程量内;保温隔热墙面项目适用于外墙、内墙的保温隔热。

(2)工程量计算规则。

1)保温隔热屋面。保温隔热屋面工程量按设计图示尺寸以面积计算,扣除面积大于 $0.3 m^2$ 的孔洞及占位的面积,计量单位为 m^2。

2)保温隔热天棚。保温隔热天棚工程量按设计图示尺寸以面积计算,计量单位为 m^2,扣除面积大于 $0.3 m^2$ 上柱、垛、孔洞所占的面积,与天棚相连的梁按展开面积,计算并入天棚工程量内。

3)保温隔热墙面。保温隔热墙面工程量按设计图示尺寸以面积计算,计量单位为 m^2。扣除门窗洞口以及面积大于 $0.3 m^2$ 的梁、孔洞所占的面积;门窗洞口侧壁以及与墙相连的柱,并入保温墙体工程量内。

4)保温柱、梁。保温柱、梁工程量按设计图示尺寸以面积计算,计量单位为 m^2。

①柱按设计图示柱断面保温层中心线展开长度乘以保温层高度所得面积计算,扣除面积大于 $0.3 m^2$ 的梁所占的面积。

②梁按设计图示梁断面保温层中心线展开长度乘以保温层长度所得面积计算。

5)保温隔热楼地面。保温隔热楼地面工程量按设计图示尺寸以面积计算,计量单位为 m^2。扣除面积大于 $0.3 m^2$ 的柱、垛、孔洞等所占的面积。门洞、空圈、暖气包槽、壁龛的开口部分不增加面积。

6)其他保温隔热。其他保温隔热工程量按设计图示尺寸以展开面积计算,计量单位为 m^2。扣除面积大于 $0.3 m^2$ 的孔洞及占位的面积。

【例 4-73】 图 4-81 所示的冷库内加设两根直径为 0.5 m 的圆柱,上带柱帽,采用膨胀聚苯板保温,试计算其工程量。

【解】 (1)柱身保温层工程量:
$$S_1 = 0.6 \times \pi \times (4.5 - 0.8) \times 0.1 \times 2 = 1.39 (m^2)$$

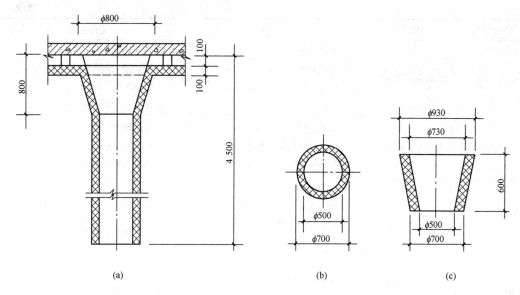

图 4-81　柱保温层结构图(尺寸单位：mm)

(a)膨胀聚苯板保温示意；(b)柱身构造示意；(c)柱帽构造示意

(2)柱帽保温层工程量：

$$S_2 = \frac{1}{2} \times \pi \times (0.7 + 0.73) \times 0.6 \times 0.1 \times 2 = 0.27(\text{m}^2)$$

(3)保温柱工程量合计：

$$S = S_1 + S_2 = 1.39 + 0.27 = 1.66(\text{m}^2)$$

二、防腐面层

1. 防腐面层工程量清单项目设置

《房屋建筑与装饰工程工程量计算规范》(GB 50854—2013)附录 K.2 防腐面层共 7 个清单项目。各清单项目设置的具体内容见表 4-59。

表 4-59　防腐面层(编码：011002)

项目编码	项目名称	项目特征	工作内容
011002001	防腐混凝土面层	1. 防腐部位 2. 面层厚度 3. 混凝土种类 4. 胶泥种类、配合比	1. 基层清理 2. 基层刷稀胶泥 3. 混凝土制作、运输、摊铺、养护
011002002	防腐砂浆面层	1. 防腐部位 2. 面层厚度 3. 砂浆、胶泥种类、配合比	1. 基层清理 2. 基层刷稀胶泥 3. 砂浆制作、运输、摊铺、养护
011002003	防腐胶泥面层	1. 防腐部位 2. 面层厚度 3. 胶泥种类、配合比	1. 基层清理 2. 胶泥调制、摊铺

项目编码	项目名称	项目特征	工作内容
011002004	玻璃钢防腐面层	1. 防腐部位 2. 玻璃钢种类 3. 贴布材料的种类、层数 4. 面层材料品种	1. 基层清理 2. 刷底漆、刮腻子 3. 胶浆配制、涂刷 4. 粘布、涂刷面层
011002005	聚氯乙烯板面层	1. 防腐部位 2. 面层材料品种、厚度 3. 粘结材料种类	1. 基层清理 2. 配料、涂胶 3. 聚氯乙烯板铺设
011002006	块料防腐面层	1. 防腐部位 2. 块料品种、规格 3. 粘结材料种类 4. 勾缝材料种类	1. 基层清理 2. 铺贴块料 3. 胶泥调制、勾缝
011002007	池、槽块料 防腐面层	1. 防腐池、槽名称、代号 2. 块料品种、规格 3. 粘结材料种类 4. 勾缝材料种类	1. 基层清理 2. 铺贴块料 3. 胶泥调制、勾缝

2. 防腐面层工程量计算

(1)适用对象。防腐混凝土面层、防腐砂浆面层、防腐胶泥面层项目适用于水玻璃混凝土(砂浆、胶泥)、沥青混凝土(胶泥)、树脂砂浆(胶泥)以及聚合物水泥砂浆等防腐工程;玻璃钢防腐面层项目适用于树脂胶料与增强材料复合塑制而成的玻璃钢防腐;聚氯乙烯板面层项目适用于软、硬聚氯乙烯板防腐工程;块料防腐面层项目适用于地面、沟槽、基础的各类块料防腐材料。

(2)工程量计算规则。

1)防腐混凝土面层、防腐砂浆面层、防腐胶泥面层、玻璃钢防腐面层、聚氯乙烯板面层、块料防腐面层工程量按设计图示尺寸以面积计算,计量单位为 m^2。其中,对于平面防腐,扣除凸出地面的构筑物、设备基础等以及面积大于 $0.3\ m^2$ 的孔洞、柱、垛等所占的面积,门洞、空圈、暖气包槽、壁龛的开口部分不增加面积。对于立面防腐,扣除门、窗、洞口以及面积大于 $0.3\ m^2$ 的孔洞、梁所占的面积,门、窗、洞口侧壁、垛的突出部分按展开面积并入墙面积内。

2)池、槽块料防腐面层工程量按设计图示尺寸以展开面积计算,计量单位为 m^2。

【例 4-74】 试计算图 4-82 所示的环氧砂浆防腐面层工程量。

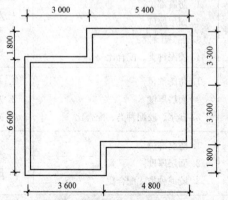

图 4-82 某环氧砂浆防腐面层示意(尺寸单位:mm)

【解】 防腐砂浆面层工程量＝$(3.6+4.8-0.24)×(6.6+1.8-0.24)-3.0×1.8-4.8×$
$$1.8=52.55(m^2)$$

三、其他防腐

(一)其他防腐工程量清单项目设置

《房屋建筑与装饰工程工程量计算规范》(GB 50854—2013)附录 K.3 其他防腐共 3 个清单项目。各清单项目设置的具体内容见表 4-60。

表 4-60　其他防腐(编码：011003)

项目编码	项目名称	项目特征	工作内容
011003001	隔离层	1. 隔离层部位 2. 隔离层材料品种 3. 隔离层做法 4. 粘贴材料种类	1. 基层清理、刷油 2. 煮沥青 3. 胶泥调制 4. 隔离层铺设
011003002	砌筑沥青浸渍砖	1. 砌筑部位 2. 浸渍砖规格 3. 胶泥种类 4. 浸渍砖砌法	1. 基层清理 2. 胶泥调制 3. 浸渍砖铺砌
011003003	防腐涂料	1. 涂刷部位 2. 基层材料类型 3. 刮腻子的种类、遍数 4. 涂料品种、刷涂遍数	1. 基层清理 2. 刮腻子 3. 刷涂料

(二)其他防腐工程量计算

1. 隔离层

(1)适用对象。隔离层项目适用于楼(地)面的沥青类、树脂玻璃钢类防腐工程隔离层。

(2)工程量计算规则。隔离层工程量按设计图示尺寸以面积计算，计量单位为 m^2。其中，对于平面防腐，扣除凸出地面的构筑物、设备基础等以及面积大于 0.3 m^2 的孔洞、柱、垛等所占的面积，门洞、空圈、暖气包槽、壁龛的开口部分不增加面积。对于立面防腐，扣除门、窗、洞口以及面积大于 0.3 m^2 的孔洞、梁所占的面积，门、窗、洞口侧壁、垛的突出部分按展开面积并入墙面积内。

【例 4-75】 计算图 4-83 所示的屋面隔离层工程量。

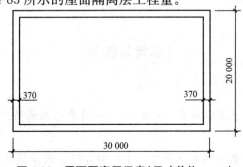

图 4-83　屋面隔离层示意(尺寸单位：mm)

【解】 屋面隔离层工程量＝(30－0.37×2)×(20－0.37×2)＝563.55(m²)

2. 砌筑沥青浸渍砖

(1)适用对象。砌筑沥青浸渍砖适用于浸渍标准砖。

(2)工程量计算规则。砌筑沥青浸渍砖工程量按设计图示尺寸以体积计算，计量单位为 m³。

【例4-76】 池槽表面砌筑沥青浸渍砖如图4-84所示，试计算其工程量。

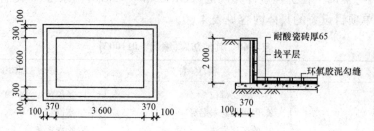

图4-84 池槽示意(尺寸单位：mm)

【解】 砌筑沥青浸渍砖工程量＝(3.6－0.065)×(1.6－0.065)＋(3.6＋1.6)×2×2
＝26.23(m²)

3. 防腐涂料

(1)适用对象。防腐涂料适用于建筑物、构筑物及钢结构的防腐。

(2)工程量计算规则。防腐涂料工程量按设计图示尺寸以面积计算，计量单位为 m²。

1)平面防腐：扣除凸出地面的构筑物、设备基础等以及面积大于 0.3 m² 的孔洞、柱、垛等所占的面积，门洞、空圈、暖气包槽、壁龛的开口部分不增加面积。

2)立面防腐：扣除门、窗、洞口以及面积大于 0.3 m² 的孔洞、梁所占的面积，门、窗、洞口侧壁、垛的突出部分按展开面积并入墙面积内。

本章小结

房屋建筑工程包括土石方工程，地基处理与边坡支护工程，桩基工程，砌筑工程，混凝土及钢筋混凝土工程，金属结构工程，木结构工程，屋面及防水工程，保温、隔热、防腐工程。学习本章内容应重点掌握各项内容的工程量清单项目设置及工程量计算规则，能够计算各项目工程量。

思考与练习

一、填空题

1. _____是指在开挖建筑物基坑(槽)之前，将天然地面改造成所要求的设计平面时，进行的土方施工过程。

2. _____是指建筑物场地厚度大于±300 mm的竖向布置挖土或山坡切土。

3. _____是指室外设计地坪以下底宽不大于7 m且底长大于3倍底宽的沟槽的土方开挖。

4. _____是指室外设计地坪以下底长不大于3倍底宽且底面积不大于150 m²的基坑的土方开挖。

5. _____项目适用于管道(给水排水、工业、电力、通信)、光(电)缆沟[包括人(手)孔、接口坑]及连接井(检查井)等。

6. 土工合成材料是指_____。

7. _____是指在原状土上加载,使土中水排出,以实现土的预先固结,减少建筑物地基后期沉降和提高地基承载力。

8. _____是在碎石桩的基础上加进一些石屑、粉煤灰和少量水泥,加水拌和制成的具有一定粘结强度的桩。

9. 基坑支撑包括_____和_____。

10. 砖基础项目适用于各种类型的_____、_____、_____、_____等。

11. 砌筑用砖根据构造形式的不同,分为_____和_____两种。

12. 砖围墙以_____为界,以下为基础,以上为墙身。

13. 石栏杆项目适用于_____。

14. _____是指为了防止边坡受冲刷,在坡面上所做的各种铺砌和栽植的统称。

15. 垫层是指_____。

16. 满堂基础按其形式不同,可分为_____和_____两种。

17. 钢筋按外形分为_____、_____、_____和_____。

18. 单根箍筋长度与_____有关。

19. 实腹柱适用于_____和_____。

20. _____是指设置在屋架间或山墙间的小梁,是用以支撑椽子或屋面板的钢构件,有屋盖支撑和柱间支撑两类。

21. _____就是钢结构骨架之间的圆钢螺杆,包括_____、_____、_____、_____等。

22. _____是指用型钢加工成的直形构件。

23. 屋面排水管适用于_____、_____等各种管材的排水管。

24. 砌筑沥青浸渍砖适用于_____。

二、问答题

1. 挖石方工程量如何计算?

2. 地下连续墙工程量如何计算?

3. 预制钢筋混凝土方桩、预制混凝土管桩、钢管桩、截(凿)桩头工程量如何计算?

4. 砖基础工程量如何计算?

5. 实心砖墙、多孔砖墙、空心砖墙工程量如何计算?

6. 砌块墙工程量如何计算?

7. 现浇混凝土基础工程量如何计算?现浇混凝土柱、梁、墙、板工程量如何计算?

8. 钢网架、钢屋架、钢托架、钢桁架、钢架桥工程量如何计算?

9. 木屋架、钢木屋架工程量如何计算?

10. 瓦、型材及其他屋面工程量如何计算?

三、计算题

某建筑物的基础如图 4-85 所示。

(1)计算地槽回填土的工程量;

(2)计算室内地面回填土夯实工程工程量。

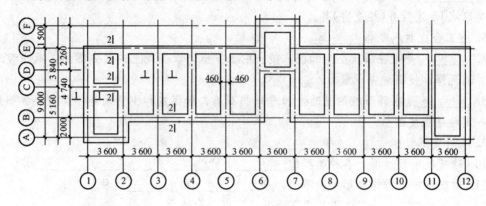

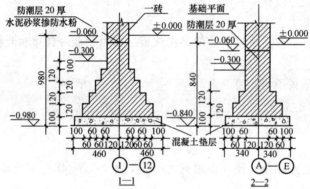

图 4-85 某建筑物的基础(尺寸单位: mm)

第五章 装饰装修工程工程量清单项目设置与工程量计算

知识目标

熟悉装饰装修工程各项目的工程量清单项目设置；掌握各项目工程量计算规则。

能力目标

通过本章内容的学习，能够明确装饰装修工程各项目的工程量计算规则；能够进行装饰装修工程各项目的工程量计算。

第一节 门窗工程

一、木门

1. 木门工程量清单项目设置

《房屋建筑与装饰工程工程量计算规范》(GB 50854—2013)附录 H.1 木门共有 6 个清单项目。各清单项目设置的具体内容见表 5-1。

表 5-1 木门(编码：010801)

项目编码	项目名称	项目特征	工作内容
010801001	木质门	1. 门代号及洞口尺寸 2. 镶嵌玻璃品种、厚度	1. 门安装 2. 玻璃安装 3. 五金安装
010801002	木质门带套		
010801003	木质连窗门		
010801004	木质防火门		
010801005	木门框	1. 门代号及洞口尺寸 2. 框截面尺寸 3. 防护材料种类	1. 木门框制作、安装 2. 运输 3. 刷防护材料
010801006	门锁安装	1. 锁品种 2. 锁规格	安装

2. 木门工程量计算

(1)木质门应区分镶板木门、企口木板门、实木装饰门、胶合板门、夹板装饰门、木纱门、全玻门(带木质扇框)、木质半玻门(带木质扇框)等项目,分别编码列项。

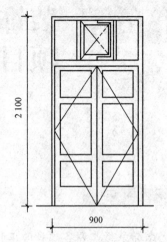

(2)木门五金应包括折页、插销、门碰珠、弓背拉手、搭机、木螺钉、弹簧折页(自动门)、管子拉手(自由门、地弹门)、地弹簧(地弹门)、角铁、门轧头(地弹门、自由门)等。

(3)以樘计量,项目特征必须描述洞口尺寸;以 m² 计量,项目特征可不描述洞口尺寸。

(4)单独制作安装木门框按木门框项目编码列项。

图 5-1　双扇无纱带亮镶板门示意
(尺寸单位:mm)

【例 5-1】　计算图 5-1 所示镶板门的工程量。

【解】　工程量有以下两种计算方法:

(1)以 m² 计量:镶板门工程量=0.9×2.1=1.89(m²)。

(2)以樘计量:镶板门工程量=1(樘)。

二、金属门

1. 金属门工程量清单项目设置

《房屋建筑与装饰工程工程量计算规范》(GB 50854—2013)附录 H.2 金属门共有 4 个清单项目。各清单项目设置的具体内容见表 5-2。

表 5-2　金属门(编码:010802)

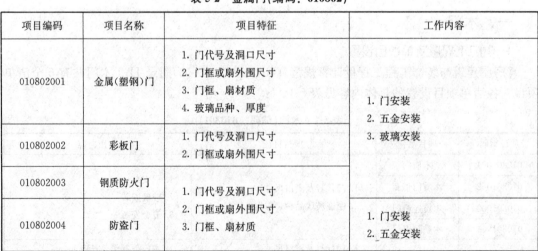

项目编码	项目名称	项目特征	工作内容
010802001	金属(塑钢)门	1. 门代号及洞口尺寸 2. 门框或扇外围尺寸 3. 门框、扇材质 4. 玻璃品种、厚度	1. 门安装 2. 五金安装 3. 玻璃安装
010802002	彩板门	1. 门代号及洞口尺寸 2. 门框或扇外围尺寸	
010802003	钢质防火门	1. 门代号及洞口尺寸 2. 门框或扇外围尺寸 3. 门框、扇材质	1. 门安装 2. 五金安装
010802004	防盗门		

2. 金属门工程量计算

金属门工程量以樘为计量单位,按设计图示的数量计算;或以 m² 为计量单位,按设计图示的洞口尺寸以面积计算。

【例 5-2】 计算图 5-2 所示某厂库房铝合金平开门的工程量。

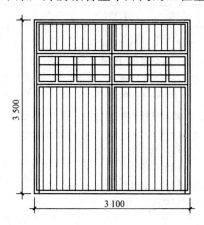

图 5-2　某厂库房铝合金平开门示意(尺寸单位：mm)

【解】 铝合金平开门工程量＝1(樘)

或

铝合金平开门工程量＝3.10×3.50＝10.85(m²)

三、金属卷帘(闸)门

1. 金属卷帘(闸)门工程量清单项目设置

《房屋建筑与装饰工程工程量计算规范》(GB 50854—2013)附录 H.3 金属卷帘(闸)门共有 2 个清单项目。各清单项目设置的具体内容见表 5-3。

表 5-3　金属卷帘(闸)门(编码：010803)

项目编码	项目名称	项目特征	工作内容
010803001	金属卷帘(闸)门	1. 门代号及洞口尺寸 2. 门材质 3. 启动装置品种、规格	1. 门运输、安装 2. 启动装置、活动小门、五金安装
010803002	防火卷帘(闸)门		

2. 金属卷帘(闸)门工程量计算

金属卷帘(闸)门工程量以樘为计量单位，按设计图示的数量计算；或以 m² 为计量单位，按设计图示洞口尺寸以面积计算。

四、厂库房大门、特种门

(一)厂库房大门、特种门工程量清单项目设置

《房屋建筑与装饰工程工程量计算规范》(GB 50854—2013)附录 H.4 厂库房大门、特种门共有 7 个清单项目。各清单项目设置的具体内容见表 5-4。

表 5-4　厂库房大门、特种门(编码：010804)

项目编码	项目名称	项目特征	工作内容
010804001	木板大门	1. 门代号及洞口尺寸 2. 门框或扇外围尺寸 3. 门框、扇材质 4. 五金种类、规格 5. 防护材料种类	1. 门(骨架)制作、运输 2. 门、五金配件安装 3. 刷防护材料
010804002	钢木大门		
010804003	全钢板大门		
010804004	防护铁丝门		
010804005	金属格栅门	1. 门代号及洞口尺寸 2. 门框或扇外围尺寸 3. 门框、扇材质 4. 启动装置的品种、规格	1. 门安装 2. 启动装置、五金配件安装
010804006	钢质花饰大门	1. 门代号及洞口尺寸 2. 门框或扇外围尺寸 3. 门框、扇材质	1. 门安装 2. 五金配件安装
010804007	特种门		

(二)厂库房大门、特种门工程量计算

1. 工程量计算规则

(1)木板大门、钢木大门、全钢板大门、金属格栅门、特种门工程量按设计图示的数量计算，以樘为计量单位；或按设计图示的洞口尺寸以面积计算，计量单位为 m²。

(2)防护铁丝门和钢质花饰大门工程量按设计图示的数量计算，计量单位为樘；或按设计图示的门框或扇以面积计算，计量单位为 m²。

2. 注意事项

以 m² 计量的，无设计图示洞口尺寸的，按门框、扇的外围以面积计算。

【例 5-3】　如图 5-3 所示，某厂房有平开全钢板大门(带探望孔)，共 5 樘，刷防锈漆。试计算其工程量。

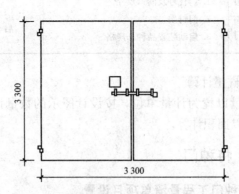

图 5-3　平开全钢板大门(尺寸单位：mm)

【解】　工程量有以下两种计算方法：

(1)以 m² 计量：全钢板大门工程量=3.30×3.30×5=54.45(m²)。

(2)以樘计量：全钢板大门工程量=5(樘)。

五、其他门

(一)其他门工程量清单项目设置

《房屋建筑与装饰工程工程量计算规范》(GB 50854—2013)附录 H.5 其他门共有 7 个清单项目。各清单项目设置的具体内容见表 5-5。

表 5-5 其他门(编码：010805)

项目编码	项目名称	项目特征	工作内容
010805001	电子感应门	1. 门代号及洞口尺寸 2. 门框或扇外围尺寸 3. 门框、扇材质	1. 门安装 2. 启动装置、五金、电子配件安装
010805002	旋转门	4. 玻璃品种、厚度 5. 启动装置的品种、规格 6. 电子配件品种、规格	
010805003	电子对讲门	1. 门代号及洞口尺寸 2. 门框或扇外围尺寸 3. 门材质	
010805004	电动伸缩门	4. 玻璃品种、厚度 5. 启动装置的品种、规格 6. 电子配件品种、规格	
010805005	全玻自由门	1. 门代号及洞口尺寸 2. 门框或扇外围尺寸 3. 框材质 4. 玻璃品种、厚度	1. 门安装 2. 五金安装
010805006	镜面不锈钢饰面门	1. 门代号及洞口尺寸 2. 门框或扇外围尺寸	
010805007	复合材料门	3. 框、扇材质 4. 玻璃品种、厚度	

(二)其他门工程量计算

1. 工程量计算规则

电子感应门、旋转门、电子对讲门、电动伸缩门、全玻自由门、镜面不锈钢饰面门、复合材料门的工程量按设计图示的数量计算，计量单位为樘；或按设计图示的洞口尺寸以面积计算，计量单位为 m²。

2. 注意事项

(1)以樘计量，项目特征必须描述洞口尺寸，没有洞口尺寸必须描述门框或扇外围尺寸；以 m² 计量，项目特征可不描述洞口尺寸及框、扇的外围尺寸。

(2)以 m² 计量，无设计图示洞口尺寸，按门框、扇外围以面积计算。

六、木窗

(一)木窗工程量清单项目设置

《房屋建筑与装饰工程工程量计算规范》(GB 50854—2013)附录 H.6 木窗共有 4 个清单项目。各清单项目设置的具体内容见表 5-6。

表 5-6 木窗(编码：010806)

项目编码	项目名称	项目特征	工作内容
010806001	木质窗	1. 窗代号及洞口尺寸 2. 玻璃品种、厚度	1. 窗安装 2. 五金、玻璃安装
010806002	木飘(凸)窗		
010806003	木橱窗	1. 窗代号 2. 框截面及外围展开面积 3. 玻璃品种、厚度 4. 防护材料种类	1. 窗制作、运输、安装 2. 五金、玻璃安装 3. 刷防护材料
010806004	木纱窗	1. 窗代号及框的外围尺寸 2. 窗纱材料品种、规格	1. 窗安装 2. 五金安装

(二)木窗工程量计算

1. 工程量计算规则

(1)木质窗工程量按设计图示的数量计算，计量单位为樘；或按设计图示的洞口尺寸以面积计算，计量单位为 m²。

(2)木飘(凸)窗、木橱窗工程量按设计图示的数量计算，计量单位为樘；或按设计图示尺寸以框外围的展开面积计算，计量单位为 m²。

(3)木纱窗工程量按设计图示的数量计算，计量单位为樘；或按窗框的外围尺寸以面积计算，计量单位为 m²。

2. 注意事项

以 m² 计量，无设计图示洞口尺寸，按窗框外围以面积计算。

【例 5-4】 计算图 5-4 所示木制推拉窗的工程量。

【解】 木制推拉窗工程量＝1(樘)

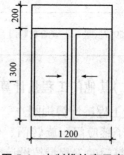

图 5-4 木制推拉窗示意
(尺寸单位：mm)

七、金属窗

(一)金属窗工程量清单项目设置

《房屋建筑与装饰工程工程量计算规范》(GB 50854—2013)附录 H.7 金属窗共有 9 个清单项目。各清单项目设置的具体内容见表 5-7。

表 5-7　金属窗(编码：010807)

项目编码	项目名称	项目特征	工作内容
010807001	金属(塑钢、断桥)窗	1. 窗代号及洞口尺寸 2. 框、扇材质 3. 玻璃品种、厚度	1. 窗安装 2. 五金、玻璃安装
010807002	金属防火窗		
010807003	金属百叶窗	1. 窗代号及洞口尺寸 2. 框、扇材质 3. 玻璃品种、厚度	1. 窗安装 2. 五金、玻璃安装
010807004	金属纱窗	1. 窗代号及框的外围尺寸 2. 框材质 3. 窗纱材料品种、规格	1. 窗安装 2. 五金安装
010807005	金属格栅窗	1. 窗代号及洞口尺寸 2. 框外围尺寸 3. 框、扇材质	
010807006	金属(塑钢、断桥)橱窗	1. 窗代号 2. 框外围展开面积 3. 框、扇材质 4. 玻璃品种、厚度 5. 防护材料种类	1. 窗制作、运输、安装 2. 五金、玻璃安装 3. 刷防护材料
010807007	金属(塑钢、断桥)飘(凸)窗	1. 窗代号 2. 框外围展开面积 3. 框、扇材质 4. 玻璃品种、厚度	1. 窗安装 2. 五金、玻璃安装
010807008	彩板窗	1. 窗代号及洞口尺寸 2. 框外围尺寸 3. 框、扇材质 4. 玻璃品种、厚度	
010807009	复合材料窗		

(二)金属窗工程量计算

1. 工程量计算规则

(1)金属百叶窗、金属格栅窗的工程量以樘计量，按设计图示的数量计算；或以 m^2 计量，按设计图示的洞口尺寸以面积计算。

(2)金属纱窗工程量以樘计量，按设计图示数量计算；或以 m^2 计量，按框的外围尺寸以面积计算。

(3)金属(塑钢、断桥)橱窗、金属(塑钢、断桥)飘(凸)窗工程量以樘计量，按设计图示的数量计算；或以 m^2 计量，按设计图示的尺寸以框外围的展开面积计算。

(4)彩板窗、复合材料窗工程量以樘计量，按设计图示数量计算；或以 m^2 计量，按设计图示洞口尺寸或框外围以面积计算。

2. 注意事项

以 m^2 计量，无设计图示洞口尺寸，按窗框外围以面积计算。

【例 5-5】 某办公用房底层需安装如图 5-5 所示的金属格栅窗，共 22 樘，刷防锈漆，试计算金属格栅窗工程量。

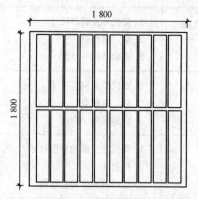

图 5-5 某办公用房金属隔栅窗的尺寸示意

（尺寸单位：mm）

【解】（1）以 m^2 计量：金属格栅窗工程量＝1.80×1.80×22＝71.28（m^2）。

（2）以樘计量：金属格栅窗工程量＝22（樘）。

【例 5-6】 某房间有如图 5-6 所示的金属百叶窗（矩形带铁纱）2 樘，试计算其工程量。

【解】 金属百叶窗工程量有以下两种计算方法：

（1）以 m^2 计量：金属百叶窗工程量＝1.50×1.20×2＝3.60（m^2）。

（2）以樘计量：金属百叶窗工程量＝2（樘）。

八、门窗套

1. 门窗套工程量清单项目设置

《房屋建筑与装饰工程工程量计算规范》（GB 50854—2013）附录 H.8 门窗套共有 7 个清单项目。各清单项目设置的具体内容见表 5-8。

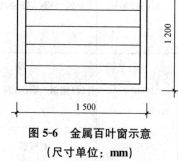

图 5-6 金属百叶窗示意

（尺寸单位：mm）

表 5-8 门窗套（编码：010808）

项目编码	项目名称	项目特征	工作内容
010808001	木门窗套	1. 窗代号及洞口尺寸 2. 门窗套展开宽度 3. 基层材料种类 4. 面层材料品种、规格 5. 线条品种、规格 6. 防护材料种类	1. 清理基层 2. 立筋制作、安装 3. 基层板安装 4. 面层铺贴 5. 线条安装 6. 刷防护材料
010808002	木筒子板	1. 筒子板宽度 2. 基层材料种类 3. 面层材料品种、规格 4. 线条品种、规格 5. 防护材料种类	
010808003	饰面夹板筒子板		

项目编码	项目名称	项目特征	工作内容
010808004	金属门窗套	1. 窗代号及洞口尺寸 2. 门窗套展开宽度 3. 基层材料种类 4. 面层材料品种、规格 5. 防护材料种类	1. 清理基层 2. 立筋制作、安装 3. 基层板安装 4. 面层铺贴 5. 刷防护材料
010808005	石材门窗套	1. 窗代号及洞口尺寸 2. 门窗套展开宽度 3. 粘结层厚度、砂浆配合比 4. 面层材料品种、规格 5. 线条品种、规格	1. 清理基层 2. 立筋制作、安装 3. 基层抹灰 4. 面层铺贴 5. 线条安装
010808006	门窗木贴脸	1. 门窗代号及洞口尺寸 2. 贴脸板宽度 3. 防护材料种类	安装
010808007	成品木门窗套	1. 门窗代号及洞口尺寸 2. 门窗套展开宽度 3. 门窗套材料品种、规格	1. 清理基层 2. 立筋制作、安装 3. 板安装

2. 门窗套工程量计算

(1)木门窗套、木筒子板、饰面夹板筒子板、金属门窗套、石材门窗套、成品木门窗套的工程量按设计图示数量计算，计量单位为樘；或按设计图示尺寸以展开面积计算，计量单位为 m^2；或按设计图示中心以延长米计算，计量单位为 m。

(2)门窗木贴脸工程量按设计图示数量计算，计量单位为樘；或按设计图示尺寸以延长米计算，计量单位为 m。

【例5-7】 某宾馆有 800 mm×2 400 mm 的门洞 60 樘，内外钉贴细木工板门套、贴脸(不带龙骨)，榉木夹板贴面，尺寸如图 5-7 所示，试计算榉木筒子板工程量。

【解】 工程量有以下三种计算方法：

(1)以 m^2 计量：榉木筒子板工程量＝(0.80＋2.40×2)×0.08×2×60＝53.76(m^2)。

(2)以 m 计量：榉木筒子板工程量＝(0.80＋2.40×2)×2×60＝672.00(m)。

(3)以樘计量：榉木筒子板工程量＝60(樘)。

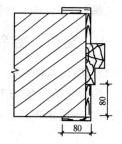

图 5-7 榉木夹板贴面尺寸

(尺寸单位：mm)

九、窗台板

1. 窗台板工程量清单项目设置

《房屋建筑与装饰工程工程量计算规范》(GB 50854—2013)附录 H.9 窗台板共有 4 个清单项目。各清单项目设置的具体内容见表 5-9。

表 5-9　窗台板（编码：010809）

项目编码	项目名称	项目特征	工作内容
010809001	木窗台板	1. 基层材料种类 2. 窗台面板材质、规格、颜色 3. 防护材料种类	1. 基层清理 2. 基层制作、安装 3. 窗台板制作、安装 4. 刷防护材料
010809002	铝塑窗台板		
010809003	金属窗台板		
010809004	石材窗台板	1. 粘结层厚度、砂浆配合比 2. 窗台板材质、规格、颜色	1. 基层清理 2. 抹找平层 3. 窗台板制作、安装

2. 窗台板工程量计算

木窗台板、铝塑窗台板、金属窗台板、石材窗台板的工程量按设计图示尺寸以展开面积计算，计量单位为 m²。

【例 5-8】　计算图 5-8 所示的某工程木窗台板的工程量，其中窗台板长为 150 mm，宽为 200 mm。

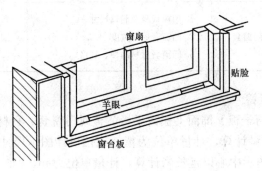

图 5-8　窗台板示意

【解】　窗台板工程量＝1.50×0.20＝0.30（m²）

十、窗帘、窗帘盒、轨

1. 窗帘、窗帘盒、轨工程量清单项目设置

《房屋建筑与装饰工程工程量计算规范》（GB 50854—2013）附录 H.10 窗帘、窗帘盒、轨共有 5 个清单项目。各清单项目设置的具体内容见表 5-10。

表 5-10　窗帘、窗帘盒、轨（编码：010810）

项目编码	项目名称	项目特征	工作内容
010810001	窗帘	1. 窗帘材质 2. 窗帘高度、宽度 3. 窗帘层数 4. 带幔要求	1. 制作、运输 2. 安装

项目编码	项目名称	项目特征	工作内容
010810002	木窗帘盒	1. 窗帘盒材质、规格 2. 防护材料种类	1. 制作、运输、安装 2. 刷防护材料
010810003	饰面夹板、塑料窗帘盒		
010810004	铝合金窗帘盒		
010810005	窗帘轨	1. 窗帘轨材质、规格 2. 轨的数量 3. 防护材料种类	

2. 窗帘、窗帘盒、轨工程量计算

(1)窗帘工程量按设计图示尺寸以成活后长度计算,计量单位为 m;或按图示尺寸以成活后展开面积计算,计量单位为 m²。

(2)木窗帘盒、饰面夹板、塑料窗帘盒、铝合金窗帘盒、窗帘轨工程量按设计图示尺寸以长度计算,计量单位为 m。

【例 5-9】 某工程窗宽为 2 m,共 8 个,制安细木工板明式窗帘盒,长度为 2.30 m,带铝合金窗帘轨(双轨)、布窗帘,计算图 5-9 所示木窗帘盒的工程量。

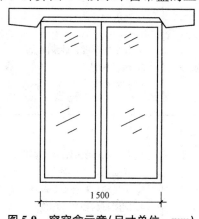

图 5-9 窗帘盒示意(尺寸单位:mm)

【解】 窗帘盒工程量=2.30(m)

第二节 楼地面装饰工程

一、整体面层及找平层

1. 整体面层及找平层工程量清单项目设置

《房屋建筑与装饰工程工程量计算规范》(GB 50854—2013)附录 L.1 整体面层及找平层

共有 6 个清单项目。各清单项目设置的具体内容见表 5-11。

表 5-11　整体面层及找平层(编码: 011101)

项目编码	项目名称	项目特征	工作内容
011101001	水泥砂浆楼地面	1. 找平层厚度、砂浆配合比 2. 素水泥浆遍数 3. 面层厚度、砂浆配合比 4. 面层做法要求	1. 基层清理 2. 抹找平层 3. 抹面层 4. 材料运输
011101002	现浇水磨石楼地面	1. 找平层厚度、砂浆配合比 2. 面层厚度、水泥石子浆配合比 3. 嵌条材料种类、规格 4. 石子种类、规格、颜色 5. 颜料种类、颜色 6. 图案要求 7. 磨光、酸洗、打蜡要求	1. 基层清理 2. 抹找平层 3. 面层铺设 4. 嵌缝条安装 5. 磨光、酸洗、打蜡 6. 材料运输
011101003	细石混凝土楼地面	1. 找平层厚度、砂浆配合比 2. 面层厚度、混凝土强度等级	1. 基层清理 2. 抹找平层 3. 面层铺设 4. 材料运输
011101004	菱苦土楼地面	1. 找平层厚度、砂浆配合比 2. 面层厚度 3. 打蜡要求	1. 基层清理 2. 抹找平层 3. 面层铺设 4. 打蜡 5. 材料运输
011101005	自流平楼地面	1. 找平层砂浆配合比、厚度 2. 界面剂材料种类 3. 中层漆材料种类、厚度 4. 面漆材料种类、厚度 5. 面层材料种类	1. 基层处理 2. 抹找平层 3. 涂界面剂 4. 涂刷中层漆 5. 打磨、吸尘 6. 镘自流平面漆(浆) 7. 拌合自流平浆料 8. 铺面层
011101006	平面砂浆找平层	找平层厚度、砂浆配合比	1. 基层清理 2. 抹找平层 3. 材料运输

2. 整体面层及找平层工程量计算

(1)水泥砂浆楼地面、现浇水磨石楼地面、细石混凝土楼地面、菱苦土楼地面、自流平楼地面的工程量按设计图示尺寸以面积计算，计量单位为 m^2。扣除凸出地面构筑物、设备基础、室内铁道、地沟等所占的面积，不扣除间壁墙及面积不大于 $0.3\ m^2$ 的柱、垛、附墙烟囱及孔洞所占的面积。门洞、空圈、暖气包槽、壁龛的开口部分不增加面积。

(2)平面砂浆找平层工程量按设计图示尺寸以面积计算，计量单位为 m^2。

【例 5-10】 计算图 5-10 所示某办公楼二层房间(不包括卫生间)及走廊地面整体面工程

量(做法：内外墙均厚 240 mm，1∶2.5 水泥砂面层厚 25 mm，素水泥浆一道；C20 细石混凝土找平层厚 100 mm；水泥砂浆踢脚线高 150 mm；门洞尺寸为 900 mm×2 100 mm)。

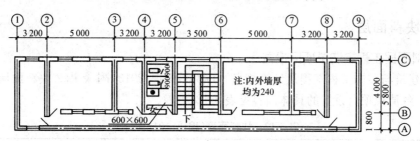

图 5-10　某办公楼二层示意(尺寸单位：mm)

【解】　工程量＝(3.20－0.12×2)×(5.80－0.12×2)＋(5.00－0.12×2)×(4.00－0.12×2)＋(3.20－0.12×2)×(4.00－0.12×2)＋(5.00－0.12×2)×(4.00－0.12×2)＋(3.20－0.12×2)×(4.00－0.12×2)＋(3.20－0.12×2)×(5.80－0.12×2)＋(5.00＋3.20＋3.20＋3.50＋5.00＋3.20－0.12×2)×(1.80－0.12×2)＝126.63(m²)

【例 5-11】　计算图 5-11 所示某传达室现浇水磨石面层的工程量(做法：水磨石地面面层、玻璃嵌条，水泥白砂浆 1∶2.0 素水泥浆一道，C10 混凝土垫层厚 60 mm，素土夯实)。

【解】　现浇水磨石面层工程量＝(3.00－0.24)×(3.90－0.24)＝10.10(m²)

【例 5-12】　计算图 5-12 所示住宅楼房间(包括卫生间、厨房平面砂浆找平层)的工程量(做法：20 mm 厚 1∶3 水泥砂浆找平)。

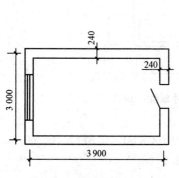

图 5-11　水磨石地面示意
(尺寸单位：mm)

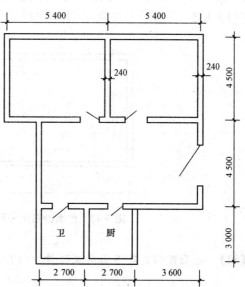

图 5-12　某住宅楼示意(尺寸单位：mm)

【解】 找平层工程量＝$(4.5-0.24)\times(5.4-0.24)\times2+(9-0.24)\times(4.5-0.24)+$
　　　　　　$(2.7-0.24)\times(3-0.24)\times2=94.86(\text{m}^2)$

二、块料面层

1. 块料面层工程量清单项目设置

《房屋建筑与装饰工程工程量计算规范》(GB 50854—2013)附录 L.2 块料面层共有 3 个清单项目。各清单项目设置的具体内容见表 5-12。

表 5-12　块料面层(编码：011102)

项目编码	项目名称	项目特征	工作内容
011102001	石材楼地面	1. 找平层厚度、砂浆配合比 2. 结合层厚度、砂浆配合比 3. 面层材料品种、规格、颜色 4. 嵌缝材料种类 5. 防护层材料种类 6. 酸洗、打蜡要求	1. 基层清理 2. 抹找平层 3. 面层铺设、磨边 4. 嵌缝 5. 刷防护材料 6. 酸洗、打蜡 7. 材料运输
011102002	碎石材楼地面		
011102003	块料楼地面		

2. 块料面层工程量计算

(1)适用对象。石材楼地面适用于大理石楼地面、花岗石楼地面等；块料楼地面适用于砖面层、预制板块面层、料石面层等。

(2)工程量计算规则。石材楼地面、碎石材楼地面、块料楼地面工程量按设计图示尺寸以面积计算，计量单位为 m^2。门洞、空圈、暖气包槽、壁龛的开口部分并入相应的工程量内。

【例 5-13】 计算图 5-13 所示的地面镶贴大理石面层的工程量。

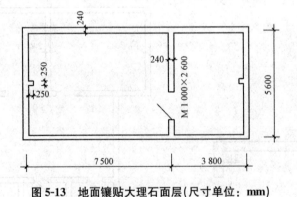

图 5-13　地面镶贴大理石面层(尺寸单位：mm)

【解】 地面镶贴大理石面层工程量＝$[(7.50-0.24)+(3.80-0.24)]\times(5.60-0.24)+$
　　　　　　$1.00\times0.24=58.24(\text{m}^2)$

三、橡塑面层

1. 橡塑面层工程量清单项目设置

《房屋建筑与装饰工程工程量计算规范》(GB 50854—2013)附录 L.3 橡塑面层共有 4 个

清单项目。各清单项目设置的具体内容见表 5-13。

表 5-13　橡塑面层(编码：011103)

项目编码	项目名称	项目特征	工作内容
011103001	橡胶板楼地面	1. 粘结层厚度、材料种类 2. 面层材料品种、规格、颜色 3. 压线条种类	1. 基层清理 2. 面层铺贴 3. 压缝条装订 4. 材料运输
011103002	橡胶板卷材楼地面		
011103003	塑料板楼地面		
011103004	塑料卷材楼地面		

2. 橡塑面层工程量计算

橡胶板楼地面、橡胶板卷材楼地面、塑料板楼地面、塑料卷材楼地面工程量按设计图示尺寸以面积计算，计量单位为 m²。门洞、空圈、暖气包槽、壁龛的开口部分并入相应的工程量内。

【例 5-14】　如图 5-14 所示，楼地面用橡胶板卷材铺贴，试计算其工程量。

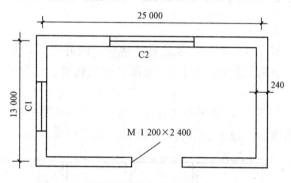

图 5-14　橡胶卷材楼地面(尺寸单位：mm)

【解】　橡胶卷材板楼地面工程量＝(13.00−0.24)×(25.00−0.24)+1.20×0.24
　　　　　　　　　　　＝316.23(m²)

四、其他材料面层

1. 其他材料面层工程量清单项目设置

《房屋建筑与装饰工程工程量计算规范》(GB 50854—2013)附录 L.4 其他材料面层共有 4 个清单项目。各清单项目设置的具体内容见表 5-14。

表 5-14　其他材料面层(编码：011104)

项目编码	项目名称	项目特征	工作内容
011104001	地毯楼地面	1. 面层材料品种、规格、颜色 2. 防护材料种类 3. 粘结材料种类 4. 压线条种类	1. 基层清理 2. 铺贴面层 3. 刷防护材料 4. 装订压条 5. 材料运输

项目编码	项目名称	项目特征	工作内容
011104002	竹、木(复合)地板	1. 龙骨材料种类、规格、铺设间距 2. 基层材料种类、规格 3. 面层材料品种、规格、颜色 4. 防护材料种类	1. 基层清理 2. 龙骨铺设 3. 基层铺设 4. 面层铺贴 5. 刷防护材料 6. 材料运输
011104003	金属复合地板		
011104004	防静电活动地板	1. 支架高度、材料种类 2. 面层材料品种、规格、颜色 3. 防护材料种类	1. 基层清理 2. 固定支架安装 3. 活动面层安装 4. 刷防护材料 5. 材料运输

2. 其他材料面层工程量计算

地毯楼地面，竹、木(复合)地板，金属复合地板，防静电活动地板的工程量按设计图示尺寸以面积计算，计量单位为 m^2。门洞、空圈、暖气包槽、壁龛的开口部分并入相应的工程量内。

【例 5-15】 如图 5-15 所示，某房屋的客房地面为 20 mm 厚 1∶3 水泥砂浆找平层，上铺双层地毯，由木压条固定，施工至门洞处，试计算其工程量。

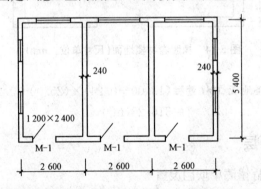

图 5-15 客房地面地毯布置图(尺寸单位：mm)

【解】 双层地毯工程量＝(2.60－0.24)×(5.40－0.24)×3+1.20×0.24×3
＝37.40(m²)

五、踢脚线

1. 踢脚线工程量清单项目设置

《房屋建筑与装饰工程工程量计算规范》(GB 50854—2013)附录 L.5 踢脚线共有 7 个清单项目。各清单项目设置的具体内容见表 5-15。

表 5-15 踢脚线(编码：011105)

项目编码	项目名称	项目特征	工作内容
011105001	水泥砂浆踢脚线	1. 踢脚线高度 2. 底层厚度、砂浆配合比 3. 面层厚度、砂浆配合比	1. 基层清理 2. 底层和面层抹灰 3. 材料运输
011105002	石材踢脚线	1. 踢脚线高度 2. 粘结层厚度、材料种类 3. 面层材料品种、规格、颜色 4. 防护材料种类	1. 基层清理 2. 底层抹灰 3. 面层铺贴、磨边 4. 擦缝 5. 磨光、酸洗、打蜡 6. 刷防护材料 7. 材料运输
011105003	块料踢脚线		
011105004	塑料板踢脚线	1. 踢脚线高度 2. 粘结层厚度、材料种类 3. 面层材料品种、规格、颜色	1. 基层清理 2. 基层铺贴 3. 面层铺贴 4. 材料运输
011105005	木质踢脚线	1. 踢脚线高度 2. 基层材料种类、规格 3. 面层材料品种、规格、颜色	
011105006	金属踢脚线		
011105007	防静电踢脚线		

2. 踢脚线工程量计算

水泥砂浆踢脚线、石材踢脚线、块料踢脚线、塑料板踢脚线、木质踢脚线、金属踢脚线、防静电踢脚线的工程量按设计图示长度乘以高度以面积计算，计量单位为 m^2；或按延长米计算，计量单位为 m。

【例 5-16】 某房屋平面图如图 5-16 所示，室内水泥砂浆粘贴 200 mm 高的石材踢脚线，试计算其工程量。

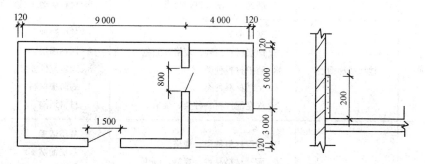

图 5-16 某房屋平面图(尺寸单位：mm)

【解】 石材踢脚线工程量有以下两种计算方法：

(1)以 m^2 计量：石材踢脚线工程量=(9-0.24+8-0.24)×2-0.8-1.5+(4-0.24+5-0.24)×2-0.8+0.12×2+0.24×2=47.7(m)。

(2)以 m 计量：石材踢脚线工程量=47.7×0.20=9.54(m^2)。

六、楼梯面层

1. 楼梯面层工程量清单项目设置

《房屋建筑与装饰工程工程量计算规范》(GB 50854—2013)附录 L.6 楼梯面层共有 9 个清单项目。各清单项目设置的具体内容见表 5-16。

表 5-16 楼梯面层(编码：011106)

项目编码	项目名称	项目特征	工作内容
011106001	石材楼梯面层	1. 找平层厚度、砂浆配合比 2. 粘结层厚度、材料种类 3. 面层材料品种、规格、颜色 4. 防滑条材料种类、规格 5. 勾缝材料种类 6. 防护材料种类 7. 酸洗、打蜡要求	1. 基层清理 2. 抹找平层 3. 面层铺贴、磨边 4. 贴嵌防滑条 5. 勾缝 6. 刷防护材料 7. 酸洗、打蜡 8. 材料运输
011106002	块料楼梯面层		
011106003	拼碎块料面层		
011106004	水泥砂浆楼梯面层	1. 找平层厚度、砂浆配合比 2. 面层厚度、砂浆配合比 3. 防滑条材料种类、规格	1. 基层清理 2. 抹找平层 3. 抹面层 4. 抹防滑条 5. 材料运输
011106005	现浇水磨石楼梯面层	1. 找平层厚度、砂浆配合比 2. 面层厚度、水泥石子浆配合比 3. 防滑条材料种类、规格 4. 石子种类、规格、颜色 5. 颜料种类、颜色 6. 磨光、酸洗、打蜡要求	1. 基层清理 2. 抹找平层 3. 抹面层 4. 贴嵌防滑条 5. 磨光、酸洗、打蜡 6. 材料运输
011106006	地毯楼梯面层	1. 基层种类 2. 面层材料品种、规格、颜色 3. 防护材料种类 4. 粘结材料种类 5. 固定配件材料种类、规格	1. 基层清理 2. 铺贴面层 3. 固定配件安装 4. 刷防护材料 5. 材料运输
011106007	木板楼梯面层	1. 基层材料种类、规格 2. 面层材料品种、规格、颜色 3. 粘结材料种类 4. 防护材料种类	1. 基层清理 2. 基层铺贴 3. 面层铺贴 4. 刷防护材料 5. 材料运输
011106008	橡胶板楼梯面层	1. 粘结层厚度、材料种类 2. 面层材料品种、规格、颜色 3. 压线条种类	1. 基层清理 2. 面层铺贴 3. 压缝条装订 4. 材料运输
011106009	塑料板楼梯面层		

2. 楼梯面层工程量计算

石材楼梯面层、块料楼梯面层、拼碎块料面层、水泥砂浆楼梯面层、现浇水磨石楼梯面层、地毯楼梯面层、木板楼梯面层、橡胶板楼梯面层、塑料板楼梯面层的工程量按设计图示尺寸以楼梯(包括踏步、休息平台及深度不大于500 mm的楼梯井)水平投影面积计算,计量单位为 m^2。

楼梯与楼地面相连时,算至楼口梁内侧边沿;无梯口梁者,算至最上一层踏步边沿加300 mm。

【例5-17】 某6层建筑物,平台梁宽为250 mm,欲铺贴大理石楼梯面,试根据图5-17所示平面图计算其工程量。

【解】 石材楼梯面层工程量＝$(3.2-0.24)\times(5.3-0.24)\times(6-1)=74.89(m^2)$

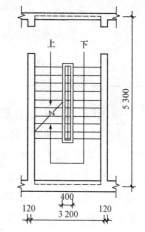

图5-17 某石材楼梯平面图
(尺寸单位:mm)

七、台阶装饰

1. 台阶装饰工程量清单项目设置

《房屋建筑与装饰工程工程量计算规范》(GB 50854—2013)附录 L.7 台阶装饰共有 6 个清单项目。各清单项目设置的具体内容见表5-17。

表5-17 台阶装饰(编码:011107)

项目编码	项目名称	项目特征	工作内容
011107001	石材台阶面	1. 找平层厚度、砂浆配合比 2. 粘结材料种类 3. 面层材料品种、规格、颜色 4. 勾缝材料种类 5. 防滑条材料种类、规格 6. 防护材料种类	1. 基层清理 2. 抹找平层 3. 面层铺贴 4. 贴嵌防滑条 5. 勾缝 6. 刷防护材料 7. 材料运输
011107002	块料台阶面		
011107003	拼碎块料台阶面		
011107004	水泥砂浆台阶面	1. 找平层厚度、砂浆配合比 2. 面层厚度、砂浆配合比 3. 防滑条材料种类	1. 基层清理 2. 抹找平层 3. 抹面层 4. 抹防滑条 5. 材料运输
011107005	现浇水磨石台阶面	1. 找平层厚度、砂浆配合比 2. 面层厚度、水泥石子浆配合比 3. 防滑条材料种类、规格 4. 石子种类、规格、颜色 5. 颜料种类、颜色 6. 磨光、酸洗、打蜡要求	1. 基层清理 2. 抹找平层 3. 抹面层 4. 贴嵌防滑条 5. 打磨、酸洗、打蜡 6. 材料运输

项目编码	项目名称	项目特征	工作内容
011107006	剁假石台阶面	1. 找平层厚度、砂浆配合比 2. 面层厚度、砂浆配合比 3. 剁假石要求	1. 清理基层 2. 抹找平层 3. 抹面层 4. 剁假石 5. 材料运输

2. 台阶装饰工程量计算

石材台阶面、块料台阶面、拼碎块料台阶面、水泥砂浆台阶面、现浇水磨石台阶面、剁假石台阶面的工程量按设计图示尺寸以台阶(包括最上层踏步边沿加 300 mm)水平投影面积计算,计量单位为 m^2。

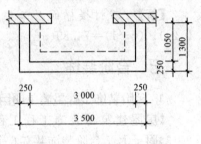

图 5-18 某建筑物入口处台阶的平面图(尺寸单位:mm)

【例 5-18】 图 5-18 所示为某建筑物入口处台阶的平面图,台阶面层为一般水磨石,底层 1:3 水泥砂浆厚 20 mm,面层 1:3 水泥白石子浆厚 20 mm,计算其工程量。

【解】 水磨石台阶工程量 $= 3.50 \times 1.30 - (3.00 - 0.30 \times 2) \times (1.05 - 0.30) = 2.75 (m^2)$

【例 5-19】 计算图 5-19 所示剁假石台阶面的工程量。

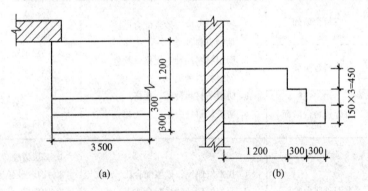

图 5-19 剁假石台阶面示意(尺寸单位:mm)

(a)台阶平面图;(b)台阶剖面图

【解】 剁假石台阶面工程量 $= 3.50 \times 0.30 \times 3 = 3.15 (m^2)$

八、零星装饰项目

1. 零星装饰项目工程量清单项目设置

《房屋建筑与装饰工程工程量计算规范》(GB 50854—2013)附录 L.8 零星装饰项目共有 4 个清单项目。各清单项目设置的具体内容见表 5-18。

表 5-18　零星装饰项目(编码：011108)

项目编码	项目名称	项目特征	工作内容
011108001	石材零星项目	1. 工程部位 2. 找平层厚度、砂浆配合比 3. 贴结合层厚度、材料种类 4. 面层材料品种、规格、颜色 5. 勾缝材料种类 6. 防护材料种类 7. 酸洗、打蜡要求	1. 清理基层 2. 抹找平层 3. 面层铺贴、磨边 4. 勾缝 5. 刷防护材料 6. 酸洗、打蜡 7. 材料运输
011108002	拼碎石材零星项目
011108003	块料零星项目
011108004	水泥砂浆零星项目	1. 工程部位 2. 找平层厚度、砂浆配合比 3. 面层厚度、砂浆厚度	1. 清理基层 2. 抹找平层 3. 抹面层 4. 材料运输

2. 零星装饰项目工程量计算

石材零星项目、拼碎石材零星项目、块料零星项目、水泥砂浆零星项目的工程量按设计图示尺寸以面积计算，计量单位为 m^2。

【例 5-20】　如图 5-20 所示，某厕所内拖把池面贴面砖(池内外接高以 500 mm 计)，试计算其工程量。

【解】　面砖工程量＝[(0.50＋0.60)×2×0.50]＋[(0.60－0.05×2＋0.50－0.05×2)×2×0.50]＋(0.60×0.50)＝2.30(m^2)

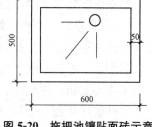

图 5-20　拖把池镶贴面砖示意（尺寸单位：mm）

第三节　墙、柱面装饰与隔断、幕墙工程

一、墙面抹灰

1. 墙面抹灰工程量清单项目设置

《房屋建筑与装饰工程工程量计算规范》(GB 50854—2013)附录 M.1 墙面抹灰共有 4 个清单项目。各清单项目设置的具体内容见表 5-19。

表 5-19　墙面抹灰(编号：011201)

项目编码	项目名称	项目特征	工作内容
011201001	墙面一般抹灰	1. 墙体类型 2. 底层厚度、砂浆配合比 3. 面层厚度、砂浆配合比 4. 装饰面材料种类 5. 分格缝宽度、材料种类	1. 基层清理 2. 砂浆制作、运输 3. 底层抹灰 4. 抹面层 5. 抹装饰面 6. 勾分格缝
011201002	墙面装饰抹灰

项目编码	项目名称	项目特征	工作内容
011201003	墙面勾缝	1. 勾缝类型 2. 勾缝材料种类	1. 基层清理 2. 砂浆制作、运输 3. 勾缝
011201004	立面砂浆找平层	1. 基层类型 2. 找平层砂浆厚度、配合比	1. 基层清理 2. 砂浆制作、运输 3. 抹灰找平

2. 墙面抹灰工程量计算

(1)墙面抹灰适用对象。

1)墙面一般抹灰适用于普通抹灰和高级抹灰。

2)墙面装饰抹灰适用于水刷石抹灰、斩假石抹灰、干粘石抹灰、假面砖墙面抹灰等。

3)立面砂浆找平层项目适用于仅做找平层的立面抹灰。

(2)工程量计算规则。墙面一般抹灰、墙面装饰抹灰、墙面勾缝、立面砂浆找平层工程量按设计图示尺寸以面积计算,计量单位为 m^2。扣除墙裙、门窗洞口及单个大于 $0.3 \, m^2$ 的孔洞面积,不扣除踢脚线、挂镜线和墙与构件交接处的面积,门窗洞口和孔洞的侧壁及顶面不增加面积。附墙柱、梁、垛、烟囱侧壁并入相应的墙面面积内。

1)外墙抹灰面积按外墙垂直投影面积计算。

2)外墙裙抹灰面积按其长度乘以高度计算。

3)内墙抹灰面积按主墙间的净长乘以高度计算。

①无墙裙的,高度按室内楼地面至天棚底面计算。

②有墙裙的,高度按墙裙顶至天棚底面计算。

③有吊顶天棚抹灰的,高度算至天棚底。

4)内墙裙抹灰面按内墙净长乘以高度计算。

【例 5-21】 某工程的外墙示意如图 5-21 所示,外墙面抹水泥砂浆,底层为 1:3 水泥砂浆打底,14 mm 厚,面层为 1:2 水泥砂浆抹面,6 mm 厚;外墙裙水刷石,1:3 水泥砂浆打底,12 mm 厚,素水泥浆两遍,1:2.5 水泥白石子,10 mm 厚(分格),挑檐水刷白石,试计算外墙裙装饰抹灰工程量。

M:1 000 mm×2 500 mm。

C:1 200 mm×1 500 mm。

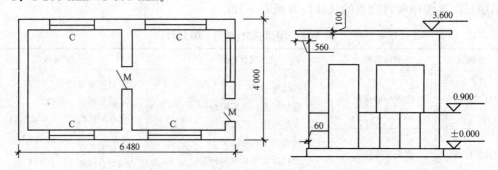

图 5-21　某工程的外墙示意(尺寸单位:mm)

【解】 外墙裙装饰抹灰工程量＝[(6.48＋4.00)×2－1.00]×0.90＝17.96(m²)

【例 5-22】 如图 5-22 所示，外墙采用水泥砂浆勾缝，层高为 3.6 m，墙裙高为 1.2 m，计算外墙勾缝工程量(窗的安装高度为 900 mm)。

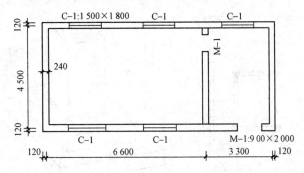

图 5-22 某工程平面示意(尺寸单位：mm)

【解】 外墙勾缝工程量＝(9.90＋0.24＋4.50＋0.24)×2×(3.60－1.20)－1.50×
(1.8＋0.9－1.2)×5－0.90×2＝58.374(m²)

二、柱(梁)面抹灰

1. 柱(梁)面抹灰工程量清单项目设置

《房屋建筑与装饰工程工程量计算规范》(GB 50854—2013)附录 M.2 柱(梁)面抹灰共有 4 个清单项目。各清单项目设置的具体内容见表 5-20。

表 5-20 柱(梁)面抹灰(编码：011202)

项目编码	项目名称	项目特征	工作内容
011202001	柱、梁面一般抹灰	1. 柱(梁)体类型 2. 底层厚度、砂浆配合比 3. 面层厚度、砂浆配合比 4. 装饰面材料种类 5. 分格缝宽度、材料种类	1. 基层清理 2. 砂浆制作、运输 3. 底层抹灰 4. 抹面层 5. 勾分格缝
011202002	柱、梁面装饰抹灰		
011202003	柱、梁面砂浆找平	1. 柱(梁)体类型 2. 找平的砂浆厚度、配合比	1. 基层清理 2. 砂浆制作、运输 3. 抹灰找平
011202004	柱面勾缝	1. 勾缝类型 2. 勾缝材料种类	1. 基层清理 2. 砂浆制作、运输 3. 勾缝

2. 柱(梁)面抹灰工程量计算

(1)柱、梁面一般抹灰、柱、梁面装饰抹灰、柱、梁面砂浆找平、柱面勾缝的工程量计算规则如下：

1)柱面抹灰按设计图示柱断面周长乘以高度所得面积计算，计量单位为 m²。

2)梁面抹灰按设计图示梁断面周长乘以长度所得面积计算，计量单位为 m²。

（2）柱面勾缝工程量按设计图示柱断面周长乘以高度所得面积计算，计量单位为 m²。

【例 5-23】 计算图 5-23 所示柱面抹水泥砂浆的工程量。

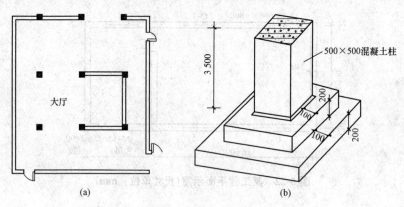

图 5-23 大厅平面示意(尺寸单位：mm)

(a)大厅示意；(b)混凝土柱示意

【解】 水泥砂浆一般抹灰工程量＝0.50×4×3.50×6＝42(m²)

三、零星抹灰

1. 零星抹灰工程量清单项目设置

《房屋建筑与抹灰工程量工程量计算规范》(GB 50854—2013)附录 M.3 零星抹灰共有 3 个清单项目。各清单项目设置的具体内容见表 5-21。

表 5-21 零星抹灰(编码：011203)

项目编码	项目名称	项目特征	工作内容
011203001	零星项目一般抹灰	1. 基层类型、部位 2. 底层厚度、砂浆配合比 3. 面层厚度、砂浆配合比 4. 装饰面材料种类 5. 分格缝宽度、材料种类	1. 基层清理 2. 砂浆制作、运输 3. 底层抹灰 4. 抹面层 5. 抹装饰面 6. 勾分格缝
011203002	零星项目装饰抹灰		
011203003	零星项目砂浆找平	1. 基层类型、部位 2. 找平的砂浆厚度、配合比	1. 基层清理 2. 砂浆制作、运输 3. 抹灰、找平

2. 零星抹灰工程量计算

零星项目一般抹灰、零星项目装饰抹灰、零星项目砂浆找平工程量按设计图示尺寸以面积计算，计量单位为 m²。

【例 5-24】 计算图 5-24 所示水泥砂浆抹小便池(长为 2 m)的工程量。

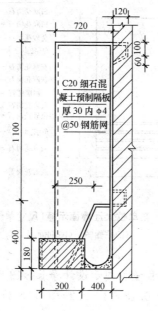

图5-24 小便池图(尺寸单位：mm)

【解】 小便池抹灰工程量＝2×(0.18＋0.3＋0.4×π÷2)＝2.22(m²)

四、墙面块料面层

1. 墙面块料面层工程量清单项目设置

《房屋建筑与装饰工程工程量计算规范》(GB 50854—2013)附录 M.4 墙面块料面层共有 4 个清单项目。各清单项目设置的具体内容见表5-22。

表5-22 墙面块料面层(编码：011204)

项目编码	项目名称	项目特征	工作内容
011204001	石材墙面	1. 墙体类型 2. 安装方式 3. 面层材料品种、规格、颜色 4. 缝宽、嵌缝材料种类 5. 防护材料种类 6. 磨光、酸洗、打蜡要求	1. 基层清理 2. 砂浆制作、运输 3. 粘结层铺贴 4. 面层安装 5. 嵌缝 6. 刷防护材料 7. 磨光、酸洗、打蜡
011204002	拼碎石材墙面		
011204003	块料墙面		
011204004	干挂石材钢骨架	1. 骨架种类、规格 2. 防锈漆品种、遍数	1. 骨架制作、运输、安装 2. 刷漆

2. 墙面块料面层工程量计算

(1)石材墙面、拼碎石材墙面、块料墙面工程量按镶贴表面积计算，计量单位为 m²。

(2)干挂石材钢骨架工程量按设计图示以质量计算，计量单位为 t。

【例5-25】 图 5-25 所示为某单位大厅墙面示意，墙面长度为 4 m，高度为 3 m，试计算不同面层材料镶贴工程量。

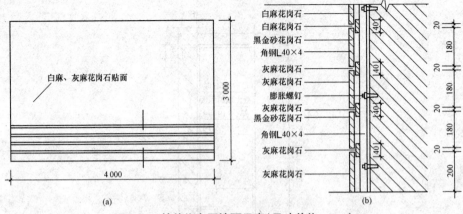

图 5-25 某单位大厅墙面示意(尺寸单位:mm)

(a)平面图;(b)剖面图

【解】 墙面镶贴块料面层工程量=图示设计净长×图示设计净高

(1)白麻花岗石工程量=$(3-0.18\times3-0.2-0.02\times3)\times4=8.8(m^2)$。

(2)灰麻花岗石工程量=$(0.2+0.18+0.04\times3)\times4=2(m^2)$。

(3)黑金砂石材墙面工程量=$0.18\times2\times4=1.44(m^2)$。

【例 5-26】 图 5-25 所示为某单位大厅墙面示意,墙面长度为 4 m,高度为 3 m,其中,角钢为 40×4,高度方向布置 8 根,试计算干挂石材钢骨架工程量。

【解】 角钢质量为 2.422×10^{-3} t/m,计算公式:干挂石材钢骨架工程量=图示设计规格的型材×相应型材的线质量。

干挂石材钢骨架工程量=$(4\times8+3\times8)\times2.422\times10^{-3}=0.136(t)$

五、柱(梁)面镶贴块料

1. 柱(梁)面镶贴块料工程量清单项目设置

《房屋建筑与装饰工程工程量计算规范》(GB 50854—2013)附录 M.5 柱(梁)面镶贴块料共有 5 个清单项目。各清单项目设置的具体内容见表 5-23。

表 5-23 柱(梁)面镶贴块料(编码:011205)

项目编码	项目名称	项目特征	工作内容
011205001	石材柱面	1. 柱截面类型、尺寸 2. 安装方式	1. 基层清理 2. 砂浆制作、运输 3. 粘结层铺贴 4. 面层安装 5. 嵌缝 6. 刷防护材料 7. 磨光、酸洗、打蜡
011205002	块料柱面	3. 面层材料品种、规格、颜色 4. 缝宽、嵌缝材料种类	
011205003	拼碎块柱面	5. 防护材料种类 6. 磨光、酸洗、打蜡要求	
011205004	石材梁面	1. 安装方式 2. 面层材料品种、规格、颜色 3. 缝宽、嵌缝材料种类	
011205005	块料梁面	4. 防护材料种类 5. 磨光、酸洗、打蜡要求	

2. 柱(梁)面镶贴块料工程量计算

石材柱面、块料柱面、拼碎块柱面、石材梁面、块料梁面的工程量按镶贴表面积计算，计量单位为 m^2。

【例5-27】 某单位大门有砖柱4根，砖柱块料面层设计尺寸如图5-26所示，面层水泥砂浆贴玻璃马赛克，计算柱面镶贴块料工程量。

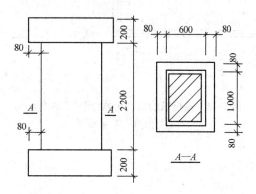

图 5-26 某大门的砖柱块料面层设计尺寸(尺寸单位：mm)

【解】 柱面镶贴块料工程量＝(0.60＋1.00)×2×2.20×4＝28.16(m²)

【例5-28】 图5-27所示为6根混凝土柱四面挂贴大理石板，计算大理石柱工程量。

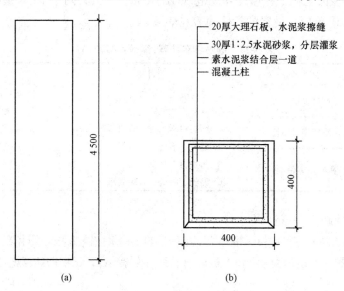

—20厚大理石板，水泥浆擦缝
—30厚1:2.5水泥砂浆，分层灌浆
—素水泥浆结合层一道
—混凝土柱

(a)   (b)

图 5-27 大理石柱示意(尺寸单位：mm)

(a)大理石柱立面图；(b)大理石柱平面图

【解】 大理石柱挂贴柱面工程量＝0.40×4×4.50×6＝43.20(m²)

【例5-29】 图5-28所示为某建筑的结构示意，表面镶贴石材，试计算石材梁面工程量。

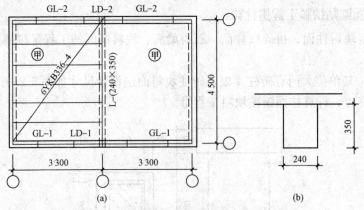

图 5-28 某建筑的结构示意(尺寸单位: mm)

(a)平面图; (b)截面图

【解】 石材梁面工程量=(0.24×4.50)×2+(0.35×4.50)×2+(0.24×0.35)×2

$$=5.48(\text{m}^2)$$

六、镶贴零星块料

1. 镶贴零星块料工程量清单项目设置

《房屋建筑与装饰工程工程量计算规范》(GB 50854—2013)附录 M.6 镶贴零星块料共有 3 个清单项目。各清单项目设置的具体内容见表 5-24。

表 5-24 镶贴零星块料(编码: 011206)

项目编码	项目名称	项目特征	工作内容
011206001	石材零星项目	1. 基层类型、部位 2. 安装方式	1. 基层清理 2. 砂浆制作、运输
011206002	块料零星项目	3. 面层材料品种、规格、颜色 4. 缝宽、嵌缝材料种类	3. 面层安装 4. 嵌缝
011206003	拼碎块零星项目	5. 防护材料种类 6. 磨光、酸洗、打蜡要求	5. 刷防护材料 6. 磨光、酸洗、打蜡

2. 镶贴零星块料工程量计算

石材零星项目、块料零星项目、拼碎块零星项目的工程量按镶贴表面积计算,计量单位为 m²。

【例 5-30】 图 5-29 所示为某橱窗大板玻璃下面的墙垛装饰,试根据计算规则计算其工程量。

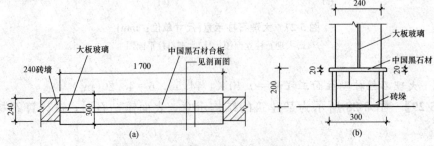

图 5-29 墙垛装饰大样图(尺寸单位: mm)

(a)墙垛装饰平面图; (b)墙垛装饰剖面图

【解】 墙垛中国黑石材饰面工程量＝[(0.2−0.02)×2＋0.3]×1.7＝1.12(m²)

七、墙饰面

1. 墙饰面工程量清单项目设置

《房屋建筑与装饰工程工程量计算规范》(GB 50854—2013)附录 M.7 墙饰面共有 2 个清单项目。各清单项目设置的具体内容见表 5-25。

表 5-25　墙饰面(编码：011207)

项目编码	项目名称	项目特征	工作内容
011207001	墙面装饰板	1. 龙骨材料种类、规格、中距 2. 隔离层材料种类、规格 3. 基层材料种类、规格 4. 面层材料品种、规格、颜色 5. 压条材料种类、规格	1. 基层清理 2. 龙骨制作、运输、安装 3. 钉隔离层 4. 基层铺钉 5. 面层铺贴
011207002	墙面装饰浮雕	1. 基层类型 2. 浮雕材料种类 3. 浮雕样式	1. 基层清理 2. 材料制作、运输 3. 安装成型

2. 墙饰面工程量计算

(1)墙面装饰板工程量按设计图示中墙的净长乘以净高所得面积计算。扣除门窗洞口及单个大于 0.3 m² 的孔洞所占的面积，计量单位为 m²。

(2)墙面装饰浮雕工程量按设计图示尺寸以面积计算，计量单位为 m²。

【例 5-31】 试计算图 5-30 所示墙面装饰的工程量。

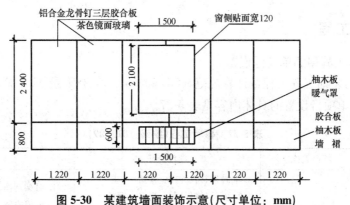

图 5-30　某建筑墙面装饰示意(尺寸单位：mm)

【解】 墙工程量＝2.4×1.22×6＋1.5×2.1×0.12−1.5×2.1＝14.80(m²)

墙裙工程量＝0.8×1.22×6−0.6×1.5＝4.96(m²)

八、柱(梁)饰面

1. 柱(梁)饰面工程量清单项目设置

《房屋建筑与装饰工程工程量计算规范》(GB 50854—2013)附录 M.8 柱(梁)饰面共有 2

个清单项目。各清单项目设置的具体内容见表 5-26。

表 5-26　柱(梁)饰面(编码：011208)

项目编码	项目名称	项目特征	工作内容
011208001	柱(梁)面装饰	1. 龙骨材料种类、规格、中距 2. 隔离层材料种类 3. 基层材料种类、规格 4. 面层材料品种、规格、颜色 5. 压条材料种类、规格	1. 基层清理 2. 龙骨制作、运输、安装 3. 钉隔离层 4. 基层铺钉 5. 面层铺贴
011208002	成品装饰柱	1. 柱截面、高度尺寸 2. 柱材质	柱运输、固定、安装

2. 柱(梁)饰面工程量计算

(1)柱(梁)面装饰工程量按设计图示饰面外围尺寸以面积计算，计量单位为 m^2。柱帽、柱墩并入相应柱饰面工程量内。

(2)成品装饰柱工程量按设计数量计算，计量单位为根；或按设计长度计算，计量单位为 m。

【例 5-32】　木龙骨、五合板基层、不锈钢柱面的尺寸如图 5-31 所示，共 4 根，龙骨断面尺寸为 30 mm×40 mm，间距为 250 mm，试计算其工程量。

【解】　柱面装饰工程量＝$1.20×\pi×6.00×4=$ 90.48(m^2)

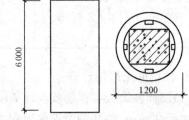

图 5-31　不锈钢柱面尺寸(尺寸单位：mm)

九、幕墙工程

1. 幕墙工程工程量清单项目设置

《房屋建筑与装饰工程工程量计算规范》(GB 50854—2013)附录 M.9 幕墙工程共有 2 个清单项目。各清单项目设置的具体内容见表 5-27。

表 5-27　幕墙工程(编码：011209)

项目编码	项目名称	项目特征	工作内容
011209001	带骨架幕墙	1. 骨架材料种类、规格、中距 2. 面层材料品种、规格、颜色 3. 面层固定方式 4. 隔离带、框边封闭材料品种、规格 5. 嵌缝、塞口材料种类	1. 骨架制作、运输、安装 2. 面层安装 3. 隔离带、框边封闭 4. 嵌缝、塞口 5. 清洗
011209002	全玻(无框玻璃)幕墙	1. 玻璃品种、规格、颜色 2. 粘结塞口材料种类 3. 固定方式	1. 幕墙安装 2. 嵌缝、塞口 3. 清洗

2. 幕墙工程工程量计算

(1)带骨架幕墙工程量按设计图示框的外围尺寸以面积计算，计量单位为 m²。与幕墙同种材质的窗所占面积不扣除。

(2)全玻(无框玻璃)幕墙工程量按设计图示尺寸以面积计算，计量单位为 m²。带肋全玻幕墙按展开面积计算。

【例 5-33】 如图 5-32 所示，某大厅外立面为铝板幕墙，高为 12 m，试计算幕墙工程量。

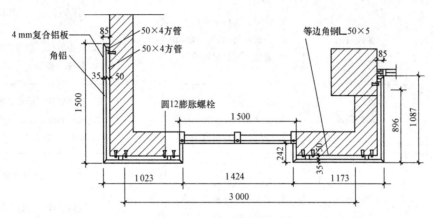

图 5-32　某大厅外立面铝板幕墙剖面图(尺寸单位：mm)

【解】 幕墙工程量＝(1.50＋1.023＋0.242×2＋1.173＋1.087＋0.085×2)×12.00＝65.24(m²)

【例 5-34】 图 5-33 所示为某办公楼外立面玻璃幕墙，试计算玻璃幕墙工程量。

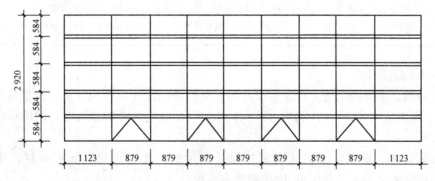

图 5-33　某办公楼外立面玻璃幕墙(尺寸单位：mm)

【解】 玻璃幕墙工程量＝2.92×(1.123×2＋0.879×7)＝24.53(m²)

十、隔断

1. 隔断工程量清单项目设置

《房屋建筑与装饰工程工程量计算规范》(GB 50854—2013)附录 M.10 隔断共有 6 个清单项目。各清单项目设置的具体内容见表 5-28。

表 5-28　隔断(编码：011210)

项目编码	项目名称	项目特征	工作内容
011210001	木隔断	1. 骨架、边框材料种类、规格 2. 隔板材料品种、规格、颜色 3. 嵌缝、塞口材料品种 4. 压条材料种类	1. 骨架及边框制作、运输、安装 2. 隔板制作、运输、安装 3. 嵌缝、塞口 4. 装订压条
011210002	金属隔断	1. 骨架、边框材料种类、规格 2. 隔板材料品种、规格、颜色 3. 嵌缝、塞口材料品种	1. 骨架及边框制作、运输、安装 2. 隔板制作、运输、安装 3. 嵌缝、塞口
011210003	玻璃隔断	1. 边框材料种类、规格 2. 玻璃品种、规格、颜色 3. 嵌缝、塞口材料品种	1. 边框制作、运输、安装 2. 玻璃制作、运输、安装 3. 嵌缝、塞口
011210004	塑料隔断	1. 边框材料种类、规格 2. 隔板材料品种、规格、颜色 3. 嵌缝、塞口材料品种	1. 骨架及边框制作、运输、安装 2. 隔板制作、运输、安装 3. 嵌缝、塞口
011210005	成品隔断	1. 隔断材料品种、规格、颜色 2. 配件品种、规格	1. 隔断运输、安装 2. 嵌缝、塞口
011210006	其他隔断	1. 骨架、边框材料种类、规格 2. 隔板材料品种、规格、颜色 3. 嵌缝、塞口材料品种	1. 骨架及边框安装 2. 隔板安装 3. 嵌缝、塞口

2. 隔断工程量计算

(1)木隔断、金属隔断的工程量按设计图示框的外围尺寸以面积计算，计量单位为 m^2。不扣除单个不大于 $0.3\ m^2$ 的孔洞所占面积；浴厕门的材质与隔断相同时，门的面积并入隔断面积内。

(2)玻璃隔断、塑料隔断的工程量按设计图示框的外围尺寸以面积计算，计量单位为 m^2。不扣除单个不大于 $0.3\ m^2$ 的孔洞所占面积。

(3)成品隔断工程量计算规则如下：

1)以 m^2 计量，按设计图示框的外围尺寸以面积计算，计量单位为 m^2。

2)以间计量，按设计间的数量计算，计量单位为间。

(4)其他隔断工程量按设计图示框的外围尺寸以面积计算，计量单位为 m^2。不扣除单个不大于 $0.3\ m^2$ 的孔洞所占面积。

【例 5-35】　根据图 5-34 所示计算厕所木隔断工程量。

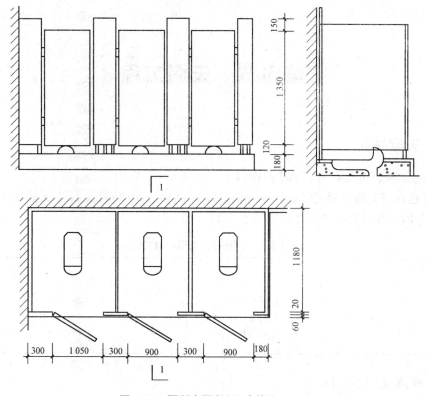

图 5-34　厕所木隔断(尺寸单位：mm)

【解】　厕所木隔断工程量＝(1.35＋0.15)×(0.30×3＋0.18＋1.18×3)＋1.35×0.90×2＋1.35×1.05＝10.78(m²)

【例 5-36】　计算图 5-35 所示卫生间半玻塑料轻质隔断工程量。

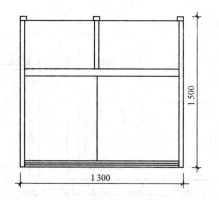

图 5-35　隔断计算示意(尺寸单位：mm)

【解】　塑料轻质隔断工程量＝1.30×1.50＝1.95(m²)

第四节 天棚工程

一、天棚抹灰

1. 天棚抹灰装饰工程量清单项目设置

《房屋建筑与装饰工程工程量计算规范》(GB 50854—2013)附录 N.1 天棚抹灰共有 1 个清单项目。清单项目设置的具体内容见表 5-29。

表 5-29　天棚抹灰(编码：011301)

项目编码	项目名称	项目特征	工作内容
011301001	天棚抹灰	1. 基层类型 2. 抹灰厚度、材料种类 3. 砂浆配合比	1. 基层清理 2. 底层抹灰 3. 抹面层

2. 天棚抹灰工程量计算

天棚抹灰工程量按设计图示尺寸以水平投影面积计算，计量单位为 m²。不扣除间壁墙、垛、柱、附墙烟囱、检查口和管道所占的面积，带梁天棚的梁两侧的抹灰面积并入天棚面积内，板式楼梯底面抹灰按斜面积计算，锯齿形楼梯底板抹灰按展开面积计算。

【例 5-37】　某工程现浇井字梁天棚如图 5-36 所示，采用聚合物水泥砂浆面层，计算其工程量。

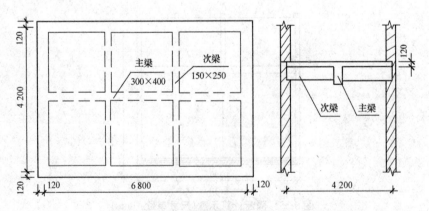

图 5-36　现浇井字梁天棚(尺寸单位：mm)

【解】　天棚抹灰工程量 $=(6.80-0.24)\times(4.20-0.24)+(0.40-0.12)\times(6.80-0.24)\times$ $2+(0.25-0.12)\times(4.20-0.24-0.3)\times2\times2-(0.25-0.12)\times$ $0.15\times4=31.48(m^2)$

二、天棚吊顶

1. 天棚吊顶工程量清单项目设置

《房屋建筑与装饰工程工程量计算规范》(GB 50854—2013)附录 N.2 天棚吊顶共有 6 个清单项目。各清单项目设置的具体内容见表 5-30。

表 5-30　天棚吊顶(编码：011302)

项目编码	项目名称	项目特征	工作内容
011302001	吊顶天棚	1. 吊顶形式、吊杆规格、高度 2. 龙骨材料种类、规格、中距 3. 基层材料种类、规格 4. 面层材料品种、规格 5. 压条材料种类、规格 6. 嵌缝材料种类 7. 防护材料种类	1. 基层清理、吊杆安装 2. 龙骨安装 3. 基层板铺贴 4. 面层铺贴 5. 嵌缝 6. 刷防护材料
011302002	格栅吊顶	1. 龙骨材料种类、规格、中距 2. 基层材料种类、规格 3. 面层材料品种、规格 4. 防护材料种类	1. 基层清理 2. 安装龙骨 3. 基层板铺贴 4. 面层铺贴 5. 刷防护材料
011302003	吊筒吊顶	1. 吊筒形状、规格 2. 吊筒材料种类 3. 防护材料种类	1. 基层清理 2. 吊筒制作安装 3. 刷防护材料
011302004	藤条造型悬挂吊顶	1. 骨架材料种类、规格 2. 面层材料品种、规格	1. 基层清理 2. 龙骨安装 3. 铺贴面层
011302005	织物软雕吊顶		
011302006	装饰网架吊顶	网架材料品种、规格	1. 基层清理 2. 网架制作安装

2. 天棚吊顶工程量计算

(1)吊顶天棚工程量以 m² 为计量单位，按设计图示尺寸以水平投影面积计算。天棚面中的灯槽及跌级、锯齿形、吊挂式、藻井式天棚面积不展开计算。不扣除间壁墙、检查口、附墙烟囱、柱垛和管道所占面积，扣除单个大于 0.3 m² 的孔洞、独立柱及与天棚相连的窗帘盒所占的面积。

(2)格栅吊顶、吊筒吊顶、藤条造型悬挂吊顶、织物软雕吊顶、装饰网架吊顶的工程量以 m² 为计量单位，按设计图示尺寸以水平投影面积计算。

【例 5-38】 某三级天棚尺寸如图 5-37 所示，钢筋混凝土板下吊双层楞木，面层为塑料板，试计算吊顶天棚工程量。

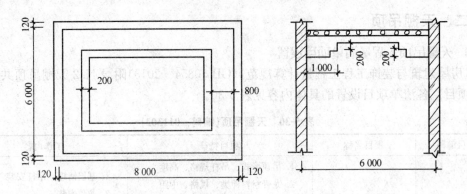

图 5-37 某三级天棚尺寸(尺寸单位:mm)

【解】 吊顶天棚工程量=(8.00-0.24)×(6.00-0.24)=44.70(m²)

三、采光天棚

1. 采光天棚工程量清单项目设置

《房屋建筑与装饰工程工程量计算规范》(GB 50854—2013)附录 N.3 采光天棚共有 1 个清单项目。清单项目设置的具体内容见表 5-31。

表 5-31 采光天棚(编码:011303)

项目编码	项目名称	项目特征	工作内容
011303001	采光天棚	1. 骨架类型 2. 固定类型、固定材料品种、规格 3. 面层材料品种、规格 4. 嵌缝、塞口材料种类	1. 清理基层 2. 面层制安 3. 嵌缝、塞口 4. 清洗

2. 采光天棚工程量计算

采光天棚工程量以 m² 为计量单位,按框的外围展开面积计算。

【例 5-39】 如图 5-38 所示,某商场吊顶时,运用采光天棚达到光效应,玻璃镜面采用不锈钢螺钉固牢,试计算其工程量。

【解】 采光天棚工程量=π×(1.80/2)²
=2.54(m²)

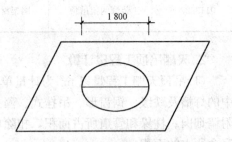

图 5-38 某商场采光天棚(尺寸单位:mm)

四、天棚其他装饰

1. 天棚其他装饰工程量清单项目设置

《房屋建筑与装饰工程工程量计算规范》(GB 50854—2013)附录 N.4 天棚其他装饰共有 2 个清单项目。各清单项目设置的具体内容见表 5-32。

表 5-32　天棚其他装饰(编码：011304)

项目编码	项目名称	项目特征	工作内容
011304001	灯带(槽)	1. 灯带形式、尺寸 2. 格栅片材料品种、规格 3. 安装固定方式	安装、固定
011304002	送风口、回风口	1. 风口材料品种、规格 2. 安装固定方式 3. 防护材料种类	1. 安装、固定 2. 刷防护材料

2. 天棚其他装饰工程量计算

(1)灯带(槽)工程量以 m² 为计量单位，按设计图示尺寸以框的外围面积计算。

(2)送风口、回风口的工程量以个为计量单位，按设计图示数量计算。

【例 5-40】　图 5-39 所示为室内天棚的平面图，试计算灯带(槽)工程量。

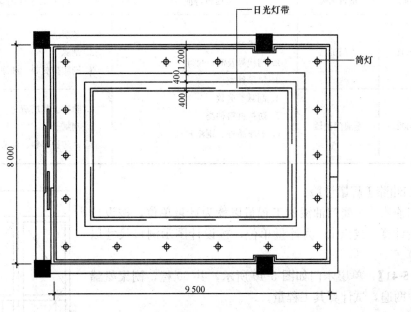

图 5-39　室内天棚的平面图

【解】　灯带(槽)工程量＝{[8.00－2×(1.20＋0.40＋0.20)]×2＋[9.50－2×(1.20＋
0.40＋0.20)]×2}×0.40＝8.24(m²)

第五节　油漆、涂料、裱糊工程

一、门油漆

1. 门油漆工程量清单项目设置

《房屋建筑与装饰工程工程量计算规范》(GB 50854—2013)附录 P.1 门油漆共有 2 个清单项目。各清单项目设置的具体内容见表 5-33。

表 5-33　门油漆(编码：011401)

项目编码	项目名称	项目特征	工作内容
011401001	木门油漆	1. 门类型 2. 门代号及洞口尺寸 3. 腻子种类 4. 刮腻子遍数 5. 防护材料种类 6. 油漆品种、刷漆遍数	1. 基层清理 2. 刮腻子 3. 刷防护材料、油漆
011401002	金属门油漆		1. 除锈、基层清理 2. 刮腻子 3. 刷防护材料、油漆

2. 门油漆工程量计算

木门油漆、金属门油漆的工程量以樘为计量单位，按设计图示数量计算；或以 m^2 为计量单位，按设计图示洞口尺寸以面积计算。

【例 5-41】　单层木门如图 5-40 所示，共 50 樘，刷聚氨酯木器面漆两遍，试计算其工程量。

【解】　门油漆工程量＝50(樘)

或

门油漆工程量＝$1.8 \times 2.7 \times 50 = 243(m^2)$

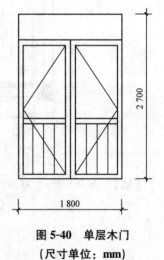

图 5-40　单层木门
(尺寸单位：mm)

二、窗油漆

1. 窗油漆工程量清单项目设置

《房屋建筑与装饰工程工程量计算规范》(GB 50854—2013)
附录 P.2 窗油漆共有 2 个清单项目。各清单项目设置的具体内容见表 5-34。

表 5-34 窗油漆(编码:011402)

项目编码	项目名称	项目特征	工作内容
011402001	木窗油漆	1. 窗类型 2. 窗代号及洞口尺寸 3. 腻子种类	1. 基层清理 2. 刮腻子 3. 刷防护材料、油漆
011402002	金属窗油漆	4. 刮腻子遍数 5. 防护材料种类 6. 油漆品种、刷漆遍数	1. 除锈、基层清理 2. 刮腻子 3. 刷防护材料、油漆

2. 窗油漆工程量计算

木窗油漆、金属窗油漆的工程量以樘为计量单位,按设计图示数量计算;或以 m² 为计量单位,按设计图示洞口尺寸以面积计算。

【例 5-42】 图 5-41 所示为一玻一纱双层木窗,洞口尺寸为 1 500 mm×2 100 mm,共 11 樘,设计为刮腻子两遍,硝基透明封固底漆一遍,油性丙烯酸面漆两遍,计算木窗油漆工程量。

【解】 木窗油漆工程量=11(樘)

或

木窗油漆工程量=1.5×2.1×11=34.65(m²)

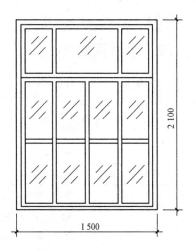

图 5-41 一玻一纱双层木窗
(尺寸单位:mm)

三、木扶手及其他板条、线条油漆

1. 市扶手及其他板条、线条油漆工程量清单项目设置

《房屋建筑与装饰工程工程量计算规范》(GB 50854—2013)附录 P.3 木扶手及其他板条、线条油漆共有 5 个清单项目。各清单项目设置的具体内容见表 5-35。

表 5-35 木扶手及其他板条、线条油漆(编码:011403)

项目编码	项目名称	项目特征	工作内容
011403001	木扶手油漆	1. 断面尺寸 2. 腻子种类 3. 刮腻子遍数 4. 防护材料种类 5. 油漆品种、刷漆遍数	1. 基层清理 2. 刮腻子 3. 刷防护材料、油漆
011403002	窗帘盒油漆		
011403003	封檐板、顺水板油漆		
011403004	挂衣板、黑板框油漆		
011403005	挂镜线、窗帘棍、单独木线油漆		

2. 市扶手及其他板条、线条油漆工程量计算

木扶手油漆,窗帘盒油漆,封檐板、顺水板油漆,挂衣板、黑板框油漆,挂镜线、窗帘棍、单独木线油漆的工程量以 m 为计量单位,按设计图示尺寸以长度计算。

【例 5-43】 某工程的剖面图如图 5-42 所示,内墙抹灰面满刮腻子两遍,贴对花墙纸;挂镜线刷底油两遍;挂镜线以上及天棚刷仿瓷涂料两遍,试计算挂镜线油漆工程量。

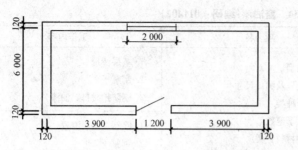

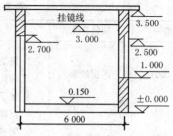

图 5-42 某工程的剖面图(尺寸单位: mm)

【解】 挂镜线油漆工程量＝(3.90＋1.20＋3.90－0.24＋6.00－0.24)×2＝29.04(m)

四、木材面油漆

1. 市材面油漆工程量清单项目设置

《房屋建筑与装饰工程工程量计算规范》(GB 50854—2013)附录 P.4 木材面油漆共有 15 个清单项目。各清单项目设置的具体内容见表 5-36。

表 5-36　木材面油漆(编码: 011404)

项目编码	项目名称	项目特征	工作内容
011404001	木护墙、木墙裙油漆		
011404002	窗台板、筒子板、盖板、门窗套、踢脚线油漆		
011404003	清水板条天棚、檐口油漆		
011404004	木方格吊顶天棚油漆		
011404005	吸声板墙面、天棚面油漆		
011404006	暖气罩油漆	1. 腻子种类	1. 基层清理
011404007	其他木材面	2. 刮腻子遍数	2. 刮腻子
011404008	木间壁、木隔断油漆	3. 防护材料种类	3. 刷防护材料、油漆
011404009	玻璃间壁露明墙筋油漆	4. 油漆品种、刷漆遍数	
011404010	木栅栏、木栏杆(带扶手)油漆		
011404011	衣柜、壁柜油漆		
011404012	梁柱饰面油漆		
011404013	零星木装修油漆		
011404014	木地板油漆		
011404015	木地板烫硬蜡面	1. 硬蜡品种 2. 面层处理要求	1. 基层清理 2. 烫蜡

2. 市材面油漆工程量计算

(1)木护墙、木墙裙油漆,窗台板、筒子板、盖板、门窗套、踢脚线油漆,清水板条天棚、檐口油漆,木方格吊顶天棚油漆,吸声板墙面、天棚面油漆,暖气罩油漆,其他木材面工程量按设计图示尺寸以面积计算,计量单位为 m²。

（2）木间壁、木隔断油漆，玻璃间壁露明墙筋油漆，木栅栏、木栏杆（带扶手）油漆的工程量按设计图示尺寸以单面外围面积计算，计量单位为 m²。

（3）衣柜、壁柜油漆，梁柱饰面油漆，零星木装修油漆工程量按设计图示尺寸以油漆部分展开面积计算，计量单位为 m²。

（4）木地板油漆、木地板烫硬蜡面的工程量按设计图示尺寸以面积计算，计量单位为 m²。空洞、空圈、暖气包槽、壁龛的开口部分并入相应的工程量内。

【例 5-44】 试计算图 5-43 所示房间内墙裙油漆的工程量。已知墙裙高为 1.5 m，窗台高为 1.0 m，窗洞侧油漆宽为 100 mm。

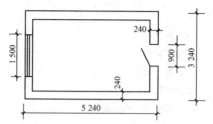

图 5-43 某房间内墙裙油漆面积示意（尺寸单位：mm）

【解】 墙裙油漆的工程量＝[（5.24－0.24×2）×2＋（3.24－0.24×2）×2]×1.50－
　　　　　　　　　[1.50×（1.50－1.00）＋0.90×1.50]＋（1.50－1.00）×0.10×
　　　　　　　　　2＝20.56（m²）

【例 5-45】 图 5-44 所示为木隔断立面图，试计算木隔断刷润油粉、刮腻子、刷聚氨酯漆两遍的工程量。

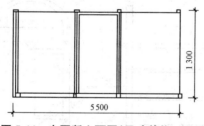

图 5-44 木隔断立面图（尺寸单位：mm）

【解】 木隔断油漆工程量＝5.50×1.30＝7.15（m²）

【例 5-46】 衣柜示意如图 5-45 所示，试计算衣柜油漆工程量。

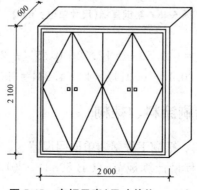

图 5-45 衣柜示意（尺寸单位：mm）

【解】　衣柜油漆工程量＝2.10×2＋2.10×0.60×2＋2×0.60＝7.92(m²)

五、金属面油漆

1. 金属面油漆工程量清单项目设置

《房屋建筑与装饰工程工程量计算规范》(GB 50854—2013)附录 P.5 金属面油漆共有 1 个清单项目。清单项目设置的具体内容见表 5-37。

表 5-37　金属面油漆(编码：011405)

项目编码	项目名称	项目特征	工作内容
011405001	金属面油漆	1. 构件名称 2. 腻子种类 3. 刮腻子要求 4. 防护材料种类 5. 油漆品种、刷漆遍数	1. 基层清理 2. 刮腻子 3. 刷防护材料、油漆

2. 金属面油漆工程量计算

金属面油漆工程量以 t 为计量单位，按设计图示尺寸以质量计算；或以 m² 为计量单位，按设计展开面积计算。

【例 5-47】　某钢直梯如图 5-46 所示，φ28 mm 光圆钢筋线密度为 4.834 kg/m，试计算钢直梯油漆工程量。

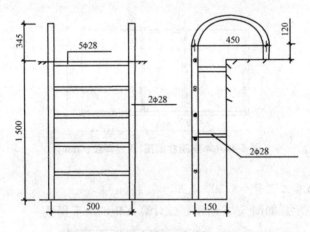

图 5-46　某钢直梯(尺寸单位：mm)

【解】　钢直梯油漆工程量＝[(1.50＋0.12×2＋0.45×π/2)×2＋(0.50＋0.028)×5＋
　　　　　　(0.15－0.014)×4]×4.834＝39.05(kg)＝0.039(t)

六、抹灰面油漆、喷刷涂料、裱糊

1. 抹灰面油漆、喷刷涂料、裱糊工程量清单项目设置

《房屋建筑与装饰工程工程量计算规范》(GB 50854—2013)附录 P.6 抹灰面油漆共有

3个清单项目，附录P.7喷刷涂料共有6个清单项目，附录P.8裱糊共有2个清单项目。各清单项目设置的具体内容见表5-38～表5-40。

表5-38　抹灰面油漆(编码：011406)

项目编码	项目名称	项目特征	工作内容
011406001	抹灰面油漆	1. 基层类型 2. 腻子种类 3. 刮腻子遍数 4. 防护材料种类 5. 油漆品种、刷漆遍数 6. 部位	1. 基层清理 2. 刮腻子 3. 刷防护材料、油漆
011406002	抹灰线条油漆	1. 线条宽度、道数 2. 腻子种类 3. 刮腻子遍数 4. 防护材料种类 5. 油漆品种、刷漆遍数	
011406003	满刮腻子	1. 基层类型 2. 腻子种类 3. 刮腻子遍数	1. 基层清理 2. 刮腻子

表5-39　刷喷涂料(编码：011407)

项目编码	项目名称	项目特征	工作内容
011407001	墙面喷刷涂料	1. 基层类型 2. 喷刷涂料部位 3. 腻子种类 4. 刮腻子要求 5. 涂料品种、刷喷遍数	1. 基层清理 2. 刮腻子 3. 刷、喷涂料
011407002	天棚喷刷涂料		
011407003	空花格、栏杆刷涂料	1. 腻子种类 2. 刮腻子遍数 3. 涂料品种、刷喷遍数	
011407004	线条刷涂料	1. 基层清理 2. 线条宽度 3. 刮腻子遍数 4. 刷防护材料、油漆	
011407005	金属构件刷防火涂料	1. 喷刷防火涂料构件名称 2. 防火等级要求 3. 涂料品种、喷刷遍数	1. 基层清理 2. 刷防护材料、油漆
011407006	木材构件喷刷防火涂料		1. 基层清理 2. 刷防火材料

表 5-40 裱糊(编码：011408)

项目编码	项目名称	项目特征	工作内容
011408001	墙纸裱糊	1. 基层类型 2. 裱糊部位 3. 腻子种类 4. 刮腻子遍数 5. 粘结材料种类 6. 防护材料种类 7. 面层材料品种、规格、颜色	1. 基层清理 2. 刮腻子 3. 面层铺粘 4. 刷防护材料
011408002	织锦缎裱糊		

2. 抹灰面油漆、喷刷涂料、裱糊工程量计算

(1)抹灰面油漆工程量计算。

1)抹灰面油漆、满刮腻子的工程量以 m² 为计量单位，按设计图示尺寸以面积计算。

2)抹灰线条油漆工程量以 m 为计量单位，按设计图示尺寸以长度计算。

(2)喷刷涂料工程量计算。

1)墙面喷刷涂料、天棚喷刷涂料、木材构件喷刷防火涂料的工程量以 m² 为计量单位，按设计图示尺寸以面积计算。

2)空花格、栏杆刷涂料的工程量以 m² 为计量单位，按设计图示尺寸以单面外围面积计算。

3)线条刷涂料工程量以 m 为计量单位，按设计图示尺寸以长度计算。

4)金属构件刷防火涂料工程量以 t 为计量单位，按设计图示尺寸以质量计算；或以 m² 为计量单位，按设计展开面积计算。

(3)裱糊工程量计算。墙纸裱糊、织锦缎裱糊的工程量以 m² 为计量单位，按设计图示尺寸以面积计算。

第六节 其他装饰工程

一、柜类、货架

1. 柜类、货架工程量清单项目设置

《房屋建筑与装饰工程工程量计算规范》(GB 50854—2013)附录 Q.1 柜类、货架共有 20 个清单项目。各清单项目设置的具体内容见表 5-41。

表 5-41　柜类、货架(编码：011501)

项目编码	项目名称	项目特征	工作内容
011501001	柜台		
011501002	酒柜		
011501003	衣柜		
011501004	存包柜		
011501005	鞋柜		
011501006	书柜		
011501007	厨房壁柜		
011501008	木壁柜		
011501009	厨房低柜	1. 台柜规格	1. 台柜制作、运输、安装
011501010	厨房吊柜	2. 材料种类、规格	(安放)
011501011	矮柜	3. 五金种类、规格	2. 刷防护材料、油漆
011501012	吧台背柜	4. 防护材料种类	3. 五金件安装
011501013	酒吧吊柜	5. 油漆品种、刷漆遍数	
011501014	酒吧台		
011501015	展台		
011501016	收银台		
011501017	试衣间		
011501018	货架		
011501019	书架		
011501020	服务台		

2. 柜类、货架工程量计算

柜类、货架包括柜台、酒柜、衣柜、存包柜、鞋柜、书柜、厨房壁柜、木壁柜、厨房低柜、厨房吊柜、矮柜、吧台背柜、酒吧吊柜、酒吧台、展台、收银台、试衣间、货架、书架、服务台。其工程量计算规则如下：

(1)以个计量，按设计图示数量计算。

(2)以 m 计量，按设计图示尺寸以延长米计算。

(3)以 m^3 计量，按设计图示尺寸以体积计算。

【例 5-48】　某木质货架的尺寸为 900 mm×1 000 mm×550 mm，共 20 个，试计算其工程量。

【解】　货架工程量有以下三种计算方法：

(1)以个计量：货架工程量＝20(个)。

(2)以 m 计量：货架工程量＝0.9(m)。

(3)以 m³ 计量：货架工程量＝0.90×1.00×0.55×20＝9.90(m³)。

二、压条、装饰线

1. 压条、装饰线工程量清单项目设置

《房屋建筑与装饰工程工程量计算规范》(GB 50854—2013)附录 Q.2 压条、装饰线共有 8 个清单项目。各清单项目设置的具体内容见表 5-42。

表 5-42　压条、装饰线(编码：011502)

项目编码	项目名称	项目特征	工作内容
011502001	金属装饰线	1. 基层类型 2. 线条材料品种、规格、颜色 3. 防护材料种类	1. 线条制作、安装 2. 刷防护材料
011502002	木质装饰线		
011502003	石材装饰线		
011502004	石膏装饰线		
011502005	镜面玻璃线	1. 基层类型 2. 线条材料品种、规格、颜色 3. 防护材料种类	
011502006	铝塑装饰线		
011502007	塑料装饰线		
011502008	GRC 装饰线条	1. 基层类型 2. 线条规格 3. 线条安装部位 4. 填充材料种类	线条制作、安装

2. 压条、装饰线工程量计算

金属装饰线、木质装饰线、石材装饰线、石膏装饰线、镜面玻璃线、铝塑装饰线、塑料装饰线、GRC 装饰线条的工程量按设计图示尺寸以长度计算，计量单位为 m。

【例 5-49】　如图 5-47 所示，某办公楼走廊内安装一块带框镜面玻璃，采用铝合金条槽线形镶饰，长为 1 500 mm，宽为 1 000 mm，试计算其工程量。

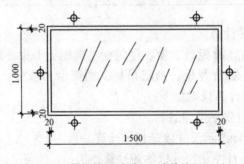

图 5-47　带框镜面玻璃(尺寸单位：mm)

【解】　金属装饰线工程量＝[(1.50−0.02)＋(1.00−0.02)]×2＝4.92(m)

三、扶手、栏杆、栏板装饰

1. 扶手、栏杆、栏板装饰工程量清单项目设置

《房屋建筑与装饰工程工程量计算规范》(GB 50854—2013)附录 Q.3 扶手、栏杆、栏板装饰共有 8 个清单项目。各清单项目设置的具体内容见表 5-43。

表 5-43　扶手、栏杆、栏板装饰(编码：011503)

项目编码	项目名称	项目特征	工作内容
011503001	金属扶手、栏杆、栏板	1. 扶手材料种类、规格 2. 栏杆材料种类、规格 3. 栏板材料种类、规格、颜色 4. 固定配件种类 5. 防护材料种类	1. 制作 2. 运输 3. 安装 4. 刷防护材料
011503002	硬木扶手、栏杆、栏板		
011503003	塑料扶手、栏杆、栏板		
011503004	GRC 栏杆、扶手	1. 栏杆的规格 2. 安装间距 3. 扶手类型规格 4. 填充材料种类	
011503005	金属靠墙扶手	1. 扶手材料种类、规格 2. 固定配件种类 3. 防护材料种类	
011503006	硬木靠墙扶手		
011503007	塑料靠墙扶手		
011503008	玻璃栏板	1. 栏板玻璃的种类、规格、颜色 2. 固定方式 3. 固定配件种类	

2. 扶手、栏杆、栏板装饰工程量计算

金属扶手、栏杆、栏板，硬木扶手、栏杆、栏板，塑料扶手、栏杆、栏板，GRC 栏杆、扶手，金属靠墙扶手，硬木靠墙扶手，塑料靠墙扶手，玻璃栏板的工程量按设计图示以扶手中心线长度(包括弯头长度)计算，计量单位为 m。

【例 5-50】　如图 5-48 所示，某学校图书馆楼梯使用不锈钢钢管栏杆，试根据计算规则计算其工程量(梯段踏步宽为 300 mm，踏步高为 150 mm)。

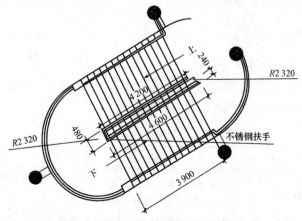

图 5-48　楼梯使用不锈钢钢管栏杆示意(尺寸单位：mm)

【解】 不锈钢钢管栏杆工程量$=(4.2+4.6)\times\dfrac{\sqrt{0.15^2+0.3^2}}{0.3}+0.48+0.24=10.56(m)$

四、暖气罩

1. 暖气罩工程量清单项目设置

《房屋建筑与装饰工程工程量计算规范》(GB50854—2013)附录 Q.4 暖气罩共有 3 个清单项目。各清单项目设置的具体内容见表 5-44。

表 5-44　暖气罩(编码：011504)

项目编码	项目名称	项目特征	工作内容
011504001	饰面板暖气罩	1. 暖气罩材质 2. 防护材料种类	1. 暖气罩制作、运输、安装 2. 刷防护材料
011504002	塑料板暖气罩		
011504003	金属暖气罩		

2. 暖气罩工程量计算

饰面板暖气罩、塑料板暖气罩、金属暖气罩的工程量按设计图示尺寸以垂直投影面积(不展开)计算，计量单位为 m²。

【例 5-51】 平墙式暖气罩如图 5-49 所示，五合板基层，榉木板面层，机制木花格散热口，共 18 个，试计算其工程量。

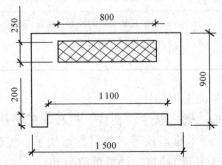

图 5-49　平墙式暖气罩(尺寸单位：mm)

【解】 饰面板暖气罩工程量$=(1.50\times0.90-1.10\times0.20-0.80\times0.25)\times18=16.74(m^2)$

五、浴厕配件

1. 浴厕配件工程量清单项目设置

《房屋建筑与装饰工程工程量计算规范》(GB 50854—2013)附录 Q.5 浴厕配件共有 11 个清单项目。各清单项目设置的具体内容见表 5-45。

表 5-45　浴厕配件(编码：011505)

项目编码	项目名称	项目特征	工作内容
011505001	洗漱台	1. 材料品种、规格、颜色 2. 支架、配件品种、规格	1. 台面及支架运输、安装 2. 杆、环、盒、配件安装 3. 刷油漆

项目编码	项目名称	项目特征	工作内容
011505002	晒衣架	1. 材料品种、规格、颜色 2. 支架、配件品种、规格	1. 台面及支架运输、安装 2. 杆、环、盒、配件安装 3. 刷油漆
011505003	帘子杆		
011505004	浴缸拉手		
011505005	卫生间扶手		
011505006	毛巾杆(架)		1. 台面及支架制作、运输、安装 2. 杆、环、盒、配件安装 3. 刷油漆
011505007	毛巾环		
011505008	卫生纸盒		
011505009	肥皂盒		
011505010	镜面玻璃	1. 镜面玻璃品种、规格 2. 框材质、断面尺寸 3. 基层材料种类 4. 防护材料种类	1. 基层安装 2. 玻璃及框制作、运输、安装
011505011	镜箱	1. 箱体材质、规格 2. 玻璃品种、规格 3. 基层材料种类 4. 防护材料种类 5. 油漆品种、刷漆遍数	1. 基层安装 2. 箱体制作、运输、安装 3. 玻璃安装 4. 刷防护材料、油漆

2. 浴厕配件工程量计算

(1)洗漱台工程量按设计图示尺寸以台面外接矩形面积计算，计量单位为 m²。不扣除孔洞、挖弯、削角所占面积，挡板、吊沿板面积并入台面面积内；或按设计图示数量计算，计量单位为个。

(2)晒衣架、帘子杆、浴缸拉手、卫生间扶手、毛巾杆(架)、毛巾环、卫生纸盒、肥皂盒、镜箱工程量按设计图示数量计算。其中，晒衣架、帘子杆、浴缸拉手、卫生间扶手、卫生纸盒、肥皂盒、镜箱的计量单位为个，毛巾杆(架)的计量单位为套，毛巾环的计量单位为副。

(3)镜面玻璃工程量按设计图示尺寸以边框外围面积计算，计量单位为 m²。

【例 5-52】 如图 5-50 所示，某卫生间安装一块不带框的镜面玻璃，长度为 1 100 mm，宽度为 450 mm，试计算其工程量。

【解】 镜面玻璃工程量＝1.1×0.45＝0.495(m²)

【例 5-53】 图 5-51 所示为某浴室镜箱示意，试计算其工程量。

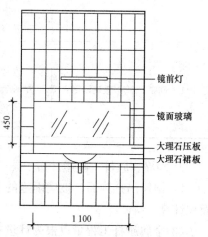

图 5-50 镜面玻璃(尺寸单位：mm)

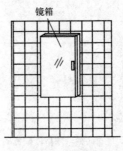

镜箱

图 5-51　镜箱示意

【解】　镜箱工程量＝1(个)

六、雨篷、旗杆

1. 雨篷、旗杆工程量清单项目设置

《房屋建筑与装饰工程工程量计算规范》(GB 50854—2013)附录 Q.6 雨篷、旗杆共有 3 个清单项目。各清单项目设置的具体内容见表 5-46。

表 5-46　雨篷、旗杆(编码：011506)

项目编码	项目名称	项目特征	工作内容
011506001	雨篷吊挂饰面	1. 基层类型 2. 龙骨材料种类、规格、中距 3. 面层材料品种、规格 4. 吊顶(天棚)材料、品种、规格 5. 嵌缝材料种类 6. 防护材料种类	1. 底层抹灰 2. 龙骨基层安装 3. 面层安装 4. 刷防护材料、油漆
011506002	金属旗杆	1. 旗杆材料、种类、规格 2. 旗杆高度 3. 基础材料种类 4. 基座材料种类 5. 基座面层材料、种类、规格	1. 土石挖、填、运 2. 基础混凝土浇筑 3. 旗杆制作、安装 4. 旗杆台座制作、饰面
011506003	玻璃雨篷	1. 玻璃雨篷固定方式 2. 龙骨材料种类、规格、中距 3. 玻璃材料品种、规格 4. 嵌缝材料种类 5. 防护材料种类	1. 龙骨基层安装 2. 面层安装 3. 刷防护材料、油漆

2. 雨篷、旗杆工程量计算

(1)雨篷吊挂饰面、玻璃雨篷的工程量以 m² 为计量单位，按设计图示尺寸以水平投影面积计算。

(2)金属旗杆工程量以根为计量单位，按设计图示数量计算。

【例 5-54】　如图 5-52 所示，某政府部门的门厅处立有 3 根长 12 000 mm 的金属旗杆，试计算其工程量。

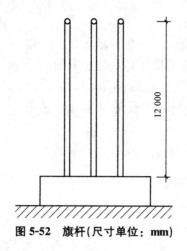

图 5-52　旗杆(尺寸单位：mm)

【解】　金属旗杆工程量＝3(根)

【例 5-55】　如图 5-53 所示，某商店的店门前的雨篷吊挂饰面采用金属压型板，高为 400 mm，长为 3 000 mm，宽为 600 mm，试计算其工程量。

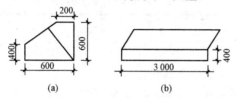

(a)　　　　　　　　　　(b)

图 5-53　某商店的雨篷(尺寸单位：mm)

(a)侧立面图；(b)平面图

【解】　雨篷吊挂饰面工程量＝3.00×0.60＝1.80(m²)

七、招牌、灯箱

1. 招牌、灯箱工程量清单项目设置

《房屋建筑与装饰工程工程量计算规范》(GB 50854—2013)附录 Q.7 招牌、灯箱共有 4 个清单项目。各清单项目设置的具体内容见表 5-47。

表 5-47　招牌、灯箱(编码：011507)

项目编码	项目名称	项目特征	工作内容
011507001	平面、箱式招牌	1. 箱体规格 2. 基层材料种类 3. 面层材料种类 4. 防护材料种类	1. 基层安装 2. 箱体及支架制作、运输、安装 3. 面层制作、安装 4. 刷防护材料、油漆
011507002	竖式标箱		
011507003	灯箱		
011507004	信报箱	1. 箱体规格 2. 基层材料种类 3. 面层材料种类 4. 保护材料种类 5. 户数	

2. 招牌、灯箱工程量计算

(1)平面、箱式招牌工程量以 m² 为计量单位，按设计图示尺寸以正立面边框外围面积计算，复杂形的凹凸造型部分不增加面积。

(2)竖式标箱、灯箱、信报箱工程量以个为计量单位，按设计图示数量计算。

【例 5-56】 某宾馆门口设有图 5-54 所示的竖式标箱 1 个，试计算其工程量。

【解】 竖式标箱工程量＝1(个)

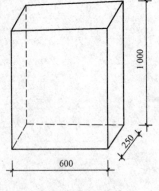

图 5-54 竖式标箱(尺寸单位：mm)

八、美术字

1. 美术字工程量清单项目设置

《房屋建筑与装饰工程工程量计算规范》(GB 50854—2013)附录 Q.8 美术字共有 5 个清单项目。各清单项目设置的具体内容见表 5-48。

表 5-48 美术字(编码：011508)

项目编码	项目名称	项目特征	工作内容
011508001	泡沫塑料字	1. 基层类型 2. 镶字材料品种、颜色 3. 字体规格 4. 固定方式 5. 油漆品种、刷漆遍数	1. 字制作、运输、安装 2. 刷油漆
011508002	有机玻璃字		
011508003	木质字		
011508004	金属字		
011508005	吸塑字		

2. 美术字工程量计算

泡沫塑料字、有机玻璃字、木质字、金属字、吸塑字的工程量按设计图示数量计算，计量单位为个。

【例 5-57】 图 5-55 所示为某商店的红色金属招牌，试根据其计算规则计算金属字工程量。

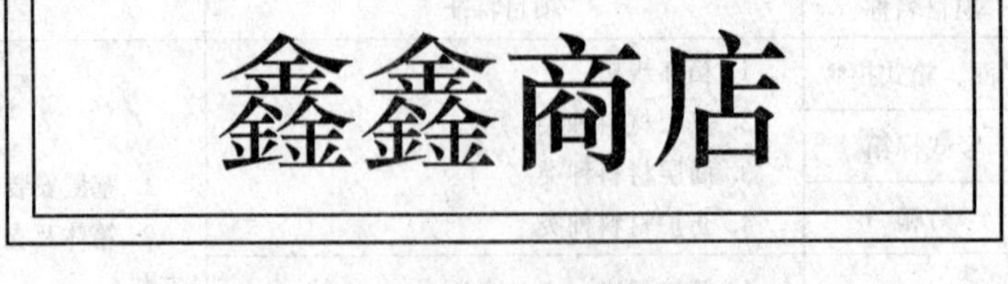

鑫鑫商店

图 5-55 某商店招牌示意

【解】 红色金属招牌字工程量＝4(个)

第七节 拆除工程

一、拆除工程工程量清单项目设置

《房屋建筑与装饰工程工程量计算规范》(GB 50854—2013)中附录 R 为拆除工程,包括 15 节 37 个项目。具体清单项目设置见表 5-49～表 5-63。

表 5-49 砖砌体拆除(编码:011601)

项目编码	项目名称	项目特征	计量单位	工程量计算规则	工作内容
011601001	砖砌体拆除	1. 砌体名称 2. 砌体材质 3. 拆除高度 4. 拆除砌体的截面尺寸 5. 砌体表面的附着物种类	1. m³ 2. m	1. 以 m³ 计量,按拆除的体积计算 2. 以 m 计量,按拆除的延长米计算	1. 拆除 2. 控制扬尘 3. 清理 4. 建渣场内、外运输

注：1. 砌体名称指墙、柱、水池等。
　　2. 砌体表面的附着物种类指抹灰层、块料层、龙骨及装饰面层等。
　　3. 以 m 计量,如砖地沟、砖明沟等必须描述拆除部位的截面尺寸;以 m³ 计量,截面尺寸则不必描述。

表 5-50 混凝土及钢筋混凝土构件拆除(编码:011602)

项目编码	项目名称	项目特征	计量单位	工程量计算规则	工作内容
011602001	混凝土构件拆除	1. 构件名称 2. 拆除构件的厚度或规格尺寸 3. 构件表面的附着物种类	1. m³ 2. m² 3. m	1. 以 m³ 计量,按拆除构件的混凝土体积计算 2. 以 m² 计量,按拆除部位的面积计算 3. 以 m 计量,按拆除部位的延长米计算	1. 拆除 2. 控制扬尘 3. 清理 4. 建渣场内、外运输
011602002	钢筋混凝土构件拆除				

注：1. 以 m³ 作为计量单位时,可不描述构件的规格尺寸;以 m² 作为计量单位时,应描述构件的厚度;以 m 作为计量单位时,必须描述构件的规格尺寸。
　　2. 构件表面的附着物种类指抹灰层、块料层、龙骨及装饰面层。

表 5-51 木构件拆除(编码:011603)

项目编码	项目名称	项目特征	计量单位	工程量计算规则	工作内容
011603001	木构件拆除	1. 构件名称 2. 拆除构件的厚度或规格尺寸 3. 构件表面的附着物种类	1. m³ 2. m² 3. m	1. 以 m³ 计量,按拆除构件的体积计算 2. 以 m² 计量,按拆除面积计算 3. 以 m 计量,按拆除延长米计算	1. 拆除 2. 控制扬尘 3. 清理 4. 建渣场内、外运输

项目编码	项目名称	项目特征	计量单位	工程量计算规则	工作内容

注：1. 拆除木构件应按木梁、木柱、木楼梯、木屋架、承重木楼板等分别在构件名称中描述。

　2. 以 m³ 作为计量单位时，可不描述构件的规格尺寸；以 m² 作为计量单位时，应描述构件的厚度；以 m 作为计量单位时，则必须描述构件的规格尺寸。

　3. 构件表面的附着物种类指抹灰层、块料层、龙骨及装饰面层。

表 5-52　抹灰层拆除(编码：011604)

项目编码	项目名称	项目特征	计量单位	工程量计算规则	工作内容
011604001	平面抹灰层拆除	1. 拆除部位 2. 抹灰层种类	m²	按拆除部位的面积计算	1. 拆除 2. 控制扬尘 3. 清理 4. 建渣场内、外运输
011604002	立面抹灰层拆除				
011604003	天棚抹灰面拆除				

注：1. 单独拆除抹灰层应按本表中的项目编码列项。

　2. 抹灰层种类可描述为一般抹灰或装饰抹灰。

表 5-53　块料面层拆除(编码：011605)

项目编码	项目名称	项目特征	计量单位	工程量计算规则	工作内容
011605001	平面块料拆除	1. 拆除的基层类型 2. 饰面材料种类	m²	按拆除面积计算	1. 拆除 2. 控制扬尘 3. 清理 4. 建渣场内、外运输
011605002	立面块料拆除				

注：1. 如仅拆除块料层，拆除的基层类型不用描述。

　2. 拆除的基层类型的描述指砂浆层、防水层、干挂或挂贴所采用的钢骨架层等。

表 5-54　龙骨及饰面拆除(编码：011606)

项目编码	项目名称	项目特征	计量单位	工程量计算规则	工作内容
011606001	楼地面龙骨及饰面拆除	1. 拆除的基层类型 2. 龙骨及饰面种类	m²	按拆除面积计算	1. 拆除 2. 控制扬尘 3. 清理 4. 建渣场内、外运输
011606002	墙柱面龙骨及饰面拆除				
011606003	天棚面龙骨及饰面拆除				

注：1. 基层类型的描述指砂浆层、防水层等。

　2. 如仅拆除龙骨及饰面，拆除的基层类型不用描述。

　3. 如只拆除饰面，不用描述龙骨材料的种类。

表 5-55 屋面拆除(编码：011607)

项目编码	项目名称	项目特征	计量单位	工程量计算规则	工作内容
011607001	刚性层拆除	刚性层厚度	m²	按铲除部位的面积计算	1. 铲除 2. 控制扬尘 3. 清理 4. 建渣场内、外运输
011607002	防水层拆除	防水层种类			

表 5-56 铲除油漆涂料裱糊面(编码：011608)

项目编码	项目名称	项目特征	计量单位	工程量计算规则	工作内容
011608001	铲除油漆面	1. 铲除部位名称 2. 铲除部位的截面尺寸	1. m² 2. m	1. 以 m² 计量，按铲除部位的面积计算 2. 以 m 计量，按铲除部位的延长米计算	1. 铲除 2. 控制扬尘 3. 清理 4. 建渣场内、外运输
011608002	铲除涂料面				
011608003	铲除裱糊面				

注：1. 单独铲除油漆涂料裱糊面的工程按本表中的项目编码列项。
　　2. 铲除部位名称的描述指墙面、柱面、天棚、门窗等。
　　3. 按 m 计量，必须描述铲除部位的截面尺寸；以 m² 计量时，则不用描述铲除部位的截面尺寸。

表 5-57 栏杆栏板、轻质隔断隔墙拆除(编码：011609)

项目编码	项目名称	项目特征	计量单位	工程量计算规则	工作内容
011609001	栏杆、栏板拆除	1. 栏杆(板)的高度 2. 栏杆、栏板的种类	1. m² 2. m	1. 以 m² 计量，按拆除部位的面积计算 2. 以 m 计量，按拆除的延长米计算	1. 拆除 2. 控制扬尘 3. 清理 4. 建渣场内、外运输
011609002	隔断隔墙拆除	1. 拆除隔墙的骨架种类 2. 拆除隔墙的饰面种类	m²	按拆除部位的面积计算	

注：以 m² 计量，不用描述栏杆(板)的高度。

表 5-58 门窗拆除(编码：011610)

项目编码	项目名称	项目特征	计量单位	工程量计算规则	工作内容
011610001	木门窗拆除	1. 室内高度 2. 门窗洞口尺寸	1. m² 2. 樘	1. 以 m² 计量，按拆除面积计算 2. 以樘计量，按拆除樘数计算	1. 拆除 2. 控制扬尘 3. 清理 4. 建渣场内、外运输
011610002	金属门窗拆除				

注：门窗拆除以 m² 计量，不用描述门窗的洞口尺寸。室内高度指室内楼地面至门窗的上边框。

表 5-59 金属构件拆除（编码：011611）

项目编码	项目名称	项目特征	计量单位	工程量计算规则	工作内容
011611001	钢梁拆除		1. t 2. m	1. 以 t 计量，按拆除构件的质量计算 2. 以 m 计量，按拆除延长米计算	
011611002	钢柱拆除	1. 构件名称 2. 拆除构件的规格尺寸			1. 拆除 2. 控制扬尘 3. 清理 4. 建渣场内、外运输
011611003	钢网架拆除		t	按拆除构件的质量计算	
011611004	钢支撑、钢墙架拆除		1. t 2. m	1. 以 t 计量，按拆除构件的质量计算 2. 以 m 计量，按拆除延长米计算	
011611005	其他金属构件拆除				

表 5-60 管道及卫生洁具拆除（编码：011612）

项目编码	项目名称	项目特征	计量单位	工程量计算规则	工作内容
011612001	管道拆除	1. 管道种类、材质 2. 管道上的附着物种类	m	按拆除管道的延长米计算	1. 拆除 2. 控制扬尘 3. 清理 4. 建渣场内、外运输
011612002	卫生洁具拆除	卫生洁具种类	1. 套 2. 个	按拆除的数量计算	

表 5-61 灯具、玻璃拆除（编码：011613）

项目编码	项目名称	项目特征	计量单位	工程量计算规则	工作内容
011613001	灯具拆除	1. 拆除灯具高度 2. 灯具种类	套	按拆除的数量计算	1. 拆除 2. 控制扬尘 3. 清理 4. 建渣场内、外运输
011613002	玻璃拆除	1. 玻璃厚度 2. 拆除部位	m^2	按拆除的面积计算	

注：拆除部位的描述指门窗玻璃、隔断玻璃、墙玻璃、家具玻璃等。

表 5-62 其他构件拆除（编码：011614）

项目编码	项目名称	项目特征	计量单位	工程量计算规则	工作内容
011614001	暖气罩拆除	暖气罩材质	1. 个 2. m	1. 以个为单位计量，按拆除个数计算 2. 以 m 为单位计量，按拆除延长米计算	
011614002	柜体拆除	1. 柜体材质 2. 柜体尺寸：长、宽、高			1. 拆除 2. 控制扬尘 3. 清理 4. 建渣场内、外运输
011614003	窗台板拆除	窗台板平面尺寸	1. 块 2. m	1. 以块计量，按拆除数量计算 2. 以 m 计量，按拆除的延长米计算	
011614004	筒子板拆除	筒子板的平面尺寸			
011614005	窗帘盒拆除	窗帘盒的平面尺寸	m	按拆除的延长米计算	
011614006	窗帘轨拆除	窗帘轨的材质			

注：双轨窗帘轨拆除按双轨长度分别计算工程量。

表 5-63 开孔(打洞)(编码：011615)

项目编码	项目名称	项目特征	计量单位	工程量计算规则	工作内容
011615001	开孔(打洞)	1. 部位 2. 打洞部位材质 3. 洞尺寸	个	按数量计算	1. 拆除 2. 控制扬尘 3. 清理 4. 建渣场内、外运输

注：1. 部位可描述为墙面或楼板。

　　2. 打洞部位材质可描述为页岩砖或空心砖或钢筋混凝土等。

二、拆除工程注意事项

(1)拆除工程适用于房屋建筑工程，仿古建筑、构筑物、园林景观工程等项目的拆除。市政工程、园路、园桥工程等项目的拆除，按《市政工程工程量计算规范》(GB 50857—2013)的相应项目编码列项；城市轨道交通工程的拆除，按《城市轨道交通工程工程量计算规范》(GB 50861—2013)的相应项目编码列项。

(2)对于只拆面层的项目，在项目特征中，不必描述基层(或龙骨)类型(或种类)；对于基层(或龙骨)和面层同时拆除的项目，在项目特征中，必须描述基层(或龙骨)类型(或种类)。

(3)拆除项目的工作内容中含"建渣场内、外运输"，因此，组成综合单价，应含建渣场内、外运输。

本章小结

装饰装修工程包括门窗工程，楼地面装饰工程，墙、柱面装饰与隔断、幕墙工程，天棚工程，油漆、涂料、裱糊工程及其他装饰工程。学习本章内容应重点掌握各项内容的工程量清单项目设置及工程量计算规则，能够计算各项目工程量。

思考与练习

一、填空题

1. 金属门工程量以_____为计量单位。

2. 窗帘工程量按_____计算，计量单位为 m；或按_____计算，计量单位为 m²。

3. 石材楼地面适用于_____等；块料楼地面适用于_____等。

4. 一般抹灰工程适用于_____和_____。

5. 墙面装饰抹灰适用于_____、_____、_____、_____等。

6. 立面砂浆找平层项目适用于_____。

7. 雨篷吊挂饰面、玻璃雨篷的工程量按_____计算。

8. 拆除工程适用于_____等项目的拆除。

二、问答题

1. 金属门工程量如何计算？

2. 木窗工程量如何计算？

3. 木门窗套、木筒子板、饰面夹板筒子板、金属门窗套、石材门窗套、成品木门窗套工程量如何计算？

4. 水泥砂浆楼地面、现浇水磨石楼地面、细石混凝土楼地面、菱苦土楼地面、自流坪楼地面工程量如何计算？

5. 橡胶板楼地面、橡胶板卷材楼地面、塑料板楼地面、塑料卷材楼地面工程量如何计算？

6. 踢脚线工程量如何计算？

7. 石材楼梯面层、块料楼梯面层、拼碎料面层、水泥砂浆楼梯面层、现浇水磨石楼梯面层、地毯楼梯面层、木板楼梯面层、橡胶板楼梯面层、塑料板楼梯面层工程量如何计算？

8. 墙面抹灰工程量如何计算？

9. 带骨架幕墙、全玻(无框玻璃)幕墙工程量如何计算？

10. 天棚抹灰工程量如何计算？

11. 门油漆、窗油漆工程量如何计算？

三、计算题

图 5-56 所示为一大型商场的玻璃转门，转门门洞为 1 600 mm×2 300 mm，两边侧亮为 1 200 mm×2 300 mm，试计算玻璃转门的工程量并进行计价。

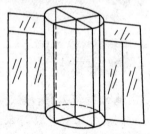

图 5-56 某商场玻璃转门的立面图

第六章 措施项目工程工程量清单项目设置与工程量计算

熟悉措施项目工程各项目的工程量清单项目设置；掌握各项目工程量计算规则。

通过本章内容的学习，能够明确措施项目工程各项目的工程量计算规则；能够进行措施项目工程各项目的工程量计算。

 第一节　脚手架工程

一、脚手架工程工程量清单项目设置

《房屋建筑与装饰工程工程量计算规范》(GB 50854—2013)附录 S.1 脚手架工程共有 8 个清单项目。各清单项目设置的具体内容见表 6-1。

表 6-1　脚手架工程(编码：011701)

项目编码	项目名称	项目特征	工作内容
011701001	综合脚手架	1. 建筑结构形式 2. 檐口高度	1. 场内、场外材料搬运 2. 搭、拆脚手架、斜道、上料平台 3. 安全网的铺设 4. 选择附墙点与主体连接 5. 测试电动装置、安全锁等 6. 拆除脚手架后材料的堆放

项目编码	项目名称	项目特征	工作内容
011701002	外脚手架	1. 搭设方式 2. 搭设高度 3. 脚手架材质	1. 场内、场外材料搬运 2. 搭、拆脚手架、斜道、上料平台 3. 安全网的铺设 4. 拆除脚手架后材料的堆放
011701003	里脚手架		
011701004	悬空脚手架	1. 搭设方式 2. 悬挑宽度 3. 脚手架材质	
011701005	挑脚手架		
011701006	满堂脚手架	1. 搭设方式 2. 搭设高度 3. 脚手架材质	
011701007	整体提升架	1. 搭设方式及启动装置 2. 搭设高度	1. 场内、场外材料搬运 2. 选择附墙点与主体连接 3. 搭、拆脚手架、斜道、上料平台 4. 安全网的铺设 5. 测试电动装置、安全锁等 6. 拆除脚手架后材料的堆放
011701008	外装饰吊篮	1. 升降方式及启动装置 2. 搭设高度及吊篮型号	1. 场内、场外材料搬运 2. 吊篮的安装 3. 测试电动装置、安全锁、平衡控制器等 4. 吊篮的拆卸

二、脚手架工程工程量计算

1. 综合脚手架

(1)适用对象。使用综合脚手架时，不再使用外脚手架、里脚手架等单项脚手架；综合脚手架适用于能够按"建筑面积计算规则"计算建筑面积的建筑工程脚手架，不适用于房屋加层、构筑物及附属工程脚手架。

(2)工程量计算规则。综合脚手架工程量按建筑面积计算，计量单位为 m²。

【例 6-1】 图 6-1 所示单层建筑物的高度为 4.2 m，单层建筑物脚手架按综合脚手架考虑，试计算其脚手架工程量。

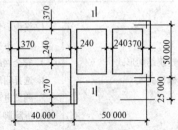

图 6-1 某单层建筑的平面图(尺寸单位：mm)

【解】 综合脚手架工程量＝(40.00＋0.25×2)×(25.00＋50.00＋0.25×2)＋50.00×
(50.00＋0.25×2)＝5 582.75(m²)

2. 外脚手架、里脚手架

(1)适用对象。外脚手架是沿建筑物外周围搭设的一种脚手架，用于外墙砌筑和外墙装饰。常用的有多立杆式脚手架、门式钢管脚手架。

里脚手架是搭设在施工对象内部的脚手架，主要用于在楼层上砌墙和进行内部装修等施工作业。由于建筑内部的施工作业量大，平面分布十分复杂，要求里脚手架频繁搬移和装拆。因此，里脚手架必须轻便灵活，稳固可靠，搬移和装拆方便。

(2)工程量计算规则。外脚手架、里脚手架的工程量按其所服务对象的垂直投影面积计算，计量单位为m²。

【例 6-2】 计算图 6-2 所示工程图中木制外脚手架及里脚手架的工程量，墙厚为240 mm。

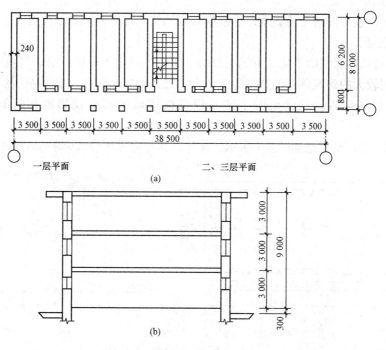

图 6-2 某建筑的平面图和剖面图(尺寸单位：mm)
(a)平面图；(b)剖面图

【解】 外脚手架工程量＝[(38.5＋0.24)×2＋(8＋0.24)×2]×(9＋0.3)＝873.83(m²)
里脚手架工程量＝[(6.2－0.24)×10＋(3.5－0.24)×8]×(3－0.24)×2＝472.95(m²)

3. 悬空脚手架

悬空脚手架工程量按搭设的水平投影面积计算，计量单位为m²。

【例 6-3】 如图 6-3 所示，某一钢筋梁的空间尺寸为 7 000 mm×4 000 mm，楼板上表面至上层楼的楼底之间的高度为 4.0 m，计算梁的悬空脚手架工程量。

【解】 悬空脚手架工程量＝4.0×7.0＝28(m²)

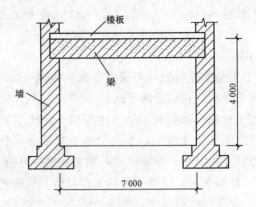

图 6-3 钢筋混凝土梁示意(尺寸单位：mm)

4. 挑脚手架

挑脚手架工程量按搭设长度乘以搭设层数以延长米计算，计量单位为 m。

5. 满堂脚手架

(1)适用对象。满堂脚手架又称满堂红脚手架，主要用于单层厂房、展览大厅、体育馆等层高、开间较大的建筑顶部的装饰施工，由立杆、横杆、斜撑、剪刀撑等组成。

(2)工程计算规则。满堂架脚手架工程量按搭设的水平投影面积计算，计量单位为 m^2。

【例 6-4】 某厂房构造如图 6-4 所示，试计算其室内采用满堂脚手架的工程量。

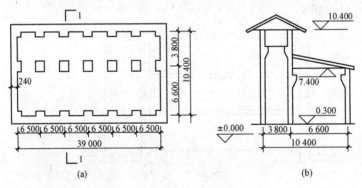

图 6-4 某厂房构造(尺寸单位：mm)

(a)平面图；(b)1—1 剖面图

【解】 满堂脚手架工程量＝39×10.40＝405.60(m^2)

6. 整体提升架

整体提升架工程量按其所服务对象的垂直投影面积计算，计量单位为 m^2。整体提升架已包括 2 m 高的防护架体设施。

7. 外装饰吊篮

外装饰吊篮工程量按其所服务对象的垂直投影面积计算，计量单位为 m^2。

第二节 混凝土模板及支架(撑)

一、混凝土模板及支架(撑)工程量清单项目设置

《房屋建筑与装饰工程工程量计算规范》(GB 50854—2013)附录 S.2 混凝土模板及支架(撑)共有 32 个清单项目。各清单项目设置的具体内容见表 6-2。

表 6-2 混凝土模板及支架(撑)(编码：011702)

项目编码	项目名称	项目特征	工作内容
011702001	基础	基础类型	
011702002	矩形柱		
011702003	构造柱		
011702004	异形柱	柱截面形状	
011702005	基础梁	梁截面形状	
011702006	矩形梁	支撑高度	
011702007	异形梁	1. 梁截面形状 2. 支撑高度	
011702008	圈梁		
011702009	过梁		
011702010	弧形、拱形梁	1. 梁截面形状 2. 支撑高度	1. 模板制作 2. 模板安装、拆除、整理堆放及场内外运输 3. 清理模板粘结物及模内杂物、刷隔离剂等
011702011	直形墙		
011702012	弧形墙		
011702013	短肢剪力墙、电梯井壁		
011702014	有梁板		
011702015	无梁板		
011702016	平板		
011702017	拱板	支撑高度	
011702018	薄壳板		
011702019	空心板		
011702020	其他板		
011702021	栏板		
011702022	天沟、檐沟	构件类型	

项目编码	项目名称	项目特征	工作内容
011702023	雨篷、悬挑板、阳台板	1. 构件类型 2. 板厚度	
011702024	楼梯	类型	
011702025	其他现浇构件	构件类型	
011702026	电缆沟、地沟	1. 沟类型 2. 沟截面	1. 模板制作 2. 模板安装、拆除、整理堆放及场内外运输 3. 清理模板粘结物及模内杂物、刷隔离剂等
011702027	台阶	台阶踏步宽	
011702028	扶手	扶手断面尺寸	
011702029	散水		
011702030	后浇带	后浇带部位	
011702031	化粪池	1. 化粪池部位 2. 化粪池规格	
011702032	检查井	1. 检查井部位 2. 检查井规格	

二、混凝土模板及支架(撑)工程量计算

1. 基础、柱、梁、板模板

基础、矩形柱、构造柱、异形柱、基础梁、矩形梁、异形梁、圈梁、过梁、弧形梁、拱形梁、直形墙、弧形墙、短肢剪力墙、电梯井壁、有梁板、无梁板、平板、拱板、薄壳板、空心板、其他板、栏板的工程量按模板与现浇混凝土构件的接触面积计算，计量单位为 m²。其中，现浇钢筋混凝土墙、板单孔面积不大于 0.3 m² 的孔洞不予扣除，洞侧壁模板亦不增加；单孔面积大于 0.3 m² 时应予扣除，洞侧壁模板面积并入墙、板工程量内计算；现浇框架分别按梁、板、柱有关规定计算；附墙柱、暗梁、暗柱并入墙内工程量内计算；柱、梁、墙、板相互连接的重叠部分，均不计算模板面积；构造柱按图示外露部分计算模板面积。

【例 6-5】 计算图 6-5 所示独立柱基的模板工程量。

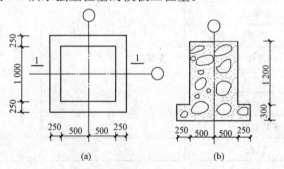

图 6-5 现浇毛石混凝土独立柱(尺寸单位：mm)

(a)平面图；(b)1—1 剖面图

【解】 独立柱基模板工程量＝1.50×4×0.30＋1.00×4×1.20＝6.60（m²）

2. 天沟、檐沟

天沟、檐沟的工程量按模板与现浇混凝土构件的接触面积计算，计量单位为 m²。

【例 6-6】 如图 6-6 所示现浇钢筋混凝土天沟模板，长度为 50 000 mm，试计算天沟模板工程量。

【解】 天沟模板工程量＝50.00×（0.60＋0.60＋0.40×2＋0.08＋0.16）＝112.00（m²）

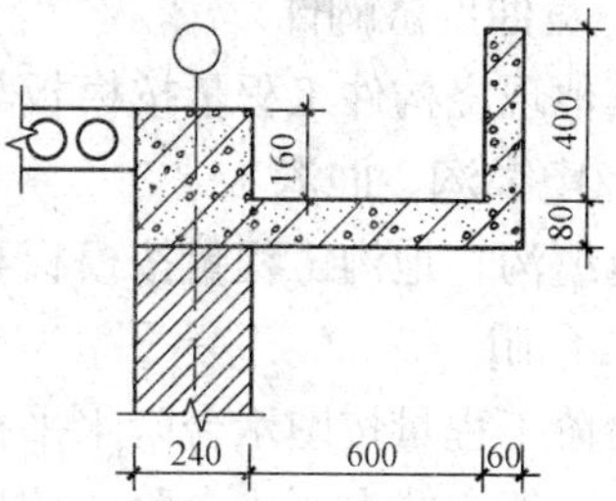

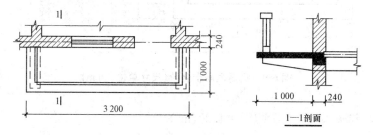

图 6-6　天沟模板示意（尺寸单位：mm）

3. 雨篷、悬挑板、阳台板

雨篷、悬挑板、阳台板的工程量按图示外挑部分尺寸的水平投影面积计算，挑出墙外的悬臂梁及板边不另计算，计量单位为 m²。

【例 6-7】 计算图 6-7 所示阳台板的工程量。

图 6-7　阳台板模板示意（尺寸单位：mm）

【解】 阳台板模板工程量＝3.20×1.00＝3.20（m²）

4. 楼梯

楼梯工程量按楼梯（包括休息平台、平台梁、斜梁和楼层板的连接梁）的水平投影面积计算，计量单位为 m²。不扣除宽度不大于 500 mm 的楼梯井所占面积，楼梯踏步、踏步板、平台梁等侧面模板不另计算，伸入墙内部分亦不增加。

【例 6-8】 计算图 6-8 所示现浇钢筋混凝土楼梯的工程量。

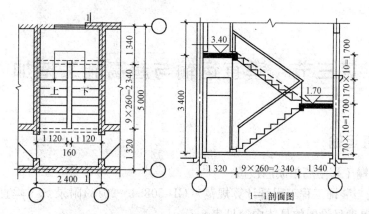

图 6-8　钢筋混凝土楼梯栏板（尺寸单位：mm）

【解】 楼梯模板工程量=(2.4-0.24)×(2.34+1.34-0.12)=7.69(m²)

5. 其他现浇构件

其他现浇构件工程量按模板与现浇混凝土构件的接触面积计算，计量单位为 m²。

6. 电缆沟、地沟

电缆沟、地沟工程量按模板与电缆沟、地沟接触的面积计算，计量单位为 m²。

7. 台阶

台阶工程量按图示台阶水平投影面积计算，计量单位为 m²。台阶端头两侧不另计算模板面积。架空式混凝土台阶，按现浇楼梯计算。

【例 6-9】 计算图 6-9 所示现浇混凝土台阶模板工程量。

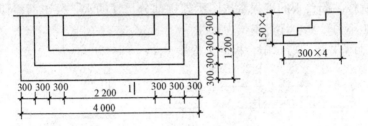

图 6-9　钢筋混凝土台阶(尺寸单位：mm)

【解】 台阶模板工程=4.0×1.2=4.80(m²)

8. 扶手

扶手工程量按模板与扶手的接触面积计算，计量单位为 m²。

9. 散水

散水工程量按模板与散水的接触面积计算，计量单位为 m²。

10. 后浇带

后浇带工程量按模板与后浇带的接触面积计算，计量单位为 m²。

11. 化粪池、检查井

化粪池、检查井工程量按模板与混凝土的接触面积计算，计量单位为 m²。

第三节　垂直运输与超高施工增加

一、垂直运输

1. 垂直运输工程量清单项目设置

《房屋建筑与装饰工程工程量计算规范》(GB 50854—2013)附录 S.3 垂直运输共有 1 个清单项目。清单项目设置的具体内容见表 6-3。

表 6-3　垂直运输(编码：011703)

项目编码	项目名称	项目特征	工作内容
011703001	垂直运输	1. 建筑物建筑类型及结构形式 2. 地下室建筑面积 3. 建筑物檐口高度、层数	1. 垂直运输机械的固定装置、基础制作、安装 2. 行走式垂直运输机械轨道的铺设、拆除、摊销

2. 垂直运输工程量计算

垂直运输工程量分别按建筑面积计算，计量单位为 m²；或按施工工期日历天数计算，计量单位为天。

【例 6-10】 某五层建筑物底层为框架结构，二层及二层以上为砖混结构，每层建筑面积为 1 200 m²，合理施工工期为 165 天，试计算其垂直运输工程量。

【解】 垂直运输工程量＝1 200.00×5＝6 000.00(m²)

或　垂直运输工程量＝165(天)

二、超高施工增加

1. 超高施工增加工程量清单项目设置

《房屋建筑与装饰工程工程量计算规范》(GB 50854—2013)附录 S.4 超高施工增加共有 1 个清单项目。清单项目设置的具体内容见表 6-4。

表 6-4　超高施工增加(编码：011704)

项目编码	项目名称	项目特征	工作内容
011704001	超高施工增加	1. 建筑物建筑类型及结构形式 2. 建筑物檐口高度、层数 3. 单层建筑物檐口高度超过 20 m，多层建筑物超过 6 层部分的建筑面积	1. 建筑物超高引起的人工工效降低以及由于人工工效降低引起的机械降效 2. 高层施工用水加压水泵的安装、拆除及工作台班 3. 通信联络设备的使用及摊销

2. 超高施工增加工程量计算

超高施工增加工程量按建筑物超高部分的建筑面积计算，计量单位为 m²。单层建筑物檐口高度超过 20 m，多层建筑物超过 6 层时，可按超高部分的建筑面积计算超高施工增加。计算层数时，地下室不计入层数。

【例 6-11】 某高层建筑如图 6-10 所示，为框架-剪力墙结构，共 11 层，采用自升塔式起重机及单笼施工电梯，试计算超高施工增加。

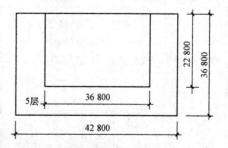

图 6-10　某高层建筑(尺寸单位：mm)

【解】 超高施工增加工程量＝36.80×22.80×(11-6)＝4 195.20(m²)

第四节　其他措施项目

一、大型机械设备进出场及安拆

《房屋建筑与装饰工程工程量计算规范》(GB 50854—2013)附录 S.5 大型机械设备进出场及安拆共有 1 个清单项目。清单项目设置的具体内容见表 6-5。

表 6-5　大型机械设备进出场及安拆(编码：011705)

项目编码	项目名称	项目特征	计量单位	工程量计算规则	工作内容
011705001	大型机械设备进出场及安拆	1. 机械设备名称 2. 机械设备规格型号	台次	按使用机械设备的数量计算	1. 安拆费包括施工机械、设备在现场进行安装拆卸所需的人工、材料、机械和试运转费用以及机械辅助设施的折旧、搭设、拆除等费用 2. 进出场费包括施工机械、设备整体或分体自停放地点运至施工现场或由一施工地点运至另一施工地点所发生的运输、装卸、辅助材料等费用

二、施工排水、降水

《房屋建筑与装饰工程工程量计算规范》(GB 50854—2013)附录 S.6 施工排水、降水共有 2 个清单项目。各清单项目设置的具体内容见表 6-6。

表 6-6　施工排水、降水(编码：011706)

项目编码	项目名称	项目特征	计量单位	工程量计算规则	工作内容
011706001	成井	1. 成井方式 2. 地层情况 3. 成井直径 4. 井(滤)管类型、直径	m	按设计图示尺寸以钻孔深度计算	1. 准备钻孔机械、埋设护筒、钻机就位；泥浆制作、固壁；成孔、出渣、清孔等 2. 对接上、下井管(滤管)，焊接，安放，下滤料，洗井，连接试抽等
011706002	排水、降水	1. 机械规格型号 2. 降排水管规格	昼夜	按排、降水日历天数计算	1. 管道安装、拆除、场内搬运 2. 抽水、值班、降水设备维修等

注：相应专项设计不具备时，可按暂估量计算。

三、安全文明施工及其他措施项目

《房屋建筑与装饰工程工程量计算规范》(GB 50854—2013)附录 S.7 安全文明施工及其他措施项目共有 7 个清单项目。各清单项目设置的具体内容见表 6-7。

表 6-7 安全文明施工及其他措施项目(011707)

项目编码	项目名称	工作内容及包含范围
011707001	安全文明施工	1. 环境保护：现场施工机械设备降低噪声、防扰民措施；水泥和其他易飞扬细颗粒建筑材料密闭存放或采取覆盖措施等；工程防扬尘洒水；土石方、建渣外运车辆防护措施等；现场污染源的控制、生活垃圾清理外运、场地排水排污措施；其他环境保护措施 2. 文明施工："五牌一图"；现场围挡的墙面美化(包括内外粉刷、刷白、标语等)、压顶装饰；现场厕所便槽刷白、贴面砖，水泥砂浆地面或地砖，建筑物内临时便溺设施；其他施工现场临时设施的装饰装修、美化措施；现场生活卫生设施；符合卫生要求的饮水设备、淋浴、消毒等设施；生活用洁净燃料；防煤气中毒、防蚊虫叮咬等措施；施工现场操作场地的硬化；现场绿化、治安综合治理；现场配备医药保健器材、物品和急救人员培训；现场工人的防暑降温、电风扇、空调等设备及用电；其他文明施工措施 3. 安全施工：安全资料、特殊作业专项方案的编制，安全施工标志的购置及安全宣传；"三宝"(安全帽、安全带、安全网)、"四口"(楼梯口、电梯井口、通道口、预留洞口)、"五临边"(阳台围边、楼板围边、屋面围边、槽坑围边、卸料平台两侧)，水平防护架、垂直防护架、外架封闭等防护；施工安全用电，包括配电箱三级配电、两级保护装置要求、外电防护措施；起重机、塔吊等起重设备(含井架、门架)及外用电梯的安全防护措施(含警示标志)及卸料平台的临边防护、层间安全门、防护棚等设施；建筑工地起重机械的检验检测；施工机具防护棚及其围栏的安全保护设施；施工安全防护通道；工人的安全防护用品、用具购置；消防设施与消防器材的配置；电气保护、安全照明设施；其他安全防护措施 4. 临时设施：施工现场采用彩色、定型钢板，砖、混凝土砌块等围挡的安砌、维修、拆除；施工现场临时建筑物、构筑物的搭设、维修、拆除，如临时宿舍、办公室、食堂、厨房、厕所、诊疗所、临时文化福利用房、临时仓库、加工场、搅拌台、临时简易水塔、水池等；施工现场临时设施的搭设、维修、拆除，如临时供水管道、临时供电管线、小型临时设施等；施工现场规定范围内临时简易道路的铺设，临时排水沟、排水设施的安砌、维修、拆除；其他临时设施的搭设、维修、拆除
011707002	夜间施工	1. 夜间固定照明灯具和临时可移动照明灯具的设置、拆除 2. 夜间施工时，施工现场交通标志、安全标牌、警示灯等的设置、移动、拆除 3. 夜间照明设备及照明用电、施工人员夜班补助、夜间施工劳动效率降低等

项目编码	项目名称	工作内容及包含范围
011707003	非夜间施工照明	为保证工程施工正常进行,在地下室等特殊施工部位施工时所采用的照明设备的安拆、维护及照明用电等
011707004	二次搬运	由于施工场地条件限制而发生的材料、成品、半成品等一次运输不能到达堆放地点而必须进行的二次或多次搬运
011707005	冬、雨期施工	1. 冬、雨(风)期施工时增加的临时设施(防寒保温、防雨、防风设施)的搭设、拆除 2. 冬、雨(风)期施工时,对砌体、混凝土等采用的特殊加温、保温和养护措施 3. 冬、雨(风)期施工时,施工现场的防滑处理、对影响施工的雨雪的清除 4. 冬、雨(风)期施工时增加的临时设施、施工人员的劳动保护用品,冬、雨(风)期施工劳动效率降低等
011707006	地上、地下设施、建筑物的临时保护设施	在工程施工过程中,对已建成的地上、地下设施和建筑物进行的遮盖、封闭、隔离等必要保护措施
011707007	已完工程及设备保护	对已完工程及设备采取的覆盖、包裹、封闭、隔离等必要保护措施

本章小结

措施项目工程包括脚手架工程、混凝土模板及支架(撑)、垂直运输与超高施工增加及其他措施项目。学习本章内容应重点掌握各项内容的工程量清单项目设置及工程量计算规则,能够计算各项目工程量。

思考与练习

一、填空题

1. 综合脚手架工程量按_____计算。

2. 挑脚手架工程量按_____计算。

3. 外装式吊篮工程量按_____计算。

4. 电缆沟、地沟模板工程量按_____计算。

5. 超高施工增加工程量按_____计算。

6. 大型机械设备进出场及安拆工程量按_____计算。

7. 排水、降水工程量按_____计算。

二、问答题

1. 外脚手架、里脚手架的工程量如何计算?

2. 混凝土基础、柱、梁、板、墙模板的工程量如何计算?

3. 天沟、檐沟模板的工程量如何计算?

4. 楼梯模板工程量如何计算?

5. 台阶模板工程量如何计算?

6. 垂直运输工程量如何计算?

7. 安全文明施工工程量如何计算?

8. 夜间施工工程量如何计算?

第七章　建筑工程工程量清单计价文件编制

知识目标

了解工程量清单计价文件的内容；熟悉工程量清单、招标控制价、投标报价、竣工结算的编制依据、编制原则；掌握工程量清单、招标控制价、投标报价、竣工结算的编制内容。

能力目标

通过本章内容的学习，能够编制工程量清单、招标控制价、投标报价、竣工结算等工程量清单计价文件。

第一节　工程量清单的编制

一、工程量清单的概念与特点

工程量清单是指载明建设工程分部分项工程项目、措施项目、其他项目的名称和相应数量及规费、税金项目等内容的明细清单。

工程量清单是招标和合同文件的组成部分，是一份以一定计量单位说明工程实物数量的文件。工程量清单有以下特点：

工程量清单的作用

（1）工程量清单是招标投标的产物，是投标文件和合同文件的重要组成部分。

（2）工程量清单必须和招标文件的技术规范、图纸相一致，图纸上要完成的工程细目必须在工程量清单中反映出来。

（3）工程量清单各章的编号应和技术规范相应章节的编号一致，工程量清单中各章的工程细目应和技术规范相应章节的计量与支付条款结合起来理解。

（4）工程量清单的工程细目与预算定额的工程细目有些规定相同，有些名称相同含义不同，有些预算定额没有，计量方法与概、预算定额的规定也有一定差异。

（5）工程量清单中所列的工程数量是设计的预计数量，不能作为最终结算与支付的依据，结算和支付应以监理工程师认可的，按技术规范要求完成的实际工程数量为依据。

（6）工程量清单中有标价的单价或总额包括工、料、机、管理、利润、税金等费用，以及合同中明示或暗示的所有责任、义务和一般风险。

（7）在合同履行过程中，标有单价的工程量清单是办理结算进而确定工程造价的依据。

二、工程量清单的编制依据

（1）《房屋建筑与装饰工程工程量计算规范》（GB 50854—2013）和《建设工程工程量清单计价规范》（GB 50500—2013）；

（2）国家或省级、行业建设主管部门颁发的计价依据和办法；

（3）建设工程设计文件；

（4）与建设工程项目有关的标准、规范、技术资料；

（5）拟定的招标文件；

（6）施工现场情况、工程特点及常规施工方案；

（7）其他相关资料。

三、工程量清单的编制内容

1. 分部分项工程项目编制的相关内容

（1）分部分项工程量清单应包括项目编码、项目名称、项目特征、计量单位和工程量，它们是构成分部分项工程量清单的五个要件，在分部分项工程量清单的组成中缺一不可。

（2）分部分项工程量清单应根据 2013 年国家工程量计算的相关规范（统称"13 计算规范"）中附录规定的项目编码、项目名称、项目特征、计量单位和工程量计算规则进行编制。

（3）分部分项工程量清单项目编码栏应根据相关国家工程量计算规范项目编码栏内规定的 9 位数字另加 3 位顺序码共 12 位阿拉伯数字填写。各位数字的含义为：一、二位为专业工程代码，房屋建筑与装饰工程为 01，仿古建筑为 02，通用安装工程为 03，市政工程为 04，园林绿化工程为 05，矿山工程为 06，构筑物工程为 07，城市轨道交通工程为 08，爆破工程为 09；三、四位为专业工程附录分类顺序码；五、六位为分部工程顺序码；七、八、九位为分项工程项目名称顺序码；十至十二位为清单项目名称顺序码。

在编制工程量清单时，应注意对项目编码的设置不得有重码，特别是当同一标段（或合同段）的一份工程量清单中含有多个单项或单位工程且工程量清单是以单项或单位工程为编制对象时，应注意项目编码中的十至十二位的设置不得重码。例如，一个标段（或合同段）的工程量清单中含有三个单项或单位工程，每一单项或单位工程中都有项目特征相同的现浇混凝土矩形梁，在工程量清单中又需反映三个不同单项或单位工程的现浇混凝土矩形梁工程量时，工程量清单应以单项或单位工程为编制对象，第一个单项或单位工程的现浇混凝土矩形梁的项目编码为 010503002001，第二个单项或单位工程的现浇混凝土矩形梁的项目编码为 010503002002，第三个单项或单位工程的现浇混凝土矩形梁的项目编码为 010503002003，并分别列出各单项或单位工程现浇混凝土矩形梁的工程量。

（4）分部分项工程量清单项目名称栏应按相关工程国家工程量计算规范的规定，根据拟建工程实际填写。在实际填写过程中，"项目名称"有两种填写方法：一是完全保持相关工程国家工程量计算规范的项目名称不变；二是根据工程实际在工程量计算规范项目名称下另行确定详细名称。

(5)分部分项工程量清单项目特征栏应按相关工程国家工程量计算规范的规定，根据拟建工程实际进行描述。在对分部分项工程项目清单的项目特征进行描述时，可按下列要点进行。

1)必须描述的内容。

①对涉及正确计量的内容必须描述。如对于门窗若采用樘计量，则一樘门或窗有多大，直接关系到门窗的价格，对门窗洞口或框外围尺寸进行描述是十分必要的。

②对涉及结构要求的内容必须描述。如混凝土构件的混凝土的强度等级，因混凝土强度等级不同，其价格也不同，必须描述。

③对涉及材质要求的内容必须描述。如油漆的品种，是调和漆还是硝基清漆等；管材的材质，是钢管还是塑料管等；还需要对管材的规格、型号进行描述。

④对涉及安装方式的内容必须描述。如对管道工程中的管道的连接方式就必须进行描述。

2)可不描述的内容。

①对计量计价没有实质影响的内容可以不描述。如对现浇混凝土柱的高度、断面大小等特征规定可以不描述，因为混凝土构件是按 m³ 计量的，对此的描述实质意义不大。

②对应由投标人根据施工方案确定的可以不描述。

③对应由投标人根据当地材料和施工要求确定的可以不描述。如对混凝土构件中的混凝土拌合料使用的石子种类及粒径、砂的种类的特征规定可以不描述。因为混凝土拌合料使用砾石还是碎石，使用粗砂还是中砂、细砂或特细砂，除构件本身有特殊要求需要指定外，主要取决于工程所在地砂、石子材料的供应情况。至于石子的粒径大小，主要取决于钢筋配筋的密度。

④对应由施工措施解决的可以不描述。如对现浇混凝土板、梁的标高的特征规定可以不描述。因为对于同样的板或梁，都可以将其归并在同一个清单项目中，但由于标高不同，其将会导致因楼层的变化对同一项目提出多个清单项目，不同的楼层，其工效是不一样的，但这样的差异可以由投标人在报价中考虑或在施工措施中去解决。

3)可不详细描述的内容。

①对无法准确描述的可不详细描述。如土壤类别，由于我国幅员辽阔，南北东西差异较大，特别是对于南方来说，在同一地点，由于表层土与表层土以下的土壤的类别是不相同的，要求清单编制人准确判定某类土壤的所占比例是困难的，在这种情况下，可考虑将土壤类别描述为合格，注明由投标人根据地勘资料自行确定土壤类别，决定报价。

②对施工图纸、标准图集标注明确的，可不再详细描述。对这些项目可采取"详见××图集"或"××图号"的方式，对不能满足项目特征描述要求的部分，仍应用文字描述。由于施工图纸、标准图集是发承包双方都应遵守的技术文件，这样描述可以有效减少在施工过程中对项目理解的不一致。

③有一些项目可不详细描述，但清单编制人在项目特征描述中应注明由投标人自定。如土方工程中的"取土运距""弃土运距"等。首先，要求清单编制人决定在多远取土或取、

216

弃土运往多远是困难的；其次，由投标人根据在建工程的施工情况统筹安排，自主决定取、弃土方的运距，可以充分体现竞争的要求。

④如清单项目的项目特征与现行定额中某些项目的规定是一致的，也可采用"见×定额项目"的方式进行描述。

4)项目特征的描述方式。描述清单项目特征的方式大致可分为"问答式"和"简化式"两种。其中，"问答式"是指清单编写人按照工程计价软件上提供的规范，在要求描述的项目特征上采用答题的方式进行描述，如描述砖基础清单项目特征时，可采用"1.砖品种、规格、强度等级：页岩标准砖 MU15，240 mm×115 mm×53 mm；2.砂浆强度等级：M10 水泥砂浆；3.防潮层种类及厚度：20 mm 厚 1：2 水泥砂浆（防水粉 5％)"。"简化式"是对需要描述的项目特征内容根据当地的用语习惯，采用口语化的方式直接表述，省略了规范上的描述要求，如同样描述砖基础清单项目特征，可采用"M10 水泥砂浆、MU15 页岩标准砖砌条形基础，20 mm 厚 1：2 水泥砂浆（防水粉 5％)防潮层"。

（6)对于分部分项工程量清单的计量单位，应按相关工程国家工程量计算规范规定的计量单位填写。有些项目工程量计算规范中有两个或两个以上计量单位，应根据拟建工程项目的实际，选择最适宜表现该项目特征并方便计量的单位。如泥浆护壁成孔灌注桩项目，工程量计算规范以 m^3、m 和根三个计量单位表示，此时就应根据工程项目的特点，选择其中一个。

（7)对于"工程量"，应按相关工程国家工程量计算规范规定的工程量计算规则计算填写。

工程量的有效位数应遵守下列规定：

1)以 t 为单位，应保留小数点后三位小数，第四位小数四舍五入；

2)以 m、m^2、m^3、kg 为单位，应保留小数点后两位小数，第三位小数四舍五入；

3)以个、件、根、组、系统为单位，应取整数。

（8)分部分项工程量清单编制应注意的问题。

1)不能随意设置项目名称，清单项目名称一定要按"13 计算规范"附录的规定设置。

2)正确对项目进行描述，一定要将完成该项目的全部内容完整地体现在清单上，不能有遗漏，以便投标人报价。

2. 措施项目编制的相关内容

措施项目清单是指为完成工程项目施工，发生于该工程施工准备和施工过程中的技术、生活、安全、环境保护等方面的项目。"13 计算规范"中有关措施项目的规定和具体条文比较少。投标人可根据施工组织设计中采取的措施增加项目。

措施项目清单的设置，首先要参考拟建工程的施工组织设计，以确定安全文明施工、材料的二次搬运等项目。其次参阅施工技术方案，以确定夜间施工增加费、大型机械进出场及安拆费、脚手架工程费等项目。参阅相关的工程施工规范及工程验收规范，可以确定施工技术方案没有表达，但是为了实现施工规范及工程验收规范要求而必须发生的技术措施。

（1)措施项目清单应根据拟建工程的实际情况列项。

（2)对于措施项目中可以计算工程量的项目清单宜采用分部分项工程量清单的方式编制，列出项目编码、项目名称、项目特征、计量单位和工程量计算规则；不能计算工程量的项目清单，以项为计量单位。

(3)"13 计算规范"将实体性项目划分为分部分项工程量清单，将非实体性项目划分为措施项目。所谓非实体性项目，一般来说，其费用的发生和金额的大小与使用时间、施工方法或者两个以上工序相关，与实际完成的实体工程量的多少关系不大，但有的非实体性项目，则是可以计算工程量的项目，典型建筑工程是混凝土浇筑的模板工程。

3. 其他项目编制的相关内容

其他项目清单应按照下列内容列项：

(1)暂列金额；

(2)暂估价，包括材料暂估单价、工程设备暂估单价、专业工程暂估价；

(3)计日工；

(4)总承包服务费。

4. 规费编制的相关内容

规费项目清单应按下列内容列项：

(1)社会保险费，包括养老保险费、失业保险费、医疗保险费、工伤保险费、生育保险费；

(2)住房公积金；

(3)工程排污费。

5. 税金编制的相关内容

税金项目清单应包括下列内容：

(1)增值税；

(2)城市维护建设费；

(3)教育费附加；

(4)地方教育附加。

第二节 招标控制价的编制

一、招标控制价的概念与作用

1. 招标控制价的概念

招标控制价是招标人根据国家以及当地有关规定的计价依据和计价办法、招标文件、市场行情，并按工程项目设计施工图纸等具体条件调整编制的，对招标工程项目限定的最高工程造价，也可称其为拦标价、预算控制价或最高报价等。

招标控制价是《建设工程工程量清单计价规范》(GB 50500—2013)修订中新增的专业术语。对于招标控制价及其规定，应注意从以下几个方面理解：

(1)国有资金投资的工程建设项目实行工程量清单招标，并应编制招标控制价。国有资金投资的工程项目进行招标，招标人可以设标底。当招标人不设标底时，为有利于客观、合理地评审投标报价和避免哄抬标价造成国有资产流失，招标人应编制招标控制价，作为招标人能够接受的最高交易价格。

(2)招标控制价超过批准的概算时，招标人应将其报原概算审批部门审核。因为我国对国有资金投资项目实行的是投资概算审批制度，国有资金投资的工程项目原则上不能超过批准的投资概算。

(3)投标人的投标报价高于招标控制价的，其投标应予以拒绝。国有资金投资的工程项目，招标人编制并公布的招标控制价相当于招标人的采购预算，同时要求其不能超过批准的概算，因此，招标控制价是招标人在工程招标时能接受投标人报价的最高限价，投标人的投标报价不能高于招标控制价；否则，其投标将被拒绝。

(4)招标控制价应由具有编制能力的招标人编制或受其委托具有相应资质的工程造价咨询人编制，当招标人不具有编制招标控制价的能力时，可委托具有相应资质的工程造价咨询人编制。工程造价咨询人不得同时接受招标人和投标人对同一工程的招标控制价和投标报价进行编制。

(5)所谓具有相应工程造价咨询资质的工程造价咨询人，是指根据《工程造价咨询企业管理办法》(建设部令第 149 号)的规定，依法取得工程造价咨询企业资质，并在其资质许可的范围内接受招标人的委托，编制招标控制价的工程造价咨询企业。取得甲级工程造价咨询资质的咨询人可承担各类建设项目的招标控制价编制，取得乙级工程造价咨询资质的咨询人，则只能承担 5 000 万元以下的招标控制价的编制。

(6)招标控制价应在招标文件中公布，不应上调或下浮，招标人应将招标控制价及有关资料报送工程所在地工程造价管理机构备查。招标控制价的作用决定了招标控制价不同于标底，无须保密。为体现招标的公平、公正，防止招标人有意抬高或压低工程造价，招标人应在招标文件中如实公布招标控制价各组成部分的详细内容，不得对所编制的招标控制价进行上浮或下调。

(7)投标人经复核认为招标人公布的招标控制价未按照《建设工程工程量清单计价规范》(GB 50500—2013)的规定进行编制的，应在开标前 5 日向招标投标监督机构或工程造价管理机构投诉。招标投标监督机构应会同工程造价管理机构对投诉进行处理，发现确有错误的，应责成招标人修改。

2. 招标控制价的作用

(1)我国对国有资金投资项目的投资控制实行的是投资概算审批制度，国有资金投资的工程原则上不能超过批准的投资概算。因此，在工程招标发包时，当编制的招标控制价超过批准的概算时，招标人应当将其报原概算审批部门重新审核。

(2)国有资金投资的工程进行招标时，招标人可以设标底。当招标人不设标底时，为有利于客观、合理地评审投标报价和避免哄抬标价，造成国有资产流失，招标人应编制招标控制价。

(3)对于国有资金投资的工程，招标人编制并公布的招标控制价相当于招标人的采购预算，同时要求其不能超过批准的概算，因此，招标控制价是招标人在工程招标时能接受投标人报价的最高限价。

二、招标控制价的编制依据

(1)《建设工程工程量清单计价规范》(GB 50500—2013)；

(2)国家或省级、行业建设主管部门颁发的计价定额和计价办法；

(3)建设工程设计文件及相关资料；

(4)拟定的招标文件及招标工程量清单；

(5)与建设项目相关的标准、规范、技术资料；

(6)施工现场情况、工程特点及常规施工方案；

招标控制价与
标底的区别

(7)工程造价管理机构发布的工程造价信息，当工程造价信息没有发布时，参照市场价；

(8)其他相关资料。

三、招标控制价的编制内容

采用工程量清单计价时，招标控制价的编制内容包括以下几项：

(1)综合单价中应包括招标文件中划分的应由投标人承担的风险范围及其费用。招标文件中没有明确的，如是工程造价咨询人编制的，应提请招标人明确；如是招标人编制的，应予明确。

(2)对于分部分项工程和措施项目中的单价项目，应根据拟定的招标文件和招标工程量清单项目中的特征描述及有关要求确定综合单价计算。招标文件中提供了暂估单价的材料时，按暂估的单价计入综合单价。

(3)措施项目中的总价项目应根据拟定的招标文件和常规施工方案采用综合单价计价。措施项目中的安全文明施工费必须按国家或省级、行业建设主管部门的规定计算，不得将之作为竞争性费用。

(4)其他项目费应按下列规定计价：

1)暂列金额。暂列金额应按招标工程量清单中列出的金额填写。

2)暂估价。暂估价包括材料暂估单价、工程设备暂估单价和专业工程暂估价。暂估价中的材料、工程设备单价应根据招标工程量清单中列出的单价计入综合单价。

3)计日工。计日工包括计日工人工、材料和施工机械。在编制招标控制价时，对计日工中的人工单价和施工机械台班单价应按省级、行业建设主管部门或其授权的工程造价管理机构公布的单价计算；材料应按工程造价管理机构发布的工程造价信息中的材料单价计算，工程造价信息中未发布的材料单价，其价格应按市场调查确定的单价计算。

4)总承包服务费。招标人编制招标控制价时，总承包服务费应根据招标文件中列出的内容和向总承包人提出的要求，按照省级或行业建设主管部门的规定或参照下列标准计算：

①招标人仅要求对分包的专业工程进行总承包管理和协调时，按分包的专业工程估算造价的1.5%计算；

②招标人要求对分包的专业工程进行总承包管理和协调，并同时要求提供配合服务时，根据招标文件中列出的配合服务内容和提出的要求，按分包的专业工程估算造价的3%～5%计算；

③招标人自行供应材料的，按招标人供应材料价值的1%计算。

(5)招标控制价的规费和税金必须按国家或省级、行业建设主管部门的规定计算。

四、编制招标控制价的注意事项

(1)招标控制价编制的表格格式等应执行《建设工程工程量清单计价规范》(GB 50500—2013)的有关规定。

(2)一般情况下,编制招标控制价,采用的材料价格应是工程造价管理机构通过工程造价信息发布的材料单价,工程造价信息未发布材料单价,其材料价格应通过市场调查确定。另外,未采用工程造价管理机构发布的工程造价信息时,需在招标文件或答疑补充文件中对招标控制价采用的与造价信息不一致的市场价格予以说明,采用的市场价格则应通过调查、分析确定,有可靠的信息来源。

(3)施工机械设备的选型直接关系到基价综合单价水平,应根据工程项目特点和施工条件,本着经济实用、先进高效的原则确定。

(4)应该正确、全面地使用行业和地方的计价定额以及相关文件。

(5)不可竞争的措施项目和规费、税金等费用的计算均属于强制性条款,编制招标控制价时应该按国家有关规定计算。

(6)不同工程项目、不同施工单位会有不同的施工组织方法,所发生的措施费也会有所不同。因此,对于竞争性的措施费用的编制,应该首先编制施工组织设计或施工方案,然后依据专家论证后的施工方案,合理地确定措施项目与费用。

五、编制不合格的招标控制价的投诉与处理

(1)投标人经复核认为招标人公布的招标控制价未按照《建设工程工程量清单计价规范》(GB 50500—2013)的规定进行编制的,应在招标控制价公布后五天内向招标投标监督机构和工程造价管理机构投诉。

(2)投诉人投诉时,应当提交由单位盖章和法定代表人或其委托人签名或盖章的书面投诉书。投诉书应包括下列内容:

1)投诉人与被投诉人的名称、地址及有效联系方式;

2)投诉的招标工程名称、具体事项及理由;

3)投诉依据及有关证明材料;

4)相关的请求及主张。

(3)投诉人不得进行虚假、恶意投诉,阻碍招标投标活动的正常进行。

(4)工程造价管理机构在接到投诉书后应在两个工作日内进行审查,对有下列情况之一的,不予受理:

1)投诉人不是所投诉招标工程招标文件的收受人;

2)投诉书提交的时间不符合上述第(1)条规定的;

3)投诉书不符合上述第(2)条规定的;

4)投诉事项已进入行政复议或行政诉讼程序的。

(5)工程造价管理机构应在不迟于结束审查的次日将是否受理投诉的决定书面通知投诉人、被投诉人以及负责该工程招标投标监督的招标投标管理机构。

(6)工程造价管理机构受理投诉后,应立即对招标控制价进行复查,组织投诉人、被投诉人或其委托的招标控制价编制人等人员对投诉问题逐一核对。有关当事人应当予以配合,

并应保证所提供资料的真实性。

（7）工程造价管理机构应当在受理投诉的 10 天内完成复查，在特殊情况下可适当延长，并做出书面结论通知投诉人、被投诉人及负责该工程招标投标监督的招标投标管理机构。

（8）当招标控制价复查结论与原公布的招标控制价的误差大于±3%时，应当责成招标人改正。

（9）招标人根据招标控制价复查结论需要重新公布招标控制价的，其最终公布的时间至招标文件要求提交投标文件的截止时间不足 15 天的，应相应延长投标文件的截止时间。

第三节　投标报价的编制

一、投标报价的概念

《建设工程工程量清单计价规范》（GB 50500—2013）规定，投标价是投标人投标时报出的工程合同价，是投标人投标时响应招标文件要求所报出的已标价工程量清单汇总后标明的总价。即投标价是指在工程招标发包过程中，由投标人或受其委托具有相应资质的工程造价咨询人按照招标文件的要求以及有关计价规定，依据发包人提供的工程量清单、施工设计图纸，结合工程项目特点、施工现场情况及企业自身的施工技术、装备和管理水平等，自主确定的工程造价。

建筑安装工程在招标投标中，招标人一般指业主，投标人一般指施工企业、施工监理企业、建筑安装设计企业等。

投标价是投标人希望达成工程承包交易的期望价格，但不能高于招标人设定的招标控制价。投标报价的编制是指投标人对拟承建工程项目所要发生的各种费用的计算过程。作为投标计算的必要条件，应预先确定施工方案和施工进度。另外，投标计算还必须与采用的合同形式相一致。

已标价工程量清单是指投标人响应招标文件，根据招标工程量清单，自主填报各部分价格，具有分部分项工程及单价措施项目费、总价措施项目费、其他项目费、规费和税金的工程量清单。将全部费用汇总后的总价，就是投标价。

应该指出，已标价工程量清单具有"单独性"的特点。即每个投标人的投标价是不同的，是与其他企业的投标价是没有关系的，是单独出现的。因此，各投标价在投标中具有"唯一性"的特征。

二、投标报价的编制依据

（1）《建设工程工程量清单计价规范》（GB 50500—2013）；

(2)国家或省级、行业建设主管部门颁发的计价办法；

(3)企业定额，国家或省级、行业建设主管部门颁发的计价定额和计价方法；

(4)招标文件、招标工程量清单及其补充通知、答疑纪要；

(5)建设工程设计文件及相关资料；

(6)施工现场情况、工程特点及投标时拟定的施工组织设计或施工方案；

(7)与建设项目相关的标准、规范等技术资料；

(8)市场价格信息或工程造价管理机构发布的工程造价信息；

(9)其他相关资料。

三、投标报价的编制原则

报价是投标的关键性工作，报价是否合理直接关系到投标工作的成败。工程量清单计价下编制投标报价的原则如下：

(1)投标报价由投标人自主确定，但必须执行《建设工程工程量清单计价规范》(GB 50500—2013)的强制性规定。投标价应由投标人或受其委托，具有相应资质的工程造价咨询人编制。

(2)投标人的投标报价不得低于成本。《中华人民共和国招标投标法》中规定："中标人的投标应当符合下列条件：(一)能够最大限度地满足招标文件中规定的各项综合评价标准；(二)能够满足招标文件的实质性要求，并且经评审的投标价格最低；但是投标价格低于成本的除外。""评标委员会经评审，认为所有投标都不符合招标文件要求的，可以否决所有投标。依法必须进行招标的项目的所有投标被否决的，招标人应当依照本法重新招标。"《评标委员会和评标方法暂行规定》中规定："在评标过程中，评标委员会发现投标人的报价明显低于其他投标报价或者在设有标底时明显低于标底，使得其投标报价可能低于其个别成本的，应当要求该投标人作出书面说明并提供相关证明材料。投标人不能合理说明或者不能提供相关证明材料的，由评标委员会认定该投标人以低于成本报价竞标，应当否决其投标。"上述法律法规的规定，特别要求投标人的投标报价不得低于成本。

(3)按招标人提供的工程量清单填报价格。实行工程量清单招标，招标人在招标文件中提供工程量清单，其目的是使各投标人在投标报价中具有共同的竞争平台。因此，为避免出现差错，要求投标人应按招标人提供的工程量清单填报投标价格，填写的项目编码、项目名称、项目特征、计量单位、工程量必须与招标人提供的一致。

(4)投标报价要以招标文件中设定的承发包双方责任划分，作为设定投标报价费用项目和费用计算的基础。承发包双方的责任划分不同，会导致合同风险分摊不同，从而导致投标人报价不同；不同的工程承发包模式会直接影响工程项目投标报价的费用内容和计算深度。

(5)应该以施工方案、技术措施等作为投标报价计算的基本条件。企业定额反映企业技术和管理水平，是计算人工、材料和机械台班消耗量的基本依据；更要充分利用现场考察、调研成果、市场价格信息和行情资料等编制基础标价。

(6)报价计算方法要科学严谨，简明适用。

四、投标报价的编制内容

(1)分部分项工程和措施项目中的单价项目，应根据招标文件和招标工程量清单项目中的特征描述确定综合单价计算。对于分部分项工程和措施项目中的单价项目，最主要的是确定综合单价，包括以下几项：

1)确定依据。确定分部分项工程和措施项目中的单价项目综合单价的最重要的依据是该清单项目的特征描述，投标人投标报价时应依据招标工程量清单项目的特征描述确定清单项目的综合单价。在招标投标过程中，当出现招标工程量清单特征描述与设计图纸不符时，投标人应以招标工程量清单的项目特征描述为准，确定投标报价的综合单价。当施工中施工图纸或设计变更与招标工程量清单项目特征描述不一致时，发承包双方应按实际施工的项目特征依据合同约定重新确定综合单价。

2)材料、工程设备暂估价。招标工程量清单中提供了暂估单价的材料、工程设备时，按暂估的单价计入综合单价。

3)风险费用。招标文件中要求投标人承担的风险内容和范围，投标人应考虑计入综合单价。在施工过程中，当出现的风险内容及其范围(幅度)在招标文件规定的范围内时，合同价款不做调整。

(2)由于各投标人拥有的施工装备、技术水平和采用的施工方法有所差异，而招标人提出的措施项目清单是根据一般情况确定的，没有考虑不同投标人的"个性"，故投标人投标时应根据自身编制的投标施工组织设计或施工方案确定措施项目，对招标人提供的措施项目进行调整。投标人根据投标施工组织设计或施工方案调整和确定的措施项目，应通过评标委员会的评审。

1)措施项目中的总价项目应采用综合单价方式报价，包括除规费、税金外的全部费用。

2)措施项目中的安全文明施工费应按照国家或省级、行业建设主管部门的规定计算确定。

(3)其他项目费。投标人对其他项目费投标报价应按以下原则进行。

1)暂列金额应按照其他项目清单中列出的金额填写，不得变动。

2)暂估价不得变动和更改。暂估价中的材料必须按照其他项目清单中列出的暂估单价计入综合单价；专业工程暂估价必须按照其他项目清单中列出的金额填写。

3)计日工应按照其他项目清单列出的项目和估算的数量，自主确定各项综合单价并计算费用。

4)总承包服务费应依据招标人在招标文件中列出的分包专业工程内容和供应材料、设备情况，按照招标人提出的协调、配合与服务要求和施工现场管理的需要自主确定。

(4)规费和税金。规费和税金应按国家或省级、行业建设主管部门的规定计算，不得被作为竞争性费用。规费和税金的计取标准是依据有关法律、法规和政策规定制定的，具有强制性。投标人是法律、法规和政策的执行者，必须执行法律、法规、政策的有关规定。

(5)对于招标工程量清单与计价表中列明的所有需要填写单价和合价的项目，投标人均应填写且只允许有一个报价。未填写单价和合价的项目，可被视为此项费用已被包含在已标价工程量清单中其他项目的单价

投标报价的方法技巧

和合价之中。当竣工结算时，此项目不得重新组价予以调整。

(6)投标总价。实行工程量清单招标时，投标人的投标总价应当与组成工程量清单的分部分项工程费、措施项目费、其他项目费和规费、税金的合计金额相一致，即投标人在投标报价时，不能进行投标总价优惠(或降价、让利)，投标人对招标人的任何优惠(或降价、让利)均应反映在相应清单项目的综合单价中。

第四节　竣工结算编制

工程完工后，发承包双方必须在合同约定时间内办理工程竣工结算。竣工结算是建筑企业与建设单位之间办理工程价款结算的一种方法，是指工程项目竣工以后甲乙双方对该工程发生的应付、应收款项作最后清理结算。合同中没有约定或约定不清的，按《建设工程工程量清单计价规范》(GB 50500—2013)中有关规定处理。

一、竣工结算的编制依据

工程竣工结算应由承包人或受其委托具有相应资质的工程造价咨询人编制，并应由发包人或受其委托具有相应资质的工程造价咨询人核对。实行总承包的工程，由总承包人对竣工结算的编制负总责。

工程结算工作
常用术语

工程竣工结算应根据下列依据编制和复核：
(1)《建设工程工程量清单计价规范》(GB 50500—2013)；
(2)工程合同；
(3)发承包双方实施过程中已确认的工程量及其结算的合同价款；
(4)发承包双方实施过程中已确认调整后追加(减)的合同价款；
(5)建设工程设计文件及相关资料；
(6)投标文件；
(7)其他依据。

二、竣工结算编制与复核要求

(1)分部分项工程和措施项目中的单价项目应依据发承包双方确认的工程量与已标价工程量清单的综合单价计算；发生调整的，应以发承包双方确认调整的综合单价计算。

(2)措施项目中的总价项目应依据已标价工程量清单的项目和金额计算；发生调整的，应以发承包双方确认调整的金额计算，其中，安全文明施工费应按照国家或省级、行业建设主管部门的规定计算。在施工过程中，国家或省级、行业建设主管部门对安全文明施工费进行了调整的，措施项目费中和安全文明施工费应作相应调整。

(3)办理竣工结算时，其他项目费的计算应按以下要求进行计价：
1)计日工的费用应按发包人实际签证确认的数量和合同约定的相应项目综合单价计算。

2）当暂估价中的材料、工程设备是招标采购的，其单价按中标价在综合单价中调整。当暂估价中的材料、设备为非招标采购的，其单价按发承包双方最终确认的单价在综合单价中调整。当暂估价中的专业工程是招标发包的，其专业工程费按中标价计算。当暂估价中的专业工程为非招标发包的，其专业工程费按发承包双方与分包人最终确认的金额计算。

3）总承包服务费应依据已标价工程量清单金额计算，发承包双方依据合同约定对总承包服务进行了调整，应按调整后的金额计算。

4）索赔事件产生的费用在办理竣工结算时应在其他项目费中反映。索赔费用的金额应依据发承包双方确认的索赔事项和金额计算。

5）现场签证发生的费用在办理竣工结算时应在其他项目费中反映。现场签证费用金额依据发承包双方签证资料确认的金额计算。

6）合同价款中的暂列金额在用于各项价款调整、索赔与现场签证后，若有余额，则余额归发包人，若出现差额，则由发包人补足并反映在相应的工程价款中。

（4）规费和税金应按国家或省级、行业建设主管部门对规费和税金的计取标准计算。规费中的工程排污费应按工程所在地环境保护部门规定的标准缴纳后按实列入。

（5）由于竣工结算与合同工程实施过程中的工程计量及其价款结算、进度款支付、合同价款调整等具有内在联系，因此发承包双方在合同工程实施过程中已经确认的工程计量结果和合同价款，在竣工结算办理中应直接进入结算，从而简化结算流程。

三、竣工结算文件提交与核对

竣工结算的编制与核对是工程造价计价中发承包双方应共同完成的重要工作。按照交易的一般原则，任何交易结束，都应做到钱、货两清，工程建设也不例外。工程施工的发承包活动作为期货交易行为，当工程竣工验收合格后，承包人将工程移交给发包人时，发承包双方应将工程价款结算清楚，即竣工结算办理完毕。

（1）合同工程完工后，承包人应在经发承包双方确认的合同工程期中价款结算的基础上汇总编制完成竣工结算文件，应在提交竣工验收申请的同时向发包人提交竣工结算文件。

承包人未在合同约定的时间内提交竣工结算文件，经发包人催告后14天内仍未提交或没有明确答复的，发包人有权根据已有资料编制竣工结算文件，作为办理竣工结算和支付结算款的依据，承包人应予以认可。

因承包人无正当理由在约定时间内未递交竣工结算书，造成工程结算价款延期支付的，责任由承包人承担。

（2）发包人应在收到承包人提交的竣工结算文件后的28天内核对。发包人经核实，认为承包人还应进一步补充资料和修改结算文件，应在上述时限内向承包人提出核实意见，承包人在收到核实意见后的28天内应按照发包人提出的合理要求补充资料，修改竣工结算文件，并应再次提交给发包人复核后批准。

（3）发包人应在收到承包人再次提交的竣工结算文件后的28天内予以复核，将复核结果通知承包人，并应遵守下列规定：

1）发包人、承包人对复核结果无异议的，应在7天内在竣工结算文件上签字确认，竣工结算办理完毕；

2）发包人或承包人对复核结果认为有误的，无异议部分按照本条第1）款规定办理不完全竣工结算；有异议部分由发承包双方协商解决；协商不成的，应按照合同约定的争议解决方式处理。

(4)《最高人民法院关于审理建设工程施工合同纠纷案件适用法律问题的解释》(法释〔2004〕14号)第二十条规定："当事人约定，发包人收到竣工结算文件后，在约定期限内不予答复，视为认可竣工结算文件的，按照约定处理。承包人请求按照竣工结算文件结算工程价款的，应予支持"。根据这一规定，要求发承包双方不仅应在合同中约定竣工结算的核对时间，并应约定发包人在约定时间内对竣工结算不予答复，视为认可承包人递交的竣工结算。《建设工程工程量清单计价规范》(GB 50500—2013)对发包人未在竣工结算中履行核对责任的后果进行了规定，即发包人在收到承包人竣工结算文件后的28天内，不审核竣工结算或未提出审核意见的，应视为承包人提交的竣工结算文件已被发包人认可，竣工结算办理完毕。

(5)承包人在收到发包人提出的核实意见后的28天内，不确认也未提出异议的，应视为发包人提出的核实意见已被承包人认可，竣工结算办理完毕。

(6)发包人委托工程造价咨询人核对竣工结算的，工程造价咨询人应在28天内审核完毕，审核结论与承包人竣工结算文件不一致的，应提交给承包人复核；承包人应在14天内将同意审核结论或不同意见的说明提交工程造价咨询人。工程造价咨询人收到承包人提出的异议后，应再次复核，复核无异议的，应在7天内在竣工结算文件上签字确认，竣工结算办理完毕；复核后仍有异议的，对于无异议部分按照规定办理不完全竣工结算；有异议部分由发承包双方协商解决；协商不成的，应按照合同约定的争议解决方式处理。

承包人逾期未提出书面异议的，应视为工程造价咨询人核对的竣工结算文件已经承包人认可。

(7)对发包人或发包人委托的工程造价咨询人指派的专业人员与承包人指派的专业人员经核对后无异议并签名确认的竣工结算文件，除非发承包人能提出具体、详细的不同意见，发包人应在竣工结算文件上签名确认，拒不签认的，承包人可不交付竣工工程。承包人并有权拒绝与发包人或其上级部门委托的工程造价咨询人重新核对竣工结算文件。

(8)合同工程竣工结算核对完成，发承包双方签字确认后，发包人不得要求承包人与另一个或多个工程造价咨询人重复核对竣工结算。这有效地解决了工程竣工结算中存在的一审再审、以审代拖、久审不结的现象。

(9)发包人对工程质量有异议，拒绝办理工程竣工结算的，已竣工验收或已竣工未验收但实际投入使用的工程，其质量争议应按该工程保修合同执行，竣工结算应按合同约定办理；已竣工未验收且未实际投入使用的工程以及停工、停建工程的质量争议，双方应就有争议的部分委托有资质的检测鉴定机构进行检测，并应根据检测结果确定解决方案，或按工程质量监督机构的处理决定执行后办理竣工结算，无争议部分的竣工结算应按合同约定办理。

四、竣工结算文件质量鉴定

当发承包双方或一方对工程造价咨询人出具的竣工结算文件有异议时，可向工程造价管理机构投诉，申请对其进行执业质量鉴定。工程造价管理机构对投诉的竣工结算文件进行质量鉴定，宜按《建设工程工程量清单计价规范》(GB 50500—2013)的相关规定进行。

根据《中华人民共和国建筑法》第六十一条规定："交付竣工验收的建筑工程，必须符合规定的建筑工程质量标准，有完整的工程技术经济资料和经签署的工程保修书，并具备国家规定的其他竣工条件"。由于竣工结算是反映工程造价计价规定执行情况的最终文件，竣工结算办理完毕，发包人应将竣工结算文件报送工程所在地或有该工程管辖权的行业管理部门的工程造价管理机构备案。竣工结算文件应作为工程竣工验收备案、交付使用的必备文件。

本章小结

建筑工程工程量清单计价文件包括工程量清单、招标控制价、投标报价、竣工结算等。工程量清单是指载明建设工程分部分项工程项目、措施项目、其他项目的名称和相应数量以及规费、税金项目等内容的明细清单。工程量清单是招标和合同文件的组成部分，是一份以一定计量单位说明工程实物数量的文件。招标控制价是招标人根据国家以及当地有关规定的计价依据和计价办法、招标文件、市场行情，并按工程项目设计施工图纸等具体条件调整编制的，对招标工程项目限定的最高工程造价。投标价是投标人投标时报出的工程合同价，是投标人投标时响应招标文件要求所报出的已标价工程量清单汇总后标明的总价。工程完工后，发承包双方必须在合同约定时间内办理工程竣工结算。竣工结算是建筑企业与建设单位之间办理工程价款结算的一种方法，是指工程项目竣工以后甲乙双方对该工程发生的应付、应收款项作最后清理结算。合同中没有约定或约定不清的，按《建设工程工程量清单计价规范》(GB 50500—2013)中有关规定处理。学习本章应重点掌握上述文件的编制。

思考与练习

一、填空题

1. 分部分项工程量清单项目编码栏应根据相关国家工程量计算规范项目编码栏内规定的_____位数字另加_____位顺序码共_____位阿拉伯数字填写。

2. 在编制工程量清单时，应注意对项目编码的设置不得有_____。

3. 在实际填写过程中，"项目名称"有两种填写方法：一是_____；二是_____。

4. 措施项目清单应根据_____列项。

5. 社会保险费，包括_____、_____、_____、_____、_____。

6. 招标控制价应由_____或_____编制。

7. 招标文件中提供了暂估单价的材料时，按暂估的单价计入_____。

8. 措施项目中的总价项目应根据拟定的招标文件和常规施工方案采用_____计价。

9. 投标报价的编制是指_____。

10. 工程竣工结算应由_____编制，并应由_____核对。

11. 实行总承包的工程，由_____对竣工结算的编制负总责。

12. 发包人应在收到承包人提交的竣工结算文件后的_____天内核对。

二、问答题

1. 工程量清单的特点是什么?

2. 分部分项工程量清单编制应注意哪些问题?

3. 招标控制价的作用是什么?

4. 编制招标控制价时,其他项目费是如何计价的?

5. 投标人对其他项目费投标报价应遵循哪些原则?

6. 办理竣工结算时,其他项目费的计算应按哪些要求计价?

第八章 合同价款管理及支付

知识目标

了解合同形式及合同价款的计量；熟悉合同争议及合同解除的处理；掌握合同价款的结算、支付与调整。

能力目标

通过本章内容的学习，能够进行合同价款的管理与支付，并能够处理合同实施过程中发生的一系列有关合同价款的问题。

第一节 合同形式及工程计量

一、合同形式

工程建设合同的形式主要有单价合同和总价合同两种。

(1)单价合同。单价合同是指发、承包双方约定以工程量清单及其综合单价进行合同价款计算、调整和确认的建设工程施工合同。

(2)总价合同。总价合同是指发、承包双方约定以施工图及其预算和有关条件进行合同价款计算、调整和确认的建设工程施工合同。

合同的形式对工程量清单计价的适用性不构成影响，无论是单价合同还是总价合同均可以采用工程量清单计价。两者的区别仅在于工程量清单中所填写的工程量的合同约束力。采用单价合同形式时，工程量清单是合同文件必不可少的组成内容，其中的工程量一般具备合同约束力(量可调)，工程款结算时按照合同中约定应予计量并按实际完成的工程量计算进行调整，由招标人提供统一的工程量清单则彰显了工程量清单计价的主要优点。而对总价合同形式，工程量清单中的工程量不具备合同的约束力(量不可调)，工程量以合同图纸的标示内容为准，工程量以外的其他内容一般均赋予合同约束力，以方便合同变更的计量和计价。

二、单价合同的计量

(1)招标工程量清单标明的工程量是招标人根据拟建工程设计文件预计的工程量，不能作为承包人在实际工作中应予完成的实际和准确的工程量。招标工程量清单所列的工程量，一方面是各投标人进行投标报价的共同基础；另一方面是对各投标人的投标报价进行评审的共同平台，是招标投标活动应当遵循公开、公平、公正和诚实、信用原则的具体体现。

发承包双方竣工结算的工程量应以承包人按照现行国家计量规范规定的工程量计算规则计算的实际完成应予计量的工程量确定，而非招标工程量清单所列的工程量。

(2)施工中进行工程计量，当发现招标工程量清单中出现缺项、工程量偏差，或因工程变更引起工程量增减时，应按承包人在履行合同义务中完成的工程量计算。

(3)承包人应当按照合同约定的计量周期和时间向发包人提交当期已完工程量报告。发包人应在收到报告后7天内核实，并将核实计量结果通知承包人。发包人未在约定时间内进行核实的，承包人提交的计量报告中所列的工程量应视为承包人实际完成的工程量。

(4)发包人认为需要进行现场计量核实时，应在计量前24小时通知承包人，承包人应为计量提供便利条件并派人参加。当双方均同意核实结果时，双方应在上述记录中签字确认。承包人收到通知后不派人参加计量，视为认可发包人的计量核实结果。发包人不按照约定时间通知承包人，致使承包人未能派人参加计量，计量核实结果无效。

(5)当承包人认为发包人核实后的计量结果有误时，应在收到计量结果通知后的7天内向发包人提出书面意见，并应附上其认为正确的计量结果和详细的计算资料。发包人收到书面意见后，应在7天内对承包人的计量结果进行复核后通知承包人。承包人对复核计量结果仍有异议的，按照合同约定的争议解决办法处理。

(6)承包人完成已标价工程量清单中每个项目的工程量并经发包人核实无误后，发承包双方应对每个项目的历次计量报表进行汇总，以核实最终结算工程量，并应在汇总表上签字确认。

三、总价合同的计量

(1)由于工程量是招标人提供的，招标人必须对其准确性和完整性负责，且工程量必须按照相关工程现行国家计量规范规定的工程量计算规则计算，因而对于采用工程量清单方式形成的总价合同，若招标工程量清单中工程量与合同实施过程中的工程量存在差异时，都应按上述"二、单价合同的计量"中的相关规定进行调整。

(2)采用经审定批准的施工图纸及其预算方式发包形成的总价合同，由于承包人自行对施工图纸进行计量，因此除按照工程变更规定引起的工程量增减外，总价合同各项目的工程量是承包人用于结算的最终工程量。

(3)总价合同约定的项目计量应以合同工程经审定批准的施工图纸为依据，发承包双方应在合同中约定工程计量的形象目标或时间节点进行计量。

(4)承包人应在合同约定的每个计量周期内对已完成的工程进行计量，并向发包人提交达到工程形象目标完成的工程量和有关计量资料的报告。

(5)发包人应在收到报告后7天内对承包人提交的上述资料进行复核，以确定实际完成的工程量和工程形象目标。对其有异议的，应通知承包人进行共同复核。

第二节　合同价款的约定与调整

一、合同价款的约定

1. 合同价款约定的一般规定

(1)实行招标的工程合同价款应在中标通知书发出之日起 30 天内，由发承包双方依据招标文件和中标人的投标文件在书面合同中约定。

合同约定不得违背招标投标文件中关于工期、造价、质量等方面的实质性内容。招标文件与中标文件不一致的地方应以投标文件为准。

工程合同价款的约定是建设工程合同的主要内容，根据上述有关法律条款的规定，招标工程合同价款的约定应满足以下几个方面的要求：

1)约定的依据要求：招标人向中标的投标人发出的中标通知书。

2)约定的时限要求：自招标人发出中标通知书之日起 30 天内。

3)约定的内容要求：招标文件和中标人的投标文件。

4)合同的形式要求：书面合同。

(2)不实行招标的工程合同价款，应在发承包双方认可的工程价款的基础上，由发承包双方在合同中约定。

(3)实行工程量清单计价的工程，应采用单价合同；建设规模较小，技术难度较低，工期较短，且施工图设计已审查批准的建设工程可采用总价合同；紧急抢险、救灾以及施工技术特别复杂的建设工程可采用成本加酬金合同。

2. 合同价款约定的内容

发承包双方应在合同条款中对下列事项进行约定：

(1)预付工程款的数额、支付时间及抵扣方式；

(2)安全文明施工措施的支付计划、使用要求等；

(3)工程计量与支付工程进度款的方式、数额及时间；

(4)工程价款的调整因素、方法、程序、支付及时间；

(5)施工索赔与现场签证的程序、金额确认与支付时间；

(6)承担计价风险的内容、范围以及超出约定内容、范围的调整办法；

(7)工程竣工价款结算编制与核对、支付及时间；

(8)工程质量保证金的数额、预留方式及时间；

(9)违约责任以及发生合同价款争议的解决方法及时间；

(10)与履行合同、支付价款有关的其他事项等。

《中华人民共和国建筑法》第十八条规定："建筑工程造价应当按照国家有关规定，由发包单位与承包单位在合同中约定。公开招标发包的，其造价的约定，须遵守招标投标法律的规定。"财政部、原建设部印发的《建设工程价款结算暂行办法》(财建〔2004〕369 号)第七条规定了发包人、承包人应当在合同条款中对涉及工程价款结算的下列事项进行约定：

(1)预付工程款的数额、支付时限及抵扣方式；

(2)工程进度款的支付方式、数额及时限；

(3)工程施工中发生变更时，工程价款的调整方法、索赔方式、时限要求及金额支付方式；

(4)发生工程价款纠纷的解决方法；

(5)约定承担风险的范围及幅度以及超出约定范围和幅度的调整办法；

(6)工程竣工价款的结算与支付方式、数额及时限；

(7)工程质量保证(保修)金的数额、预扣方式及时限；

(8)安全措施和意外伤害保险费用；

(9)工期提前或延后的奖惩办法；

(10)与履行合同、支付价款相关的担保事项。

合同价款约定
不明确怎么办?

二、合同价款的调整

1. 一般规定

(1)下列事项(但不限于)发生时，发承包双方应当按照合同约定调整合同价款：

1)法律法规变化；

2)工程变更；

3)项目特征不符；

4)工程量清单缺项；

5)工程量偏差；

6)计日工；

7)物价变化；

8)暂估价；

9)不可抗力；

10)提前竣工(赶工补偿)；

11)误期赔偿；

12)索赔；

13)现场签证；

14)暂列金额；

15)发承包双方约定的其他调整事项。

(2)出现合同价款调增事项(不含工程量偏差、计日工、现场签证、索赔)后的14天内，承包人应向发包人提交合同价款调增报告并附上相关资料；承包人在14天内未提交合同价款调增报告的，应视为承包人对该事项不存在调整价款请求。

(3)出现合同价款调减事项(不含工程量偏差、索赔)后的14天内，发包人应向承包人提交合同价款调减报告并附相关资料；发包人在14天内未提交合同价款调减报告的，应视为发包人对该事项不存在调整价款请求。

(4)发(承)包人应在收到承(发)包人合同价款调增(减)报告及相关资料之日起14天内

对其核实，予以确认的应书面通知承（发）包人。当有疑问时，应向承（发）包人提出协商意见。发（承）包人在收到合同价款调增（减）报告之日起 14 天内未确认也未提出协商意见的，应视为承（发）包人提交的合同价款调增（减）报告已被发（承）包人认可。发（承）包人提出协商意见的，承（发）包人应在收到协商意见后的 14 天内对其核实，予以确认的应书面通知发（承）包人。承（发）包人在收到发（承）包人的协商意见后 14 天内既不确认也未提出不同意见的，应视为发（承）包人提出的意见已被承（发）包人认可。

（5）发包人与承包人对合同价款调整的不同意见不能达成一致的，只要对发承包双方履约不产生实质影响，双方应继续履行合同义务，直到其按照合同约定的争议解决方式得到处理。

（6）经发承包双方确认调整的合同价款，作为追加（减）合同价款，应与工程进度款或结算款同期支付。

按照财政部、原建设部印发的《建设工程价款结算暂行办法》（财建〔2004〕369 号）第十五条的规定，发包人和承包人要加强施工现场的造价控制，及时对工程合同外的事项如实记录并履行书面手续。凡由发承包双方授权的现场代表签字的现场签证以及发承包双方协商确定的索赔等费用，应在工程竣工结算中如实办理，不得因发承包双方现场代表的中途变更改变其有效性。

2. 法律法规变化

（1）招标工程以投标截止日前 28 天、非招标工程以合同签订前 28 天为基准日，其后因国家的法律、法规、规章和政策发生变化引起工程造价增减变化的，发承包双方应按照省级或行业建设主管部门或其授权的工程造价管理机构据此发布的规定调整合同价款。

在工程建设过程中，发承包双方都是国家法律、法规、规章及政策的执行者。因此，在发承包双方履行合同的过程中，当国家的法律、法规、规章及政策发生变化时，国家或省级、行业建设主管部门或其授权的工程造价管理机构据此发布的工程造价调整文件、合同价款应进行调整。

（2）因承包人原因导致工期延误的，按上述（1）规定的调整时间。在合同工程原定竣工时间之后，对合同价款调增的不予调整，对合同价款调减的予以调整。

3. 工程变更

（1）因工程变更引起已标价工程量清单项目或其工程数量发生变化时，应按照下列规定调整：

1）已标价工程量清单中有适用于变更工程项目的，应采用该项目的单价，但当工程变更导致该清单项目的工程数量发生变化，且工程量偏差超过 15% 时，该项目单价应按下述"6. 工程量偏差（2）"规定调整。

2）已标价工程量清单中没有适用但有类似于变更工程项目的，可在合理范围内参照类似项目的单价。

3）已标价工程量清单中没有适用也没有类似于变更工程项目的，应由承包人根据变更工程资料、计量规则和计价办法、工程造价管理机构发布的信息价格和承包人报价浮动率提出变更工程项目的单价，并应报发包人确认后调整。承包人报价浮动率可按下列公式计算：

①招标工程。

$$承包人报价浮动率 L=(1-中标价/招标控制价)\times100\%$$

②非招标工程。

$$承包人报价浮动率 L=(1-报价/施工图预算)\times100\%$$

4)已标价工程量清单中没有适用也没有类似于变更工程项目，且工程造价管理机构发布的信息价格缺价的，应由承包人根据变更工程资料、计量规则、计价办法和通过市场调查等取得有合法依据的市场价格，提出变更工程项目的单价，并应报发包人，确认后调整。

(2)工程变更引起施工方案改变并使措施项目发生变化时，承包人提出调整措施项目费的，应事先将拟实施的方案提交发包人确认，并应详细说明其与原方案措施项目相比的变化情况。拟实施的方案经发承包双方确认后执行，并应按照下列规定调整措施项目费：

1)安全文明施工费应按照实际发生变化的措施项目规定计算。

2)采用单价计算的措施项目费，应按照实际发生变化的措施项目确定单价。

3)按总价(或系数)计算的措施项目费，按照实际发生变化的措施项目调整，但应考虑承包人报价浮动因素，即调整金额按照实际调整金额乘以承包人报价浮动率计算。

如果承包人未事先将拟实施的方案提交给发包人确认，则应视为工程变更不引起措施项目费的调整或承包人放弃调整措施项目费的权利。

(3)当发包人提出的工程变更因非承包人的原因删减了合同中的某项原定工作或工程，致使承包人发生的费用或(和)得到的收益不能被包括在其他已支付或应支付的项目中，也未被包含在任何替代的工作或工程中时，承包人有权提出并应得到合理的费用及利润补偿。

4. 项目特征不符

(1)项目特征是构成清单项目价值的本质特征，单价的高低与其具有必然联系。因此，发包人在招标工程量清单中对项目特征的描述，应被认为是准确和全面的，并且与实际施工要求相符合。承包人应按照发包人提供的招标工程量清单，根据项目特征描述的内容及有关要求实施合同工程，直到项目被改变为止。

(2)承包人应按照发包人提供的设计图纸实施合同工程，若在合同履行期间出现设计图纸(含设计变更)与招标工程量清单任一项目的特征描述不符，且该变化引起该项目工程造价增减变化的，应按照实际施工的项目特征，按上述"3. 工程变更"相关条款的规定重新确定相应工程量清单项目的综合单价，并调整合同价款。

5. 工程量清单缺项

(1)在合同履行期间，由于招标工程量清单中缺项，新增分部分项工程清单项目的，应按照本节"3. 工程变更(1)"的规定确定单价，并调整合同价款。

(2)新增分部分项工程清单项目后，引起措施项目发生变化的，应按照上述"3. 工程变更(2)"的规定，在承包人提交的实施方案被发包人批准后调整合同价款。

(3)由于招标工程量清单中措施项目缺项，承包人应将新增措施项目实施方案提交发包人批准后，按照本节"3. 工程变更(1)和(2)"的规定调整合同价款。

6. 工程量偏差

在施工过程中，由于施工条件、地质水文、工程变更等变化以及招标工程量清单编制人专业水平的差异，往往在合同履行期间，应予计算的实际工程量与招标工程量清单出现偏差，工程量偏差过大，对综合成本的分摊带来影响，如突然增加太多，仍按原综合单价计价，对发包人不公平；而突然减少太多，仍按原综合单价计价，对承包人不公平。并且，这也给有经验的承包人进行不平衡报价打开了方便之门。因此，为维护合同的公平，对工程量偏差的价款调整做了规定。

(1)合同履行期间，当应予计算的实际工程量与招标工程量清单出现偏差，且符合下面(2)、(3)条规定时，发承包双方应调整合同价款。

(2)对于任一招标工程量清单项目，当因规定的工程量偏差和本节规定的工程变更等原因导致工程量偏差超过15％时，可进行调整。当工程量增加15％以上时，增加部分的工程量的综合单价应予调低；当工程量减少15％以上时，减少后剩余部分的工程量的综合单价应予调高。

(3)当工程量出现变化，且该变化引起相关措施项目相应发生变化时，按系数或单一总价方式计价的，工程量增加的措施项目费调增，工程量减少的措施项目费调减。

调整可参考以下公式：

1)当 $Q_1 > 1.15 Q_0$ 时：

$$S = 1.15 Q_0 \times P_0 + (Q_1 \sim 1.15 Q_0) \times P_1$$

2)当 $Q_1 < 0.85 Q_0$ 时：

$$S = Q_1 \times P_1$$

式中　S——调整后的某一分部分项工程费结算价；

　　　Q_1——最终完成的工程量；

　　　Q_0——招标工程量清单中列出的工程量；

　　　P_1——按照最终完成工程量重新调整后的综合单价；

　　　P_0——承包人在工程量清单中填报的综合单价。

采用上述两式的关键是确定新的综合单价，即 P_1。确定的方法为：一是发承包双方协商确定；二是与招标控制价相联系。当工程量偏差项目出现承包人在工程量清单中填报的综合单价与发包人招标控制价相应清单项目的综合单价偏差超过15％时，工程量偏差项目综合单价可按以下方式调整：

1)当 $P_0 < P_2 \times (1-L) \times (1-15\%)$ 时，该类项目的综合单价 P_1 按照 $P_2 \times (1-L) \times (1-5\%)$ 调整。

2)当 $P_0 > P_2 \times (1+15\%)$ 时，该类项目的综合单价 P_1 按照 $P_2 \times (1+15\%)$ 调整。

式中　P_0——承包人在工程量清单中填报的综合单价；

　　　P_2——发包人招标控制价相应项目的综合单价；

　　　L——承包人报价浮动率。

7. 计日工

(1)发包人通知承包人以计日工方式实施的零星工作，承包人应予执行。

(2)对于采用计日工计价的任何一项变更工作，在该项变更的实施过程中，承包人应按照合同约定提交下列报表和有关凭证送发包人复核：

1)工作名称、内容和数量；

2)投入该工作所有人员的姓名、工种、级别和耗用工时；

3)投入该工作的材料名称、类别和数量；

4)投入该工作的施工设备型号、台数和耗用台时；

5)发包人要求提交的其他资料和凭证。

（3）任一计日工项目持续进行时，承包人应在该项工作实施结束后的 24 小时内向发包人提交有计日工记录汇总的现场签证报告（一式三份）。发包人在收到承包人提交现场签证报告后的 2 天内予以确认并将其中一份返还给承包人，作为计日工计价和支付的依据。发包人逾期未确认也未提出修改意见的，应视为承包人提交的现场签证报告已被发包人认可。

（4）任一计日工项目实施结束后，承包人应按照确认的计日工现场签证报告核实该类项目的工程数量，并应根据核实的工程数量和承包人已标价工程量清单中的计日工单价计算，提出应付价款；已标价工程量清单中没有该类计日工单价的，由发承包双方按上述"3. 工程变更"的规定商定计日工单价计算。

（5）在每个支付期末，承包人应按照第三节"二、合同价款期中支付"的规定向发包人提交本期间所有计日工记录的签证汇总表，并应说明本期间自己认为有权得到的计日工金额，调整合同价款，将之列入进度款支付。

8. 物价变化

（1）在合同履行期间，当人工、材料、工程设备、机械台班价格波动影响合同价款时，应根据合同约定，按《建设工程工程量清单计价规范》（GB 50500—2013）附录 A 的方法之一调整合同价款。

（2）承包人采购材料和工程设备的，应在合同中约定主要材料、工程设备价格变化的范围或幅度；当没有约定，且材料、工程设备单价变化超过 5％时，超过部分的价格应按照《建设工程工程量清单计价规范》（GB 50500—2013）附录 A 的方法计算调整材料、工程设备费。

（3）发生合同工程工期延误的，应按照下列规定确定合同履行期的价格调整：

1）因非承包人原因导致工期延误的，计划进度日期后续工程的价格，应采用计划进度日期与实际进度日期两者的较高者。

2）因承包人原因导致工期延误的，计划进度日期后续工程的价格，应采用计划进度日期与实际进度日期两者的较低者。

（4）发包人供应材料和工程设备的，不适用上述第（1）、（2）条规定，应由发包人按照实际变化调整，列入合同工程的工程造价内。

9. 暂估价

（1）发包人在招标工程量清单中给定暂估价的材料、工程设备属于依法必须招标的，应由发承包双方以招标的方式选择供应商，确定价格，并应以此为依据取代暂估价，调整合同价款。

（2）发包人在招标工程量清单中给定暂估价的材料、工程设备不属于依法必须招标的，应由承包人按照合同约定采购，经发包人确认单价后取代暂估价，调整合同价款。

（3）发包人在工程量清单中给定暂估价的专业工程不属于依法必须招标的，应按照上述"3. 工程变更"相应条款的规定确定专业工程价款，并应以此为依据取代专业工程暂估价，调整合同价款。

（4）发包人在招标工程量清单中给定暂估价的专业工程，依法必须招标的，应当由发承包双方依法组织招标选择专业分包人，并接受有管辖权的建设工程招标投标管理机构的监督，还应符合下列要求：

1）除合同另有约定外，承包人不参加投标的专业工程发包招标，应由承包人作为招标人，但拟定的招标文件、评标工作、评标结果应报送发包人批准。与组织招标工作有关的费用应当被认为已经包括在承包人的签约合同价(投标总报价)中。

2)承包人参加投标的专业工程发包招标，应由发包人作为招标人，与组织招标工作有关的费用由发包人承担。在同等条件下，应优先选择承包人中标。

3)应以专业工程发包中标价为依据取代专业工程暂估价，调整合同价款。

10. 不可抗力

(1)因不可抗力事件导致的人员伤亡、财产损失及其费用增加，发承包双方应按下列原则分别承担并调整合同价款和工期：

1)合同工程本身的损害、因工程损害导致第三方人员伤亡和财产损失以及运至施工场地用于施工的材料和待安装的设备的损害，应由发包人承担；

2)发包人、承包人人员伤亡应由其所在单位负责，并应承担相应费用；

3)承包人的施工机械设备损坏及停工损失，应由承包人承担；

4)停工期间，承包人应发包人要求留在施工场地的必要的管理人员及保卫人员的费用应由发包人承担；

5)工程所需清理、修复费用，应由发包人承担。

(2)不可抗力解除后复工的，若不能按期竣工，应合理延长工期。发包人要求赶工的，赶工费用应由发包人承担。

11. 提前竣工(赶工补偿)

(1)招标人应依据相关工程的工期定额合理计算工期，压缩的工期天数不得超过定额工期的 20%，超过者，应在招标文件中明示增加赶工费用。

(2)发包人要求合同工程提前竣工的，应征得承包人同意后与承包人商定采取加快工程进度的措施，并应修订合同工程进度计划。发包人应承担承包人由此增加的提前竣工(赶工补偿)费用。

(3)发承包双方应在合同中约定提前竣工每日历天应补偿额度，此项费用应作为增加合同价款被列入竣工结算文件中，应与结算款一并被支付。

12. 误期赔偿

(1)承包人未按照合同约定施工，导致实际进度迟于计划进度的，承包人应加快进度，实现合同工期。

合同工程发生误期，承包人应赔偿发包人由此造成的损失，并应按照合同约定向发包人支付误期赔偿费。即使承包人支付误期赔偿费，也不能免除承包人按照合同约定应承担的任何责任和应履行的任何义务。

(2)发承包双方应在合同中约定误期赔偿费，并应明确每日历天应赔额度。误期赔偿费应被列入竣工结算文件中，并应在结算款中被扣除。

(3)在工程竣工之前，合同工程内的某单项(位)工程已通过了竣工验收，且该单项(位)工程接收证书中表明的竣工日期并未延误，而是合同工程的其他部分产生了工期延误时，误期赔偿费应按照已颁发工程接收证书的单项(位)工程造价占合同价款的比例幅度予以扣减。

13. 索赔

(1)建设工程施工中的索赔是发承包双方行使正当权利的行为，承包人可向发包人索赔，发包人也可向承包人索赔。规定索赔的三要素：一是正当的索赔理由；二是有效的索赔证据；三是在合同约定的时间内提出。

任何索赔事件的确立的前提条件是必须有正当的索赔理由。对正当索赔理由的说明必须具有证据。因为进行索赔主要是靠证据说话，若没有证据或证据不足，索赔是难以成功的。正如《建设工程工程量清单计价规范》(GB 50500—2013)中所规定的，当合同一方向另一方提出索赔时，要有正当的索赔理由，且有索赔事件发生时的有效证据，并应在合同约定的时限内提出。

1)对索赔证据的要求。

①真实性。索赔证据必须是在实施合同过程中确定存在和发生的，必须完全反映实际情况，能经得住推敲。

②全面性。所提供的证据应能说明事件的全过程。索赔报告中涉及的索赔理由、事件过程、影响、索赔数额等都应有相应证据，不能零乱和支离破碎。

③关联性。索赔的证据应当能够互相说明，相互具有关联性，不能互相矛盾。

④及时性。索赔证据的取得及提出应当及时。

⑤具有法律证明效力。一般要求证据必须是书面文件，有关记录、协议、纪要必须是双方签署的；对工程中重大事件、特殊情况的记录、统计必须由合同约定的发包人现场代表或监理工程师签证认可。

2)索赔证据的种类。

①招标文件、工程合同、发包人认可的施工组织设计、工程图纸、技术规范等。

②工程各项有关的设计交底记录、变更图纸、变更施工指令等。

③工程各项经发包人或合同中约定的发包人现场代表或监理工程师签认的签证。

④工程各项往来信件、指令、信函、通知、答复等。

⑤工程各项会议纪要。

⑥施工计划及现场实施情况记录。

⑦施工日报及工长工作日志、备忘录。

⑧工程送电、送水、道路开通、封闭的日期及数量记录。

⑨工程停电、停水和干扰事件影响的日期及恢复施工的日期。

⑩工程预付款、进度款拨付的数额及日期记录。

⑪工程图纸、图纸变更、交底记录的送达份数及日期记录。

⑫工程有关施工部位的照片及录像等。

⑬工程现场气候记录，有关天气的温度、风力、雨雪等。

⑭工程验收报告及各项技术鉴定报告等。

⑮工程材料采购、订货、运输、进场、验收、使用等方面的凭据。

⑯国家和省级或行业建设主管部门有关影响工程造价、工期的文件、规定等。

3)索赔时效的功能。索赔时效是指在合同履行过程中，索赔方在索赔事件发生后的约定期限内不行使索赔权即被视为放弃索赔权利，其索赔权归于消灭的制度。其功能主要有以下两点：

①促使索赔权利人行使权利。"法律不保护躺在权利上睡觉的人"，索赔时效是时效制度中的一种，类似于民法中的诉讼时效，即超过法定时间，权利人不主张自己的权利，则

诉讼权消灭，人民法院不再对该实体权利进行强制保护。

②平衡发包人与承包人的利益。有的索赔事件持续时间短暂，事后难以复原（如异常的地下水水位、隐蔽工程等），发包人在时过境迁后难以查找到有力证据来确认责任归属或准确评估所需的金额。如果不对时效加以限制，允许承包人隐瞒索赔意图，将置发包人于不利状况。而索赔时效则平衡了发、承包双方的利益。一方面，索赔时效届满，即视为承包人放弃索赔权利，发包人可以此作为证据的代用，避免举证的困难；另一方面，只有促使承包人及时提出索赔要求，才能警示发包人充分履行合同义务，避免类似索赔事件的再次发生。

（2）根据合同约定，承包人认为非承包人原因发生的事件造成了承包人的损失，应按下列程序向发包人提出索赔：

1）承包人应在知道或应当知道索赔事件发生后的28天内，向发包人提交索赔意向通知书，说明发生索赔事件的事由。承包人逾期未发出索赔意向通知书的，丧失索赔的权利。

2）承包人应在发出索赔意向通知书后的28天内，向发包人正式提交索赔通知书。索赔通知书应详细说明索赔理由和要求，并应附必要的记录和证明材料。

3）对于索赔事件具有连续影响的，承包人应继续提交延续索赔通知，说明连续影响的实际情况和记录。

4）在索赔事件影响结束后的28天内，承包人应向发包人提交最终索赔通知书，说明最终索赔要求，并应附必要的记录和证明材料。

（3）承包人索赔应按下列程序处理：

1）发包人收到承包人的索赔通知书后，应及时查验承包人的记录和证明材料。

2）发包人应在收到索赔通知书或有关索赔的进一步证明材料后的28天内，将索赔处理结果答复承包人，如果发包人逾期未作出答复，视为承包人的索赔要求已被发包人认可。

3）承包人接受索赔处理结果的，索赔款项应作为增加合同价款，在当期进度款中进行支付；承包人不接受索赔处理结果的，应按合同约定的争议解决方式办理。

（4）承包人要求赔偿时，可以选择下列一项或几项方式获得赔偿：

1）延长工期；

2）要求发包人支付实际发生的额外费用；

3）要求发包人支付合理的预期利润；

4）要求发包人按合同的约定支付违约金。

（5）当承包人的费用索赔与工期索赔要求相关联时，发包人在作出费用索赔的批准决定时，应结合工程延期，综合作出费用赔偿和工程延期的决定。

（6）发承包双方在按合同约定办理了竣工结算后，应被认为承包人已无权再提出竣工结算前所发生的任何索赔。承包人在提交的最终结清申请中，只限于提出竣工结算后的索赔，提出索赔的期限应自发承包双方最终结清时终止。

（7）根据合同约定，发包人认为由于承包人的原因造成发包人的损失，宜按承包人索赔的程序进行索赔。

（8）发包人要求赔偿时，可以选择下列一项或几项方式获得赔偿：

1）延长质量缺陷修复期限；

2）要求承包人支付实际发生的额外费用；

3）要求承包人按合同的约定支付违约金。

（9）承包人应付给发包人的索赔金额可从拟支付给承包人的合同价款中扣除，或由承包人以其他方式支付给发包人。

14. 现场签证

（1）承包人应发包人要求完成合同以外的零星项目、非承包人责任事件等工作的，发包人应及时以书面形式向承包人发出指令，并应提供所需的相关资料；承包人在收到指令后，应及时向发包人提出现场签证要求。

（2）承包人应在收到发包人指令后的 7 天内向发包人提交现场签证报告，发包人应在收到现场签证报告后的 48 小时内对报告内容进行核实，予以确认或提出修改意见。发包人在收到承包人现场签证报告后的 48 小时内未确认也未提出修改意见的，应视为承包人提交的现场签证报告已被发包人认可。

（3）现场签证的工作如已有相应的计日工单价，现场签证中应列明完成该类项目所需的人工、材料、工程设备和施工机械台班的数量。

如现场签证的工作没有相应的计日工单价，应在现场签证报告中列明完成该签证工作所需的人工、材料设备和施工机械台班的数量及单价。

（4）合同工程发生现场签证事项，未经发包人签证确认，承包人便擅自施工的，除非征得发包人的书面同意；否则，发生的费用应由承包人承担。

（5）现场签证工作完成后的 7 天内，承包人应按照现场签证内容计算价款，报送发包人确认后，作为增加的合同价款，与进度款同期支付。

（6）在施工过程中，当发现合同工程内容因场地条件、地质水文、发包人要求等不一致时，承包人应提供所需的相关资料，并提交发包人签证认可，作为合同价款调整的依据。

15. 暂列金额

（1）已签约合同价中的暂列金额应由发包人掌握使用。

（2）暂列金额虽然被列入合同价款，但并不属于承包人所有，也并不必然发生。只有按照合同约定实际发生后，其才能成为承包人的应得金额，被纳入工程合同结算价款中，发包人按照前述相关规定与要求进行支付后，暂列金额余额仍归发包人所有。

第三节　合同价款的支付

一、竣工结算与支付

1. 竣工结算

（1）合同工程完工后，承包人应在经发承包双方确认的合同工程期中价款结算的基础上汇总编制完成竣工结算文件，应在提交竣工验收申请的同时向发包人提交竣工结算文件。

承包人未在规定的时间内提交竣工结算文件，经发包人催告后 14 天内仍未提交或没有明确答复的，发包人有权根据已有资料编制竣工结算文件，作为办理竣工结算和支付结算款的依据，承包人应予以认可。

（2）发包人应在收到承包人提交的竣工结算文件后的 28 天内对其核对。发包人经核实，若认为承包人还应进一步补充资料和修改结算文件，应在上述时限内向承包人提出核实意见，承包人在收到核实意见后的 28 天内应按照发包人提出的合理要求补充资料，修改竣工结算文件，并应再次提交给发包人复核后批准。

（3）发包人应在收到承包人再次提交的竣工结算文件后的 28 天内予以复核，将复核结果通知承包人，并应遵守下列规定：

1）发包人、承包人对复核结果无异议的，应在 7 天内在竣工结算文件上签字确认，竣工结算办理完毕。

2）发包人或承包人认为复核结果有误的，无异议部分按照上述第 1）款的规定办理不完全竣工结算；有异议部分由发承包双方协商解决，协商不成的，应按照合同约定的争议解决方式处理。

（4）发包人在收到承包人竣工结算文件后的 28 天内，不核对竣工结算或未提出核对意见的，应视为承包人提交的竣工结算文件已被发包人认可，竣工结算办理完毕。

（5）承包人在收到发包人提出的核实意见后的 28 天内，不确认也未提出异议的，应视为发包人提出的核实意见已被承包人认可，竣工结算办理完毕。

（6）发包人委托工程造价咨询人核对竣工结算的，工程造价咨询人应在 28 天内核对完毕，核对结论与承包人竣工结算文件不一致的，应提交给承包人复核；承包人应在 14 天内将同意核对结论或不同意见的说明提交工程造价咨询人。工程造价咨询人收到承包人提出的异议后，应再次复核，复核无异议的，应按上述第（3）条中第 1）款的规定办理，复核后仍有异议的，按上述第（3）条中第 2）款的规定办理。

承包人逾期未提出书面异议的，应视为工程造价咨询人核对的竣工结算文件已经承包人认可。

（7）对于发包人或发包人委托的工程造价咨询人指派的专业人员与承包人指派的专业人员经核对后无异议并签名确认的竣工结算文件，除非发承包人能提出具体、详细的不同意见，承包人未及时提交竣工结算文件的，发包人要求交付竣工工程，承包人应当交付；发包人不要求交付竣工工程，承包人承担照管所建工程的责任。

（8）合同工程竣工结算核对完成，发承包双方签字确认后，发包人不得要求承包人与另一个或多个工程造价咨询人重复核对竣工结算。

（9）按照财政部、原建设部印发的《建设工程造价结算暂行办法》（财建〔2004〕369 号）第十九条的规定办理。

1）已竣工验收或已竣工未验收但实际投入使用的工程，其质量争议按该工程保修合同执行，竣工结算按合同约定办理。

2）已竣工未验收且未实际投入使用的工程以及停工、停建工程的质量争议，应当就有争议部分的竣工结算暂缓办理，并就有争议的工程部分委托有资质的检测鉴定机构进行检测，根据检测结果确定解决方案，或按工程质量监督机构的处理决定执行后办理竣工结算。此处有两层含义：一是经检测质量合格，竣工结算继续办理；二是经检测，质量确有问题，应经修复处理，质量验收合格后，竣工结算继续办理。无争议部分的竣工结算按合同约定办理。

2. 结算款支付

(1)承包人应根据办理的竣工结算文件向发包人提交竣工结算款支付申请。申请应包括下列内容：

1)竣工结算合同价款总额；

2)累计已实际支付的合同价款；

3)应预留的质量保证金；

4)实际应支付的竣工结算款金额。

(2)发包人应在收到承包人提交竣工结算款支付申请后7天内予以核实，向承包人签发竣工结算支付证书。

(3)发包人签发竣工结算支付证书后的14天内，按照竣工结算支付证书列明的金额向承包人支付结算款。

(4)发包人未按照上述(3)条规定支付竣工结算款的，承包人可催告发包人支付，并有权获得延迟支付的利息。竣工结算支付证书签发后56天内仍未支付的，除法律另有规定外，承包人可与发包人协商将该工程折价，也可直接向人民法院申请将该工程依法拍卖。承包人应就该工程折价或拍卖的价款优先受偿。

3. 质量保证金

(1)《建设工程质量保证金管理办法》第六条规定"在工程项目竣工前，已经缴纳履约保证金的，发包人不得同时预留工程质量保证金。采用工程质量保证担保、工程质量保险等其他保证方式的，发包人不得再预留保证金。"

第七条规定"发包人应按照合同约定方式预留保证金，保证金总预留比例不得高于工程价款结算总额的3%。合同约定由承包人以银行保函替代预留保证金的，保函金额不得高于工程价款结算总额的3%。"

质量保证金用于承包人按照合同约定履行属于自身责任的工程缺陷修复义务，为发包人有效监督承包人完成缺陷修复提供资金保证。

(2)承包人未按照合同约定履行属于自身责任的工程缺陷修复义务的，发包人有权从质量保证金中扣除用于缺陷修复的各项支出。经查验，工程缺陷属于发包人原因造成的，应由发包人承担查验和缺陷修复的费用。

(3)在合同约定的缺陷责任期终止后，发包人应将剩余的质量保证金返还给承包人。

4. 最终结清

(1)缺陷责任期终止后，承包人应按照合同约定向发包人提交最终结清支付申请。发包人对最终结清支付申请有异议的，有权要求承包人进行修正和提供补充资料。承包人修正后，应再次向发包人提交修正后的最终结清支付申请。

(2)发包人应在收到最终结清支付申请后的14天内予以核实，并应向承包人签发最终结清支付证书。

(3)发包人应在签发最终结清支付证书后的14天内，按照最终结清支付证书列明的金额向承包人支付最终结清款。

(4)发包人未在约定的时间内核实，又未提出具体意见的，应视为承包人提交的最终结清支付申请已被发包人认可。

(5)发包人未按期最终结清支付的，承包人可催告发包人支付，并有权获得延迟支付的利息。

(6)最终结清时，承包人被预留的质量保证金不足以抵减发包人工程缺陷修复费用的，承包人应承担不足部分的补偿责任。

(7)承包人对发包人支付的最终结清款有异议的，应按照合同约定的争议解决方式处理。

二、合同价款期中支付

1. 预付款

(1)承包人应将预付款专用于合同工程。

(2)包工包料工程的预付款的支付比例不得低于签约合同价(扣除暂列金额)的10%，不宜高于签约合同价(扣除暂列金额)的30%。

(3)承包人应在签订合同或向发包人提供与预付款等额的预付款保函后向发包人提交预付款支付申请。

(4)发包人应在收到支付申请的7天内进行核实，向承包人发出预付款支付证书，并在签发支付证书后的7天内向承包人支付预付款。

(5)发包人没有按合同约定按时支付预付款的，承包人可催告发包人支付；发包人在预付款期满后的7天内仍未支付的，承包人可从付款期满后的第8天起暂停施工。发包人应承担由此增加的费用和延误的工期，并应向承包人支付合理利润。

(6)工程预付款是发包人因承包人为准备施工而履行的协助义务。当承包人取得相应的合同价款时，发包人往往会要求承包人予以返还。预付款应从每一个支付期应支付给承包人的工程进度款中扣回，直到扣回的金额达到合同约定的预付款金额为止。

(7)承包人的预付款保函的担保金额根据预付款扣回的数额相应递减，但在预付款全部扣回之前一直保持有效。发包人应在预付款扣完后的14天内将预付款保函退还给承包人。

2. 安全文明施工费

(1)安全文明施工费包括的内容和使用范围，应符合国家有关文件和计量规范的规定。

根据财政部、国家安全生产监督管理总局印发的《企业安全生产费用提取和使用管理办法》(财企〔2012〕16号)第十九条规定："建设工程施工企业安全费用应当按照以下范围使用：

1)完善、改造和维护安全防护设施设备(不含'三同时'要求初期投入的安全设施)支出，包括施工现场临时用电系统、洞口、临边、机械设备、高处作业防护、交叉作业防护、防火、防爆、防尘、防毒、防雷、防台风、防地质灾害、地下工程有害气体监测、通风、临时安全防护等设施设备支出；

2)配备、维护、保养应急救援器材、设备支出和应急演练支出；

3)开展重大危险源和事故隐患评估、监控和整改支出；

4)安全生产检查、评价(不包括新建、改建、扩建项目安全评价)、咨询和标准化建设支出；

5)配备和更新现场作业人员安全防护用品支出；

6)安全生产宣传、教育、培训支出；

7)安全生产适用的新技术、新标准、新工艺、新装备的推广应用支出；

8)安全设施及特种设备检测检验支出；

9)其他与安全生产直接相关的支出。"

该办法对安全生产费用的使用范围做了规定，同时鉴于工程建设项目因专业的不同，施工阶段的不同，对安全文明施工措施的要求也不一致，国家工程计量规范针对不同的专业工程特点，规定了安全文明施工的内容和包含的范围，执行中应以此为依据。

(2)发包人应在工程开工后的28天内预付不低于当年施工进度计划的安全文明施工费总额的60%，其余部分应按照提前安排的原则进行分解，并应与进度款同期支付。

(3)发包人没有按时支付安全文明施工费的，承包人可催告发包人支付；发包人在付款期满后的7天内仍未支付的，若发生安全事故，发包人应承担相应责任。

(4)承包人对安全文明施工费应专款专用，在财务账目中应单独列项备查，不得将之挪作他用，否则，发包人有权要求其限期改正；对于逾期未改正的，其所造成的损失和延误的工期应由承包人承担。

3. 进度款

(1)发承包双方应按照合同约定的时间、程序和方法，根据工程计量结果，办理期中价款结算，支付进度款。

(2)进度款支付周期应与合同约定的工程计量周期一致。

工程量的正确计量是发包人向承包人支付工程进度款的前提和依据。计量和付款周期可采用分段或按月结算的方式，按照财政部、原建设部印发的《建设工程价款结算暂行办法》(财建〔2004〕369号)的规定：

1)按月结算与支付，即实行按月支付进度款，竣工后结算的办法。合同工期在两个年度以上的工程，在年终进行工程盘点，办理年度结算。

2)分段结算与支付，即当年开工、当年不能竣工的工程按照工程形象进度，划分不同阶段支付工程进度款。

当采用分段结算方式时，应在合同中约定具体的工程分段划分，付款周期应与计量周期一致。

(3)对于已标价工程量清单中的单价项目，承包人应按工程计量确认的工程量与综合单价计算；对于综合单价发生调整的，以发承包双方确认调整的综合单价计算进度款。

(4)已标价工程量清单中的总价项目和采用经审定批准的施工图纸及其预算方式发包形成的总价合同，承包人应按合同中约定的进度款支付分解，将其分别列入进度款支付申请中的安全文明施工费和本周期应支付的总价项目的金额中。在施工过程中，由于进度计划的调整，发承包双方应对支付分解进行调整。

1)已标价工程量清单中的总价项目进度款支付分解方法可选择以下之一(但不限于)：

①将各个总价项目的总金额按合同约定的计量周期平均支付；

②按照各个总价项目的总金额占签约合同价的百分比，以及各个计量支付周期内所完成的单价项目的总金额，以百分比方式均摊支付；

③按照各个总价项目组成的性质(如时间、与单价项目的关联性等)分解到形象进度计划或计量周期中，与单价项目一起支付。

2)对于采用经审定批准的施工图纸及其预算方式发包形成的总价合同，除对由于工程变更形成的工程量增减予以调整外，对其工程量不予调整。因此，总价合同的进度款支付应按照计量周期进行支付分解，以便进度款的有序支付。

（5）对于发包人提供的甲供材料金额，应按照发包人签约提供的单价和数量从进度款支付中将其扣除，列入本周期应扣减的金额中。

（6）承包人现场签证和得到发包人确认的索赔金额应被列入本周期应增加的金额中。

（7）进度款的支付比例按照合同约定，按期中结算价款总额计，不低于60%，不高于90%。

（8）承包人应在每个计量周期到期后的7天内向发包人提交已完工程进度款支付申请（一式四份），详细说明此周期认为有权得到的款额，包括分包人已完工程的价款。支付申请应包括下列内容：

1）累计已完成的合同价款。

2）累计已实际支付的合同价款。

3）本周期合计完成的合同价款：

①本周期已完成单价项目的金额。

②本周期应支付的总价项目的金额。

③本周期已完成的计日工价款。

④本周期应支付的安全文明施工费。

⑤本周期应增加的金额。

4）本周期合计应扣减的金额：

①本周期应扣回的预付款。

②本周期应扣减的金额。

5）本周期实际应支付的合同价款。

（9）发包人应在收到承包人进度款支付申请后的14天内，根据计量结果和合同约定对申请内容予以核实，确认后向承包人出具进度款支付证书。若发承包双方对部分清单项目的计量结果出现争议，发包人应就无争议部分的工程计量结果向承包人出具进度款支付证书。

（10）发包人应在签发进度款支付证书后的14天内，按照支付证书列明的金额向承包人支付进度款。

（11）若发包人逾期未签发进度款支付证书，则视为承包人提交的进度款支付申请已被发包人认可，承包人可向发包人发出催告付款的通知。发包人应在收到通知后的14天内，按照承包人支付申请的金额向承包人支付进度款。

（12）发包人未按照第（9）、（10）、（11）条的规定支付进度款的，承包人可催告发包人支付，并有权获得延迟支付的利息；发包人在付款期满后的7天内仍未支付的，承包人可在付款期满后的第8天起暂停施工。发包人应承担由此增加的费用和延误的工期，向承包人支付合理利润，并应承担违约责任。

（13）发现已签发的任何支付证书有错、漏或重复的数额时，发包人有权对其予以修正，承包人也有权提出修正申请。经发承包双方复核同意修正的，应在本次到期的进度款中将其支付或扣除。

三、最终结清

（1）缺陷责任期终止后，承包人已完成合同约定的全部承包工作，但合同工程的财务账目需要结清，因此，承包人应按照合同约定向发包人提交最终结清支付申请。发包人对最终结清支付申请有异议的，有权要求承包人进行修正和提供补充资料。承包人修正后，应再次向发包人提交修正后的最终结清支付申请。

(2)发包人应在收到最终结清支付申请后的 14 天内予以核实，并应向承包人签发最终结清支付证书。

(3)发包人应在签发最终结清支付证书后的 14 天内，按照最终结清支付证书列明的金额向承包人支付最终结清款。

(4)发包人未在约定的时间内核实，又未提出具体意见的，应视为承包人提交的最终结清支付申请已被发包人认可。

(5)发包人未按期最终结清支付的，承包人可催告发包人支付，并有权获得延迟支付的利息。

(6)最终结清时，承包人被预留的质量保证金不足以抵减发包人工程缺陷修复费用的，承包人应承担不足部分的补偿责任。

(7)承包人对发包人支付的最终结清款有异议的，应按照合同约定的争议解决方式处理。

第四节　合同解除及其价款结算与支付

一、合同解除

合同的解除，是指合同有效成立后，在一定条件下通过当事人的单方行为或者双方合意终止合同效力或者溯及地消灭合同关系的行为。

在适用情事变更原则时，合同解除是指履行合同实在困难，若履行即显失公平，法院裁决合同消灭的现象。这种解除与一般意义上的解除相比，有一个重要的特点，就是法院直接基于情事变更原则加以认定，而不是通过当事人的解除行为。

1. 合同解除分类

(1)单方解除与协议解除。

1)单方解除。单方解除是指解除权人行使解除权将合同解除的行为。它不必经过对方当事人的同意，只要解除权人将解除合同的意思表示直接通知对方，或经过人民法院或仲裁机构向对方主张，即可发生合同解除的效果。

2)协议解除。协议解除是指当事人双方通过协商同意将合同解除的行为。它不以解除权的存在为必要，解除行为也不是解除权的行使。我国法律把协议解除作为合同解除的一种类型加以规定，理论解释也不认为协议解除与合同解除全异其性质，而是认为仍具有与一般解除相同的属性，但也有其特点，如解除的条件为双方当事人协商同意，并不因此损害国家利益和社会公共利益，解除行为是当事人的合意行为等。

(2)法定解除与约定解除。

1)法定解除。合同解除的条件由法律直接加以规定者，其解除为法定解除。在法定解除中，有的以适用于所有合同的条件为解除条件，有的则仅以适用于特定合同的条件为解除条件。前者为一般法定解除，后者称为特别法定解除。我国法律普遍承认法定解除，不但有关于一般法定解除的规定，而且有关于特别法定解除的规定。

2)约定解除。约定解除，是指当事人以合同形式，约定为一方或双方保留解除权的解除。其中，保留解除权的合意，称之为解约条款。解除权可以保留给当事人一方，也可以保留给当事人双方。保留解除权，可以在当事人订立合同时约定，也可以在以后另订立保留解除权的合同。

2. 合同解除的条件

《中华人民共和国合同法》(简称《合同法》)第九十四条规定，有下列情形之一的，当事人可以解除合同：

(1)因不可抗力致使不能实现合同目的。不可抗力致使合同目的不能实现，该合同失去意义，应归于消灭。在此情况下，我国《合同法》允许当事人通过行使解除权的方式消灭合同关系。

(2)在履行期限届满之前，当事人一方明确表示或者以自己的行为表明不履行主要债务。此即债务人拒绝履行，也称毁约，包括明示毁约和默示毁约。作为合同解除条件，一是要求债务人有过错；二是拒绝行为违法(无合法理由)；三是有履行能力。

(3)当事人一方迟延履行主要债务，经催告后在合理期限内仍未履行。此即债务人迟延履行。根据合同的性质和当事人的意思表示，履行期限在合同的内容中非属特别重要时，即使债务人在履行期届满后履行，也不致使合同目的落空。在此情况下，原则上不允许当事人立即解除合同，而应由债权人向债务人发出履行催告，给予一定的履行宽限期。债务人在该履行宽限期届满时仍未履行的，债权人有权解除合同。

(4)当事人一方迟延履行债务或者有其他违约行为致使不能实现合同目的。对某些合同而言，履行期限至为重要，如债务人不按期履行，合同目的即不能实现，于此情形，债权人有权解除合同。其他违约行为致使合同目的不能实现时，也应如此。

(5)法律规定的其他情形。法律针对某些具体合同规定了特别法定解除条件的，从其规定。

(6)合同协议解除的条件。

1)合同协议解除的条件，是双方当事人协商一致解除原合同关系。其实质是在原合同当事人之间重新成立了一个合同，其主要内容为废弃双方原合同关系，使双方基于原合同发生的债权债务归于消灭。

2)协议解除采取合同(即解除协议)方式，因此应具备合同的有效要件，即当事人具有相应的行为能力；意思表示真实；内容不违反强行法规范和社会公共利益；采取适当的形式。

二、合同解除的价款结算与支付

合同解除是合同非常态的终止，为了限制合同的解除，法律规定了合同解除制度。根据解除权来源划分，可分为协议解除和法定解除。鉴于建设工程施工合同的特性，为了防止社会资源浪费，法律不赋予发承包人享有任意单方解除权，因此，除了协议解除，按照《最高人民法院关于审理建设工程施工合同纠纷案件适用法律问题的解释》第八条、第九条的规定，施工合同的解除有承包人根本违约的解除和发包人根本违约的解除两种。

（1）发承包双方协商一致解除合同的，应按照达成的协议办理结算和支付合同价款。

（2）由于不可抗力致使合同无法履行解除合同的，发包人应向承包人支付合同解除之日前已完成工程但尚未支付的合同价款，另外，还应支付下列金额：

1）招标文件中明示应由发包人承担的赶工费用；

2）已实施或部分实施的措施项目应付价款；

3）承包人为合同工程合理订购且已交付的材料和工程设备货款；

4）承包人撤离现场所需的合理费用，包括员工遣送费和临时工程拆除、施工设备运离现场的费用；

5）承包人为完成合同工程而预期开支的任何合理费用，且该项费用未包括在本款其他各项支付之内。

发承包双方办理结算合同价款时，应扣除合同解除之日前发包人应向承包人收回的价款。当发包人应扣除的金额超过了应支付的金额，承包人应在合同解除后的 56 天内将其差额退还给发包人。

（3）由于承包人违约解除合同的，对于价款结算与支付应按以下规定处理：

1）发包人应暂停向承包人支付任何价款。

2）发包人应在合同解除后 28 天内核实合同解除时承包人已完成的全部合同价款以及按施工进度计划已运至现场的材料和工程设备货款，按合同约定核算承包人应支付的违约金以及造成损失的索赔金额，并将结果通知承包人。发承包双方应在 28 天内予以确认或提出意见，并办理结算合同价款。如果发包人应扣除的金额超过了应支付的金额，则承包人应在合同解除后的 56 天内将其差额退还给发包人。

3）发承包双方不能就解除合同后的结算达成一致的，按照合同约定的争议解决方式处理。

（4）由于发包人违约解除合同的，对于价款结算与支付应按以下规定处理：

1）发包人除应按照上述第（2）条的有关规定向承包人支付各项价款外，应按合同约定核算发包人应支付的违约金以及给承包人造成损失或损害的索赔金额费用。该笔费用应由承包人提出，发包人核实后应与承包人协商确定后的 7 天内向承包人签发支付证书。

2）发承包双方协商不能达成一致的，应按照合同约定的争议解决方式处理。

第五节　合同价款争议的解决

施工合同履行过程中出现争议是在所难免的，解决合同履行过程中争议的主要方法包括协商、调解、仲裁和诉讼四种。当发承包双方发生争议后，可以先进行协商和解从而达到消除争议的目的，也可以请第三方进行调解；若争议继续存在，发承包双方可以继续通过仲裁或诉讼的途径解决，当然，也可以直接进入仲裁或诉讼程序解决争议。无论采用何种方式解决发承包双方的争议，只有及时并有效地解决施工过程中的合同价款争议，才是工程建设顺利进行的必要保证。

一、监理或造价工程师暂定

从我国现行施工合同示范文本、监理合同示范文本、造价咨询合同示范文本的内容可以看出，合同中一般均会对总监理工程师或造价工程师在合同履行过程中发承包双方的争议如何处理有所约定。为使合同争议在施工过程中就能够由总监理工程师或造价工程师予以解决，《建设工程工程量清单计价规范》（GB 50500—2013）对总监理工程师或造价工程师的合同价款争议处理流程及职责权限进行了如下约定：

（1）若发包人和承包人之间就工程质量、进度、价款支付与扣除、工期延期、索赔、价款调整等发生任何法律上、经济上或技术上的争议，首先应根据已签约合同的规定，提交合同约定职责范围内的总监理工程师或造价工程师解决，并应抄送另一方。总监理工程师或造价工程师在收到此提交件后14天内应将暂定结果通知发包人和承包人。发承包双方对暂定结果认可的，应以书面形式予以确认，暂定结果成为最终决定。

（2）发承包双方在收到总监理工程师或造价工程师的暂定结果通知之后的14天内未对暂定结果予以确认也未提出不同意见的，应视为发承包双方已认可该暂定结果。

（3）发承包双方或一方不同意暂定结果的，应以书面形式向总监理工程师或造价工程师提出，说明自己认为正确的结果，同时抄送另一方，此时该暂定结果成为争议。在暂定结果对发承包双方当事人履约不产生实质影响的前提下，发承包双方应实施该结果，直到按照发承包双方认可的争议解决办法被改变为止。

二、管理机构的解释和认定

在我国现行建筑管理体制下，各级工程造价管理机构在处理有关工程计价争议甚至合同价款纠纷中，仍然发挥着相当有效的作用，对及时化解工程合同价款纠纷具有重大意义。工程造价管理机构对发承包双方提出的书面解释或认定处理程序、效力应符合下列规定：

（1）合同价款争议发生后，发承包双方可就工程计价依据的争议以书面形式提请工程造价管理机构对争议以书面文件进行解释或认定。工程造价管理机构是工程造价计价依据、办法以及相关政策的制定和管理机构。对发包人、承包人或工程造价咨询人在工程计价中，对计价依据、办法以及相关政策规定发生的争议进行解释是工程造价管理机构的职责。

（2）工程造价管理机构应在收到申请的10个工作日内就发承包双方提请的争议问题进行解释或认定。

（3）发承包双方或一方在收到工程造价管理机构书面解释或认定后仍可按照合同约定的争议解决方式提请仲裁或诉讼。除工程造价管理机构的上级管理部门作出了不同的解释或认定，或在仲裁裁决或法院判决中不予采信的外，工程造价管理机构作出的书面解释或认定应为最终结果，并应对发承包双方均有约束力。

三、协商和解

协商和解是指合同双方在发生争议后，就与争议有关的问题进行协商，在自愿、互谅的基础上，通过直接对话摆事实、讲道理，分清责任，达成和解协议，使纠纷得以解决的活动。协商和解是一种快速、简便的争议解决方式。

计价争议发生后，合同双方的协商和解应符合下列规定：

(1)合同价款争议发生后，发承包双方任何时候都可以进行协商。协商达成一致的，双方应签订书面和解协议，并明确和解协议对发承包双方均有约束力。

(2)如果协商不能达成一致协议，发包人或承包人都可以按合同约定的其他方式解决争议。

四、调解

调解是指双方或多方当事人就争议的实体权利、义务，在人民法院、人民调解委员会及有关组织主持下，自愿进行协商，通过教育疏导，促成各方达成协议、解决纠纷的办法。

按照《中华人民共和国合同法》的规定，当事人可以通过调解解决合同争议，但在工程建设领域，目前的调解主要出现在仲裁或诉讼中，即所谓司法调解；有的通过建设行政主管部门或工程造价管理机构处理，双方认可，即所谓行政调解。司法调解耗时较长，且增加了诉讼成本；行政调解受行政管理人员专业水平、处理能力等影响，其效果也受到限制。因此，《建设工程工程量清单计价规范》(GB 50500—2013)提出了由发承包双方约定相关工程专家作为合同工程争议调解人的思路，类似于国外的争议评审或争端裁决，可定义为专业调解，这在我国《合同法》的框架内，为有法可依，使争议尽可能在合同履行过程中得到解决，确保工程建设顺利进行。

(1)发承包双方应在合同中约定或在合同签订后共同约定争议调解人，负责双方在合同履行过程中发生争议的调解。

(2)合同履行期间，发承包双方可协议调换或终止任何调解人，但发包人或承包人都不能单独采取行动。除非双方另有协议，在最终结清支付证书生效后，调解人的任期应即终止。

(3)如果发承包双方发生了争议，任何一方可将该争议以书面形式提交调解人，并将副本抄送另一方，委托调解人调解。

(4)发承包双方应按照调解人提出的要求，给调解人提供所需要的资料、现场进入权及相应设施。调解人应被视为不是在进行仲裁人的工作。

(5)调解人应在收到调解委托后28天内或由调解人建议并经发承包双方认可的其他期限内提出调解书，发承包双方接受调解书的，经双方签字后作为合同的补充文件，对发承包双方均具有约束力，双方都应立即遵照执行。

(6)当发承包双方中任一方对调解人的调解书有异议时，应在收到调解书后28天内向另一方发出异议通知，并应说明争议的事项和理由。但除非并直到调解书在协商和解或仲裁裁决、诉讼判决中作出修改，或合同已经解除，承包人应继续按照合同实施工程。

(7)当调解人已就争议事项向发承包双方提交了调解书，而任一方在收到调解书后28天内均未发出表示异议的通知时，调解书对发承包双方应均具有约束力。

五、仲裁、诉讼

仲裁是指买卖双方在纠纷发生之前或发生之后，签订书面协议，自愿将纠纷提交双方所同意的第三者予以裁决，以解决纠纷的一种方式。仲裁协议有两种形式：一种是在争议发生之前订立的，它通常作为合同中的一项仲裁条款出现；另一种是在争议之后订立的，它是把已经发生的争议提交给仲裁的协议。这两种形式的仲裁协议，其法律效力是相同的。

诉讼是指纠纷当事人通过向具有管辖权的法院起诉另一方当事人的形式解决纠纷。

发生工程合同价款纠纷时的仲裁或诉讼应符合下列规定：

（1）发承包双方的协商和解或调解均未达成一致意见，其中的一方已就此争议事项根据合同约定的仲裁协议申请仲裁，应同时通知另一方。进行协议仲裁时，应遵守《中华人民共和国仲裁法》的有关规定，如第四条："当事人采用仲裁方式解决纠纷，应当双方自愿，达成仲裁协议。没有仲裁协议，一方申请仲裁的，仲裁委员会不予受理"。第五条："当事人达成仲裁协议，一方向人民法院起诉的，人民法院不予受理，但仲裁协议无效的除外"。第六条："仲裁委员会应当由当事人协议选定。仲裁不实行级别管辖和地域管辖"。

（2）仲裁可在竣工之前或之后进行，但发包人、承包人、调解人各自的义务不得因在工程实施期间进行仲裁而有所改变。当仲裁是在仲裁机构要求停止施工的情况下进行时，承包人应对合同工程采取保护措施，由此增加的费用应由败诉方承担。

（3）在前述"一、监理或造价工程师暂定"至"四、调解"中规定的期限之内，暂定或和解协议或调解书已经有约束力的情况下，当发承包中一方未能遵守暂定或和解协议或调解书时，另一方可在不损害他可能具有的任何其他权利的情况下，将未能遵守暂定或不执行和解协议或调解书达成的事项提交仲裁。

（4）发包人、承包人在履行合同时发生争议，双方不愿和解、调解或者和解、调解不成，又没有达成仲裁协议的，可依法向人民法院提起诉讼。

本章小结

工程建设合同的形式主要有单价合同和总价合同两种。工程合同价款的约定是建设工程合同的主要内容，发承包双方应按照合同约定的时间、程序和方法，根据工程计量结果，对合同价款进行约定、支付及相应调整。学习本章应重点掌握合同价款的预付、期中支付、最终结清及调整等。

思考与练习

一、填空题

1. 实行招标的工程合同价款应在中标通知书发出之日起_____天内，由发承包双方依据招标文件和中标人的投标文件在书面合同中约定。

2. 招标文件与中标文件不一致的地方应以_____为准。

3. 发（承）包人应在收到承（发）包人合同价款调增（减）报告及相关资料之日起_____天内对其核实，予以确认的应书面通知承（发）包人。

4. 经发承包双方确认调整的合同价款，作为追加（减）合同价款，应与_____同期支付。

5. 发包人应在收到承包人提交竣工结算款支付申请后 7 天内对其予以核实，向承包人签发_____。

6. _____用于承包人按照合同约定履行属于自身责任的工程缺陷修复义务，为发包人有效监督承包人完成缺陷修复提供资金保证。

7. 包工包料工程的预付款的支付比例不得低于签约合同价(扣除暂列金额)的_____，不宜高于签约合同价(扣除暂列金额)的_____。

8. 进度款支付周期应与_____一致。

9. 解决合同履行过程中争议的主要方法包括_____、_____、_____和_____四种。

10. _____是指纠纷当事人通过向具有管辖权的法院起诉另一方当事人的形式解决纠纷。

二、问答题

1. 工程建设合同的形式有哪些？

2. 发承包双方应在合同条款约定哪些内容？

3. 因工程变更引起已标价工程量清单项目或其工程数量发生变化时，应如何进行调整？

4. 对于采用计日工计价的变更工作，在其实施过程中，承包人应提交哪些材料？

5. 对于发生合同工程工期延误的情况，应如何进行合同价格的调整？

6. 对于由不可抗力事件导致的人员伤亡、财产损失及其费用增加，发承包双方应按哪些原则分别承担并调整合同价款和工期？

7. 工程索赔证据应符合哪些要求？

8. 根据合同约定，承包人认为非承包人原因发生的事件造成了承包人的损失，应按哪些程序进行索赔？

9. 什么是合同的法定解除与约定解除？

10. 计价争议发生后，合同双方的协商和解应符合哪些规定？

参考文献 ∴

[1]中华人民共和国住房和城乡建设部.GB 50500—2013 建设工程工程量清单计价规范[S].北京：中国计划出版社，2013.

[2]中华人民共和国住房和城乡建设部.GB/T 50353—2013 建筑工程建筑面积计算规范[S].北京：中国计划出版社，2014.

[3]中华人民共和国住房和城乡建设部.TY 01—31—2015 房屋建筑与装饰工程消耗量定额[S].北京：中国计划出版社，2015.

[4]全国造价工程师职业资格考试培训教材编审委员会.建设工程造价管理基础知识[M].2019 年版.北京：中国计划出版社，2019.

[5]《造价工程师实务手册》编写组.造价工程师实务手册[M].北京：机械工业出版社，2006.

[6]中国建设工程造价管理协会.建设工程造价管理理论与实务[M].2019 年版.北京：中国计划出版社，2019.

[7]陈建国，高显义.工程计量与造价管理[M].3 版.上海：同济大学出版社，2010.

[8]苑辉.安装工程工程量清单计价实施指南[M].北京：中国电力出版社，2009.

[9]刘富勤，陈友华，宋会莲.工程量清单的编制与投标报价[M].2 版.北京：北京大学出版社，2016.

[10]刘伊生.建设工程招投标与合同管理[M].2 版.北京：机械工业出版社，2007.